Smart GRID

스마트 그리드 개론

김종욱 · 김문겸 공저

홍릉과학출판사

머리말

전력시스템은 전 세계적으로 사용되는 가장 거대한 시스템이며, 이를 통해 공급되는 전기는 우리 삶에 없어서는 안될 필수불가결한 자원이다. 전력시스템은 크게 송전망과 배전망으로 구분하고 송전망은 발전소에서 변전소까지 철탑 등의 지지물과 전선들로 구성되며, 배전망은 변전소에서 전력을 소비하는 사무실, 공장, 가정까지 전주와 전선, 변압기 등을 설치하여 전력을 공급하는데 이용되고 있다.

2011년 9월 15일에 발생한 순환정전 사태로 전력시스템의 중요성이 부각되어 향후 스마트그리드 관련 기술개발이 가속화될 것이라 기대된다. 스마트그리드는 기존 단방향 전력망 '발전-송전-배전-판매'의 단계에 정보통신기술을 융합한 통신 네트워크 기술과 소프트웨어를 통해 전력공급자와 소비자가 양방향으로 실시간 정보를 교환하고 에너지 효율을 최적화할 수 있기 때문에 소비자의 자발적인 에너지 절약을 유도할 수 있다. 따라서 이런 스마트그리드 환경 구축으로 인해 전력 및 에너지 산업과 관련하여 국내외 많은 변화가 일어날 것으로 예상된다.

인류가 당면한 에너지고갈과 환경문제에 대한 해결책은 전기에너지이며 이를 효율적으로 공급하는 전력 네트워크는 스마트그리드라는 새로운 패러다임의 태동을 예고하고 있다. 이를 위해 전력의 생산부터 전송, 그리고 소비에 이르기까지 전력 네트워크의 구조를 설계하고 운용하는데 필요한 학습이 요구된다. 본 교과내용은 크게 두 파트로 구분되는데, 첫 번째 파트에서는 먼저 전력시스템의 기본적인 개념을 이해하고, 이를 바탕으로 스마트그리드에 대한 내용을 다룬다. 두 번째 파트에서는 Agilent Vee 계측장치를 이용한 다양한 실습내용들을 다루어 기초적인 전력을 측정하는 방법을 상세히 기술하였다. 이런 전력 시뮬레이터를 통해 간단한 스마트그리드 시스템을 구현해 보는 것이 학생들에게 기초적인 지식을 갖추는데 큰 도움이 될 것으로 믿는다.

본 교재는 스마트그리드 기초이론과 실무에 관한 지식을 조합시켜서 대학 및 전문대학에서 이 분야에 관심을 가지고 있는 학생, 대학원생뿐만 아니라 현장 실무자 등이 충분히 이해하고 소화할 수 있도록 가능한 한 알기 쉽게 기술하였으며 이 분야에 관심이 많은 분들에게 좋은 길잡이를 제공하여 미래 글로벌 경쟁력을 갖추는 데 도움이 될 것으로 믿는다.

끝으로 이 책을 출간함에 있어서 수고해 주신 홍릉과학출판사 관계자께 심심한 사의를 표하는 바이다.

승학산 자락에서 저자 씀

차례

CHAPTER 01 전력계통의 이해

CHAPTER 02 스마트그리드

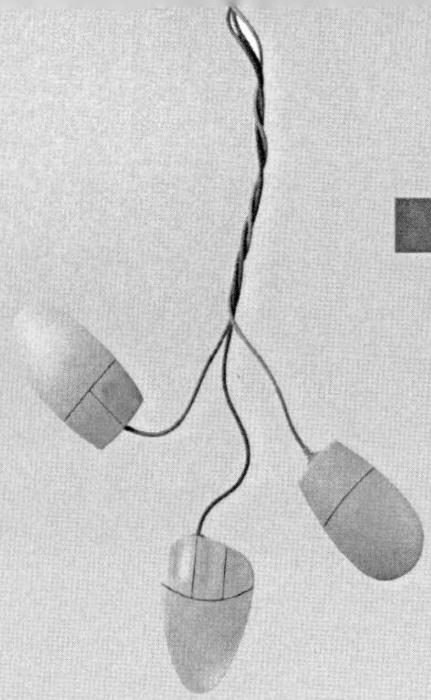

CHAPTER 01

전력계통의 이해

1.1 전기 및 전력시스템의 특징

전기는 전 세계적으로 사용되는 가장 거대한 시스템이며 원동력이 된다. 전기의 특징은 빛의 속도로 전달되면서 장거리 송전이 가능하나 대규모로 저장이 불가능하기 때문에 수요와 공급 균형이 일치해야 한다. 전력의 중단은 거대한 손실을 초래하므로 전력 수요와 공급의 불균형으로 인한 손실을 낮추기 위한 적정예비율을 감안한 설비를 갖추는 것이 중요하며, 단순한 공급에만 치우치지 않고 전압과 주파수가 일정한 고품질의 안정적인 공급이 요구된다. 그러나 이러한 설비를 갖추는 데에 최소한 2년에서 최대 10년까지의 건설기간이 요구되므로 전력소비량을 예측하고 그에 맞는 생산규모로 증가시켜 나가야 한다.

전력계통은 발전, 수송 설비 등의 구성이 상이하여 각각 서로 다른 운용 특성을 가지는데, 표 1.1에서는 전기와 다른 네트워크와의 비교를 나타낸 것이다.

표 1.1 전기와 다른 네트워크와의 비교

네트워크	발신자와 수신자	스위치의 방향성	스위치로 양의 조절	저장
전화	○	○	×	×
우편	○	○	○	○
인터넷	○	○	○	○
고속도로	○	○	○	○
수도	×	×	○	○
전기	×	×	×	×

1.2 전력시스템의 구성 및 설비

전력시스템이란 전기를 생산하여 수용가에게 공급하는 일련의 전기설비를 말하며 전력계통(electric power system)이라고도 한다. 전력계통 구성을 살펴보면 전력을 생산하는 수력(hydroelectric power plant), 화력(thermal power plant), 원자력발전소(nuclear power plant)와 신재생에너지(renewable energy) 등의 발전설비와 수용가에 전력을 수송하기 위한 송전선, 변전소, 배전선 등 수송설비 및 가정이나 공장에서 전력을 소비하기 위한 수용설비 등으로 구성되고 있다. 또한 안정적이며 효율적으로 관리 운용하기 위한 급전설비, 통신설비 등의 운용설비가 포함된다. 그림 1.1은 전력시스템의 구성을 나타낸 것이다.

발전소는 계통운용방식에 따라 기저부하, 중간부하, 첨두부하를 담당하는 발전소로 나눌 수 있다. 기저부하란 최저 부하를 담당하며 이는 전체 부하 중에서 일정기간(24시간) 또는 어떤 시간동안에 지속적으로 걸리는 부하를 의미한다. 즉 기저부하는 일정기간 동안 총 수요량이 변하지 않는 부분이다. 중간부하란 기저부하와 첨두부하의 중간부분 전력을 담당하는 부하를 의미한다. 첨두부하란 정해진 시간 동안 설비들에 의해 소비되거나 생산된 최대 부하를 의미하는 것으로 어떤 정해진 기간 동안의 한순간 최대 부하 및 최대 평균부하일 수 있다. 일반적으로 최대 평균부하를 주로 이용한다.

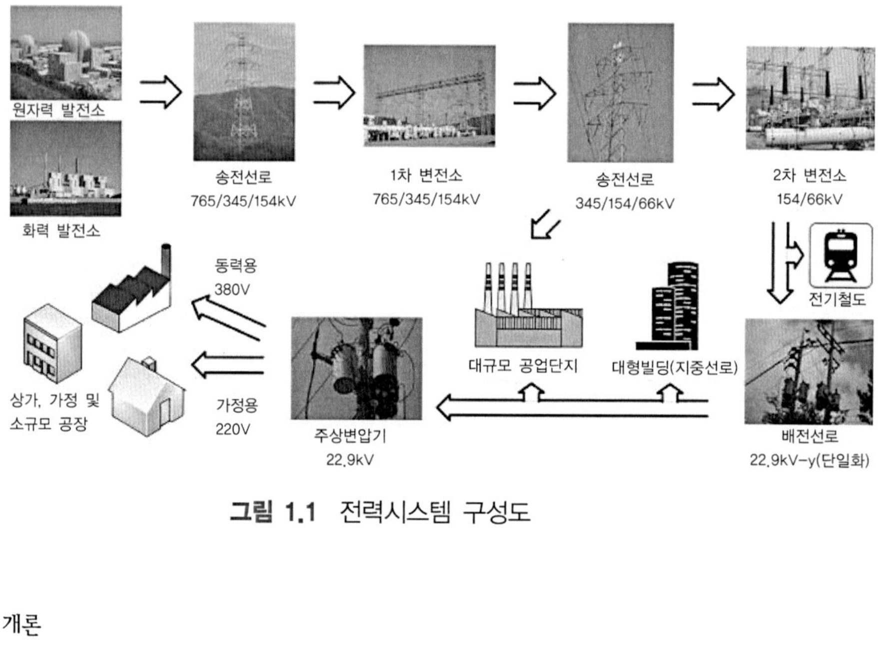

그림 1.1 전력시스템 구성도

그림 1.2와 표 1.2, 그림 1.3과 표 1.3은 에너지원별 발전설비와 발전량을 각각 나타낸 것이다. 국내 발전설비 구성 용량은 크게 수력, 석탄, 원자력, 유류, 가스 등이 있다.

수력발전은 값이 싸지만 용량이 적고 예측이 어렵기 때문에 첨두부하를 담당한다. 수력발전 취수방식으로는 댐식, 수로식, 유역변경식이 있으며 운영방법으로는 유입식, 저수지식, 양수식이 있다.

석탄 및 원자력발전은 발전 단가가 저렴하여 기저부하를 담당하며 화력발전으로는 원동기별로 기력 발전소, 내연력 발전소, 복합 발전소가 있으며, 사용연료별로는 석탄전소, 유전소, 가스전소, 혼소 등이 있다. 원자력 발전으로는 1차 계통 원자로, 가압기, 증기발생기, 냉각재 펌프와 2차 계통으로 터빈, 발전기, 복수기 급수펌프가 있다. 유류는 중간 부하를 담당한다. 그리고 가스는 기동 및 출력 조절이 용이하여 주파수 조절용으로 이용된다.

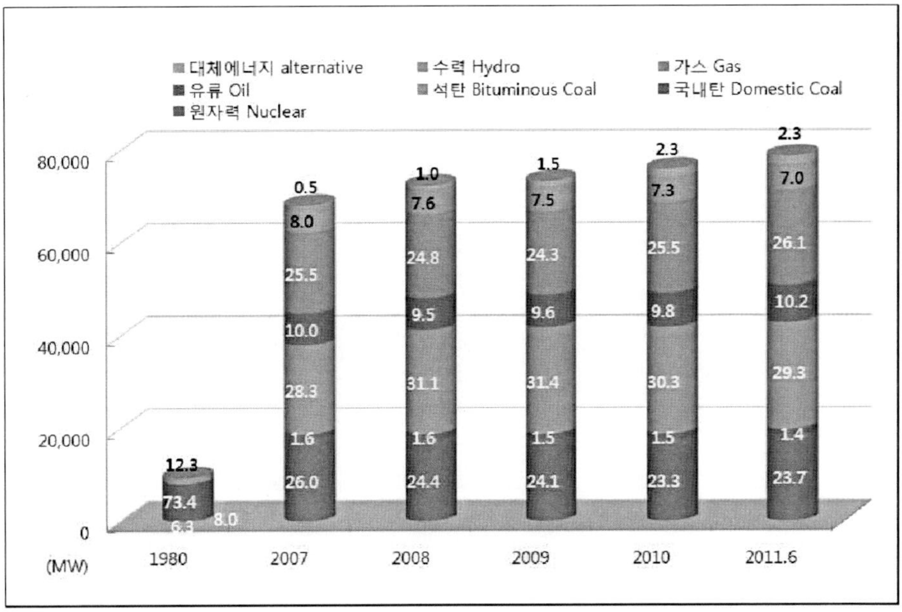

그림 1.2 발전설비

표 1.2 발전설비

(단위 Unit : MW)

구분 \ 연도		1980	2007	2008	2009	2010	2011.6
수력		1,157	5,492	5,505	5,515	5,525	5,526
화력	국내탄	750	1,125	1,125	1,125	1,125	1,125
	석탄	–	19,340	22,580	23,080	23,080	23,080
	유류	6,897	6,808	6,867	7,048	7,467	8,017
	가스	–	17,436	17,969	17,850	19,417	20,566
원자력		587	17,716	17,176	17,716	17,716	18,716
대체에너지		–	351	728	1,136	1,749	1,780
계		9,391	68,268	72,491	73,470	76,078	78,810

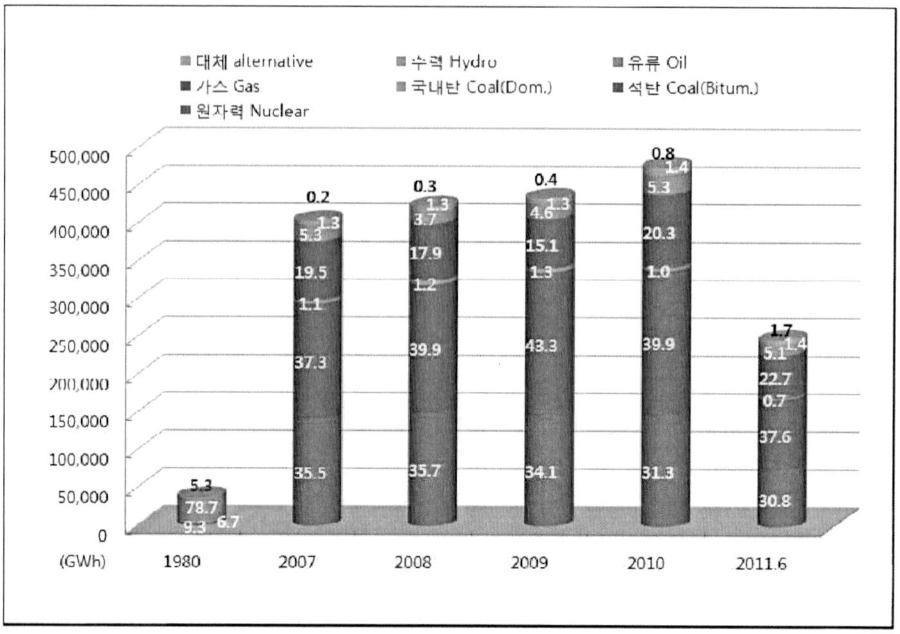

그림 1.3 발전량

표 1.3 발전량

(단위 Unit : GWh million kWh)

구분 \ 연도		1980	2007	2008	2009	2010	2011.6
수력		1,984	5,042	5,563	5,641	6,472	3,450
화력	국내탄	2,481	4,470	5,010	5,559	4,613	1,679
	석탄	–	150,204	168,498	187,657	189,156	92,904
	유류	29,297	21,215	15,425	19,912	25,356	12,511
	가스	–	78,427	75,809	65,273	96,483	56,039
원자력		3,477	142,937	150,958	147,771	148,596	76,054
대체에너지		–	829	1,092	1,791	3,984	4,126
계		37,239	403,124	422,355	433,604	474,660	246,763

그림 1.4와 표 1.4는 국내 송전설비 비율 및 긍장길이(전선로의 지정된 구간의 수평 거리)를 나타낸 것이다. 그림과 표에서 보는 바와 같이 국내 송전설비는 송전 전압이 154[kV]에서 345[kV]로 또는 초고압 765[kV]로 승압되면서 계통 구성도 단순한 방사상 계통에서 다중 루프 계통으로 바뀌고 계통 제어를 통한 운용 형태도 이전과 비교할 수 없을 정도로 고도화 되고 있다.

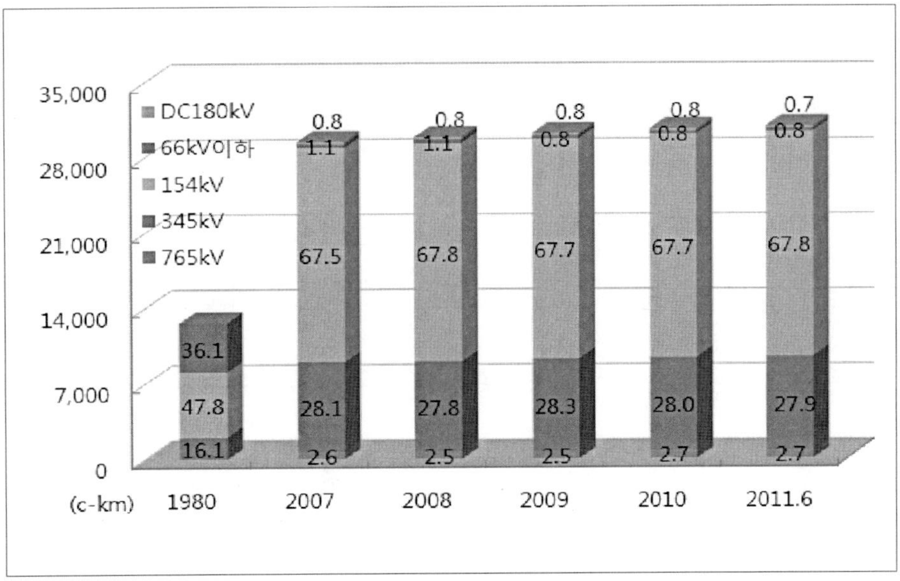

그림 1.4 국내 송전설비 비율

표 1.4 국내 송전설비 긍장길이

(단위 Unit : c-km)

구분 \ 연도	1980	2007	2008	2009	2010	2011.6
765kV	–	755	755	755	835	835
345kV	2,044	8,284	8,310	8,552	8,580	8,639
154kV	6,062	19,917	20,298	20,469	20,777	20,964
66kV 이하	4,579	338	335	250	253	250
DC 180kV	–	232	232	231	231	231
계	12,685	29,526	29,929	30,257	30,676	30,919

출처: 한국전력공사(http://www.kepco.co.kr)

1.3 전력시스템의 기초

1.3.1 계통 계획

전력계통 계획은 주로 전체 및 지역별 전력량 상정에 관한 수요 상정, 전원 개발, 송전, 변전, 배전 계획을 포함한 설비 계획을 의미한다. 최근에는 설비 확충 외에도 높은 계통 신뢰도 유지 및 경제성 향상 등을 포함한 전력계통이 발전해 나가는 방향성을 고려한 장기적인 안목이 요구되고 있다. 그림 1.5는 계통 계획 수립에 관한 순서도를 나타낸 것이다.

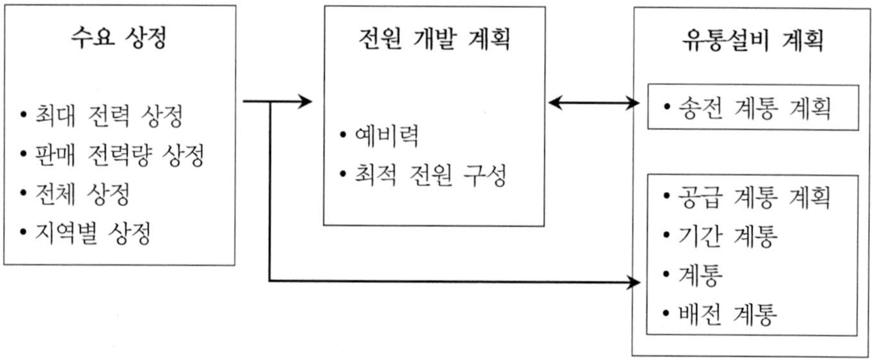

그림 1.5 계통 계획의 순서

전원개발계획은 1990년 전기사업법 개정 이전까지 주로 사용되는 용어로 공급 측 위주의 계획을 의미하였으나, 1990년 전기사업법 개정에 따라 장기전력수급계획으로 명칭을 변경하였고, 2000년 전기사업법 개정을 통해 전력수급기본계획으로 명칭을 변경하였다. 이런 계통계획을 통해 궁극적으로 전력수급안정과 시장효율성 강화를 동시에 추구한다.

(1) 전력수요 상정

전력수요 상정(수요 예측)은 장기 수요 상정과 단기 수요 상정으로 나눌 수 있다. 장기 수요 상정은 설비 계획, 수지 계획 등 경영 계획에 필요한 장기간에 걸친 수요 상정으로 통상 그 기간은 10년에서 15년 정도이다. 단기 수요 상정은 일간 운용에 필요한 단기간의 수요 상정이다. 예측과정은 그림 1.6에 나타내었다.

그러나 전력수요 상정에는 다음과 같은 문제점이 있는데 첫째, 미래 설명변수(GDP, 기상, 경기변동 등)의 불확실성이 존재한다. 둘째, 산업발달, 기술진보, 전력 수요 형태의 변화가 발생될 수 있으며, 과거의 상관관계가 미래에도 적용 가능한가에 대한 불확실성이 존재하여 최소 10년 이상의 미래를 예측해야 한다.

과거 전력 사용량(kWh/yr)을 GDP, 광공업, 인구 등의 설명변수에 대한 실적자료를 이용하여 회귀 분석을 통한 상관관계를 규명

▼

미래의 GDP, 광공업, 인구 등을 전망하여 미래 전력 사용량(kWh/yr)을 예측

$$kWh_t = f(GDP, MM, POP, \cdots, etc)$$

▼

예측된 에너지(kWh/yr), 부하율 등을 이용하여 연 최대 수요를 추정

그림 1.6 예측과정

(2) 전원 개발계획

전원 개발계획의 개요는 예측된 미래의 전력수요에 대하여 적정 공급 신뢰도를 유지하기 위한 최적의 비용을 결정하는 것이다. 즉, 연도별 투자비용과 운전비용의 현재가치의 합을 최소화 하는 것이다. 전력 수급운용, 송전 계통운용, 환경 규제, 입지, 재무할인율 등을 고려하여 수력, 화력, 원자력 등 각 전원의 적정 조합을 결정한다. 또한 어느 시기에, 어떤 장소에, 어떠한 형식의 발전소를 건설할 것인지를 결정한다.

1) 예비력

예비력은 발전기의 보수, 고장시 안정적인 전력공급을 위한 예비력과 수요 성장의 불확실성에 따른 예비력 그리고 건설 공기 지연의 가능성에 따른 예비력이 필요하게 된다. 이에 따른 예비력의 결정요소로는 최대 수요, 구성 발전기의 용량 및 대수, 설비구성, 보수기간, 발전기의 고장 정지율 등이며 이를 고려하여 안정적, 경제적인 예비력을 결정한다. 그림 1.7에서와 같이 예비력은 크게 설비예비력, 공급예비력, 운영예비력으로 나눈다. 연간 최대 수요(발전기 용량, 유지 보수 계획, 고장 정지율, 수요 데이터, 계통연계유무, 전원구성 등)를 초과하여 보유하는 여유설비의 크기를 나타내는 지표를 설비예비력이라 한다. 설비용량에서 발전기 계획예방정지, 수위 저하에 의한 수력의 출력감소분 등을 제외한 공급 능력과 해당 시점의 수요와의 차이를 공급예비력이라 한다.

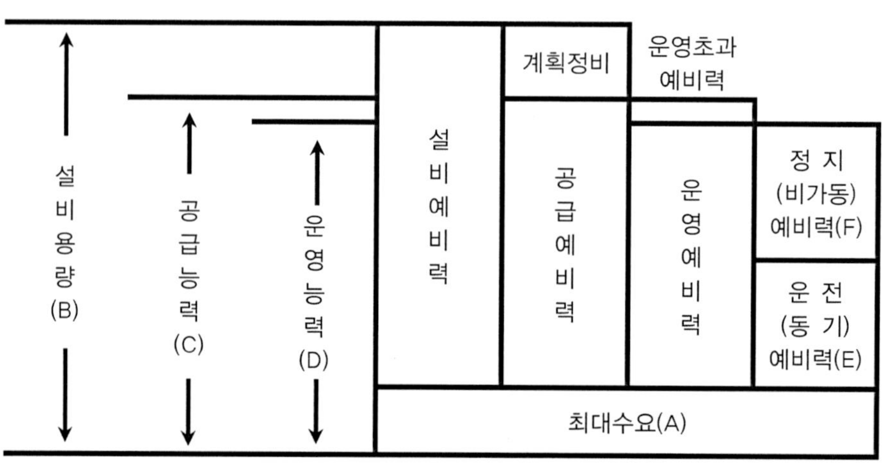

출처: 전력계통 안정을 위한 공급예비력 적정수준에 대한 연구, 전력거래소, 2008

그림 1.7 예비력의 구분

그림 1.8에서와 같이 전력계통의 고장, 사고, 부하 변동 등에 대비하여 신속히 대응할 수 있는 예비력을 운영예비력이라 하며 이는 주파수조정 예비력(spinning reserve)과 대기예비력(stand by reserve) 그리고 대체예비력(replacement reserve)으로 나누어진다. 주파수조정 예비력이란 계통 내에 맞물려 있으며 순시투입이 가능한 예비력을 말하며 대기예비력은 10분에서 20분 이내에 완전히 투입 가능한 예비력으로 운전상태 및 정지상태 모두를 포함한다. 그리고 대체예비력은 계통에 연결되어 있지 않고, 기동 시 30분에서 120분 이내에 투입이 가능한 예비력이다.

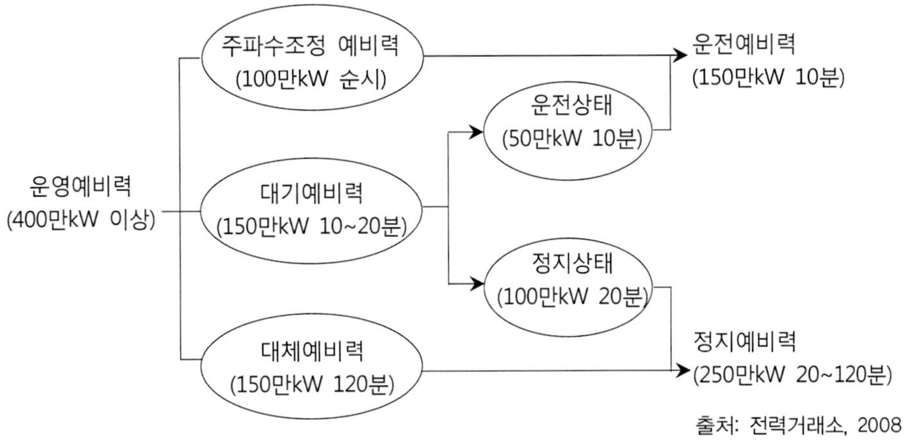

출처: 전력거래소, 2008

그림 1.8 운영예비력 구분

(3) 전력수급계획

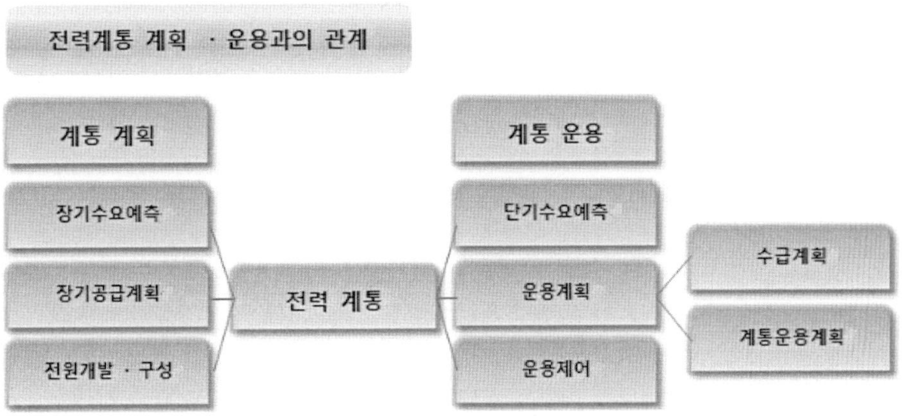

그림 1.9 전력수급계획 개요

수급 균형 유지, 수요 예측 오차 및 발전기 고장 등을 고려하여 예비력을 포함한 발전기의 발전 출력을 책정하는 것을 수급계획이라 한다. 또한 공급신뢰도의 확보나 전력품질 유지의 방책을 입안하는 것을 계통운용계획이라 한다. 그림 1.9는 전력계통 계획 및 운용과의 관계를 도시적으로 나타내었다.

그림 1.10과 그림 1.11은 기간 및 단계별 전력수급계획 및 운용을 나타내고 있으며 구체적으로 살펴보면 다음과 같다.

기간별 전력수급계획 및 운용은 장기전원개발계획, 단기전력수급대책, 연간 발전계획 및 연료계획, 주간계획으로 나누어진다. 장기전원개발계획은 공급신뢰도를 적정수준으로 유지하기 위한 예비력을 확보하는 것이다. 단기전력수급대책은 G/T (가스 터빈), 복합화력 등 건설공기가 짧은 발전소를 건설하는 것이다. 연간 발전

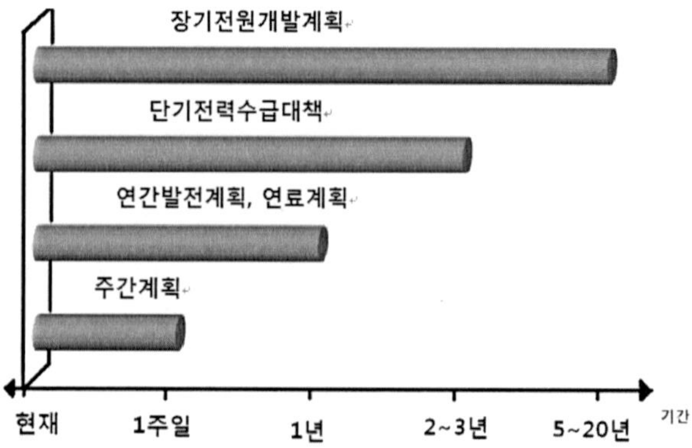

그림 1.10 기간별 전력수급계획 및 운용

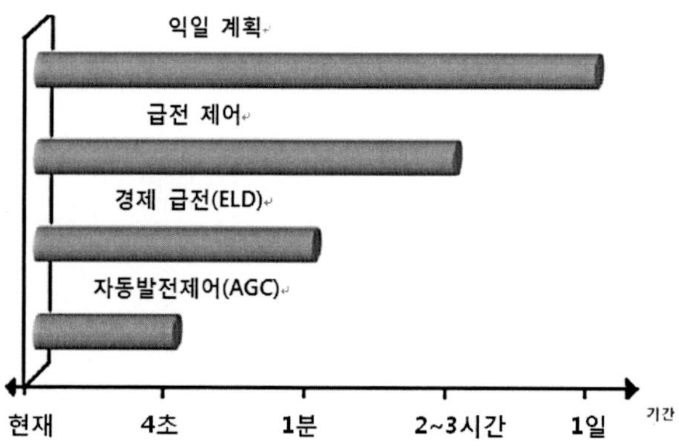

그림 1.11 단계별 전력수급계획 및 운용

계획 및 연료계획은 발전소 정비시기 조정을 통해 공급능력을 최대로 확보하며 대규모 수용가의 전력사용 계약조정과 원자력 발전소의 핵연료 교체주기를 조정하는 것이다. 주간계획은 양수발전소 운전 계획 및 수력발전소 주간운전계획 조정과 주간기동정지계획 조정을 하는 것이다.

단계별 전력수급계획 및 운용은 익일계획, 급전 제어, 경제 급전(ELD: Economic Load Distribution), 자동발전제어(AGC: Automatic Generation Control)로 나누어진다. 익일 계획은 일간운전계획조정 및 부하를 관리하는 것이다. 급전 제어는 발전기 단시간 비상출력 및 대규모 수용가의 전력수급조정 요청을 하는 것이다. 경제급전은 매 1분마다 중앙 급전소에서 출력 제어신호를 송출한다. 자동발전제어는 발전기의 출력 및 전압을 조정하며 부하를 차단할 수 있다.

1.3.2 계통 운영

전력계통의 운영은 생산과 소비가 동시에 이루어지는 특성을 지닌 전기를 수요자에게 공급 중단 없이 공급하기 위하여 실시간으로 감시 제어하고, 계통주파수를 자동으로 조정하는 에너지관리시스템(EMS: Energy Management System)을 이용한다. 그림 1.12는 우리나라 전력계통 운영을 나타내고 있다.

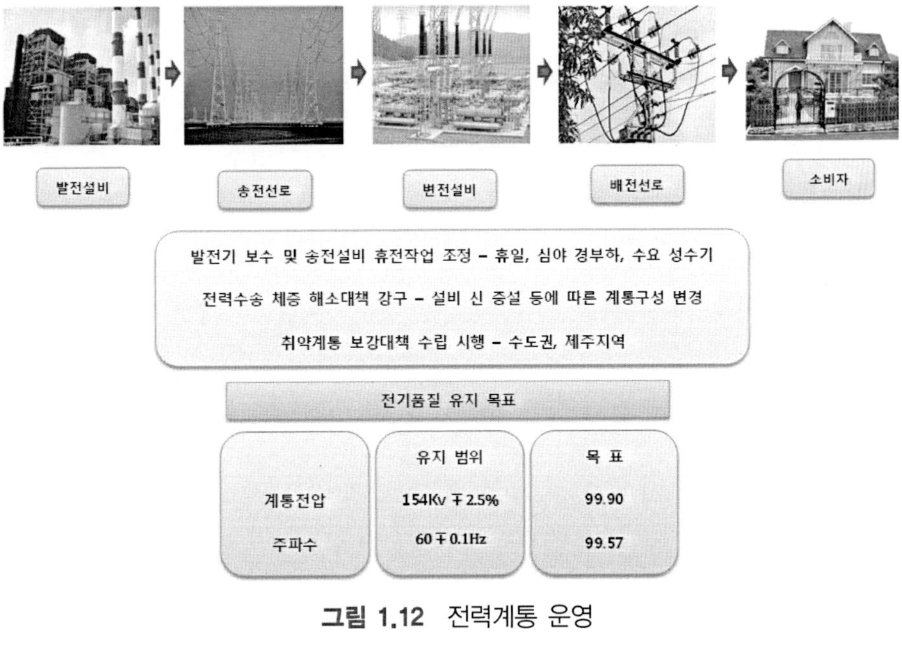

그림 1.12 전력계통 운영

1.3.3 경제 급전

(1) 경제 급전(ELD: Economic Load Dispatch)의 개념

각 발전소마다 부하를 적절히 배분하여 연료비용을 최소화하는 것을 경제 급전이라 한다. 경제 급전시 만족해야 하는 제약 조건으로 각 발전기의 출력 제약 및 출력의 합이 총수요와 같아야 한다.

(2) 경제 급전의 정식화

1) 목적 함수

계통에 n대의 발전기가 투입되어 있다고 가정할 경우, 목적 함수는 다음과 같이 n대 발전기의 연료 비용의 합으로 설계하고 이를 최소화하는 발전기 출력의 해를 구해야 한다.

$$Min\sum_{i=1}^{n} C_i(P_i) \tag{1.1}$$

C_i : 발전기 i의 연료 비용(P_i에 대한 2차 함수)

P_i : 발전기 i의 출력

n : 발전기의 수

2) 제약 조건

① 수급 조건: 다음과 같이 수요의 합을 D라 가정한다.

$$\sum_{i=1}^{n} P_i = D \tag{1.2}$$

발전기 출력의 합이 총수요량과 같아야 하며 식 (1.2)에 손실을 포함시키기도 한다.

$$\sum_{i=1}^{n} P_i = D + Loss \tag{1.3}$$

② 발전기 출력 제약: 발전기 출력이 최소값과 최대값 사이에 존재한다.

$$P_i^{\min} \le P_i \le P_i^{\max} \tag{1.4}$$

$P_i^{\min}$: 발전기 최소 출력

$P_i^{\max}$: 발전기 최대 출력

3) 정식화

식 (1.1), 식 (1.2), 식 (1.4)를 이용하여 경제 급전 문제를 두 종류의 제약 조건(등식, 부등식)을 만족시키며 발전 비용을 최소화시키는 조건 최적화(constrained optimization) 문제로 정식화하면 다음과 같다.

$$Min\sum_{i=1}^{n} C_i(P_i)$$

$$\text{s.t.} \quad \sum_{i=1}^{n} P_i = D \tag{1.5}$$

$$P_i^{\min} \le P_i \le P_i^{\max} \quad (i=1,2,3,\cdots,n)$$

(3) 라그랑지 함수

경제 급전 문제의 해를 구하기 위해 목적 함수와 제약조건을 모두 포함하는 라그랑지 함수를 도입하여 최적화 기법을 적용해 보자.

기존의 경제 급전 문제의 식 (1.5)를 라그랑지 함수로 변환하면 다음과 같이 표현된다.

$$L = \sum_{i=1}^{n} C_i P_i - \lambda\left(\sum_{i=1}^{n} P_i - D\right) \tag{1.6}$$

이 라그랑지 함수에 대해 다음 조건을 만족하는 해를 구하면 기존 문제의 비용을 최소로 하는 발전기 출력이 구해진다. 따라서 연료비를 최소화하는 조건은 다음 식과 같다.

$$\frac{\partial L}{\partial P_1} = 0,\ \frac{\partial L}{\partial P_2} = 0, \cdots\ \frac{\partial L}{\partial P_n} = 0,\ \frac{\partial L}{\partial \lambda} = 0 \tag{1.7}$$

식 (1.6)을 편미분하면 다음 식이 구해진다.

$$\frac{\partial L}{\partial P_1} = \frac{dC_1}{dP_1} - \lambda = 0,\ \frac{\partial L}{\partial P_2} = \frac{dC_2}{dP_2} - \lambda = 0, \cdots$$

$$\frac{\partial L}{\partial P_n} = \frac{dC_n}{dP_n} - \lambda = 0,\ \frac{\partial L}{\partial \lambda} = -\left(\sum_{i=1}^{n} P_i - D\right) = 0 \tag{1.8}$$

식 (1.8)을 정리하면 다음과 같다.

$$\frac{dC_1}{dP_1} = \frac{dC_2}{dP_2} = \cdots = \frac{dC_n}{dP_n} = \lambda, \quad \left(\sum_{i=1}^{n} P_i - D\right) = 0 \tag{1.9}$$

식 (1.9)의 의미를 해석하면 각 발전기의 증분 비용은 λ로 동일하며 각 발전기 출력의 합은 부하와 같다. 즉, 증분 비용이 모든 발전기에 비해 같은 경우에 가장 경제적인 출력배분이 실현된다. 일반적으로 λ는 부하의 크기에 영향을 받기 때문에 부하가 증가하면 증분 비용도 증가하게 된다.

발전기의 비용함수를 $C_i(P_i) = a_i P_i^2 + b_i P_i + c_i$와 같은 2차 함수로 가정하면 증분 비용은 다음과 같이 유도된다.

$$\frac{dC_1}{dP_1} = 2a_i P_i + b_i \tag{1.10}$$

식 (1.9)에 식 (1.10)을 대입한 후 식을 정리하면 다음과 같다.

$$2a_i P_i + b_i = \lambda \rightarrow P_i = \frac{\lambda - b_i}{2a_i} \tag{1.11}$$

$$\sum_{i=1}^{n} P_i = \sum_{i=1}^{n} \frac{\lambda - b_i}{2a_i} = D \rightarrow \lambda = \frac{\sum_{i=1}^{n} \frac{b_i}{a_i} + 2D}{\sum_{i=1}^{n} \frac{1}{a_1}} \tag{1.12}$$

식(1.12)를 출력(P_i)으로 정리하면 다음과 같다.

$$P_i = \frac{1}{2a_i}\left(\frac{\sum_{i=1}^{n} \frac{b_i}{a_i} + 2D}{\sum_{i=1}^{n} \frac{1}{a_1}}\right) - \frac{b_i}{2a_i} \tag{1.13}$$

각 발전기의 증분 비용이 같으며 출력의 합이 수요와 일치하는 점에서 발전기 출력이 결정되어지고, 그림 1.13과 같이 각 발전기들이 출력을 분담하게 된다.

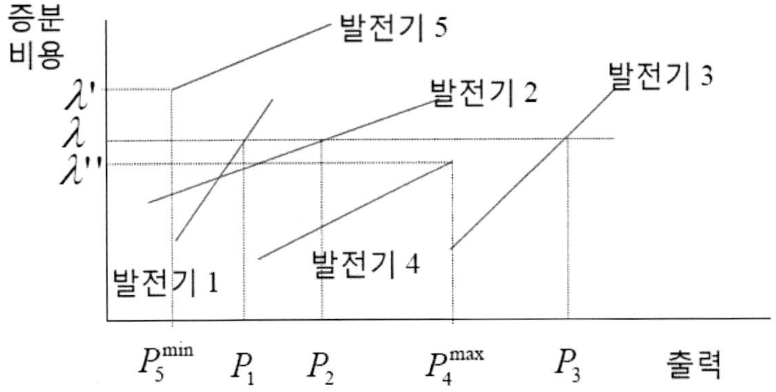

그림 1.13 각 발전기의 출력 분담 $\sum_{i=1}^{n} P_i = D$

1.4 전력시스템의 기초 현상 이해

1.4.1 전압, 주파수, 고조파

(1) 전압의 이해

도체 내에서 자유전자인 전하(electrical charge)는 불규칙한 형태로 움직인다. 전류와 같이 어떤 정해진 운동을 하려면 외부의 힘, 즉 두 전극 사이의 전위차인 기전력(emf: electromotive force)을 인가해야 한다. 전압의 크기를 나타내는 단위는 V(볼트, volt)이다. $1V$는 $1C$(쿨롱, coulomb)의 전하가 한 점에서 다른 한 점으로 이동하였을 때에 수행하는 일이 $1J$(줄, joule)일 때의 전위차를 나타낸다. 직류의 경우 전압의 방향과 크기를 쉽게 정할 수 있지만, 교류는 그 크기와 방향이 끊임없이 변한다. 그래서 전압의 순간값을 제곱하여 평균을 구하고 그 제곱근을 교류전압의 실효값으로 정한다. 전압, 전류, 저항사이의 기본적인 관계식($V = IR$)은 옴(Georg Simon Ohm)에 의해서 발견되었다. 물리학에 기여한 공로를 기념하여 전기저항의 단위를 그의 이름을 따서 옴(Ohm)이라고 정하였다.

옴의 법칙($V = IR$)은 전류의 세기는 두 점 사이의 전위차에 비례하고, 전기저항에 반비례한다는 법칙이다. 다른 말로 하면 옴의 법칙에 따라서 전압과 전류는 저항이 일정하다는 전제하에 비례관계가 성립하게 된다.

표 1.5 전압, 전류, 저항의 물리량

전기량	정의	단위	물과 비교
전압(전위차) Voltage	회로의 두 점 사이의 단위 전하당 에너지의 차를 나타낸다.	V (볼트, Volt)	물의 압력
전류 Current	회로 안을 흐르는 전하의 양을 나타낸다.	A (암페어, Ampere)	흐르는 물의 양
저항 Resistance	회로 안에서 전류가 흐르기 어려운 정도를 나타낸다.	Ω (옴, Ohm)	파이프 속에서 물이 흐르기 어려운 정도를 의미한다.

(2) 주파수의 이해

전파 또는 음파 등의 파장이 반사 및 굴절하여 물결 모양과 같이 방향을 바꾸는 주기적 현상 및 이러한 주기적 파상 현상이 1초 동안에 반복되는 횟수를 주파수라 한다. 주파수의 단위로서 단위시간(1초) 동안 진동수가 1인 경우에는 1헤르츠(Hz)라 한다. 일상생활에서 교류 전원을 쓰는 가전기기를 들여다보면 220V, 60Hz라고 표기되어 있는 것을 볼 수 있다. 이는 가전기기가 사용하는 전압이 220V이며 전압이 1초 동안 0V를 기준으로 하여 오르락내리락 하는 반복을 60번 한다는 의미이다. 그러므로 이때 교류 전압의 진동수는 60번/초이다.

(3) 고조파의 이해

사인파가 아닌 주기적 반복파형은 60Hz를 가지는 사인파와 사인파의 정수배의 주파수를 갖는 파동으로 분해되는데, 이때 60Hz 파형에 들어있는 기본파의 정수배 주파수를 갖는 것을 고조파라 한다. 일반적으로 주파수가 기본파인 n배인 파동을 제n차 고조파라 한다.

고조파는 통상 제5조파라든지 제7조파라는 식으로 불리는데 이것은 각각 기본 주파수의 5배와 7배의 주파수를 지닌 것을 의미하며 일반적으로 제3조파 이상의 홀수 차 고조파가 파형에 현저한 영향을 미친다.

비선형 부하로 인해 발생한 고조파는 비정현파적 특성의 부하전류가 계통에 영향을 주어 전원전압의 파형이 정현파가 되지 못하게 한다. 이렇게 전원에 고조파가 함유되어 있으면 파형이 일그러진다. 전원의 정현파 전압을 펄스신호나 직류전원으로 변환하여 사용하는 부하를 비선형 부하라 하며, 공급된 전압으로부터 출력되는 부하전류는 비정현파 파형으로 전원에 유입되어 전원의 정현파 파형 왜곡을 초래하게 된다.

그림 1.14(a)는 다양한 비선형 부하로부터 발생된 비정현파 부하전압 또는 전류의 파형을 나타내고, 그림 1.14(b)는 비선형 부하의 영향을 받기 전인 전원의 정현파 파형을 나타낸다. 그림 1.14(c)는 그림 1.14(a)의 비선형 파형이 정현파 전원에 유입되어 전원전압 또는 전류의 파형이 일그러진 결과 파형을 나타낸다. 이처럼 비정현 파형에 의해 일그러진 왜형파는 다시 기본파의 정수배인 각 차수별 성분으로 분해하여 표현할 수 있다. 그림 1.14(d)는 그림 1.14(c)의 왜형파를 푸리에 변환을 통해 기본파와 n차의 고조파 성분으로 분해한 결과를 나타낸다. 그림 1.14(e)는 그림 1.14(d)와 같이 분해된 파형의 합성이 그림 1.14(c)와 같은 파형이 되는 것을 나타낸다.

현재 사이리스터 변환기의 눈부신 발달에 따라 이것이 여러 방면에서 이용되고, 또한 대용량화됨에 따라 일부 지역에서는 교류측에 각종 문제가 발생하게 되었으므로 배전 선로에 있어서도 고조파가 주는 영향을 충분히 고려할 필요가 있다. 표 1.6은 고조파가 각종 기기에 주는 영향을 나타내고 있는데, 고조파 성분의 영향으

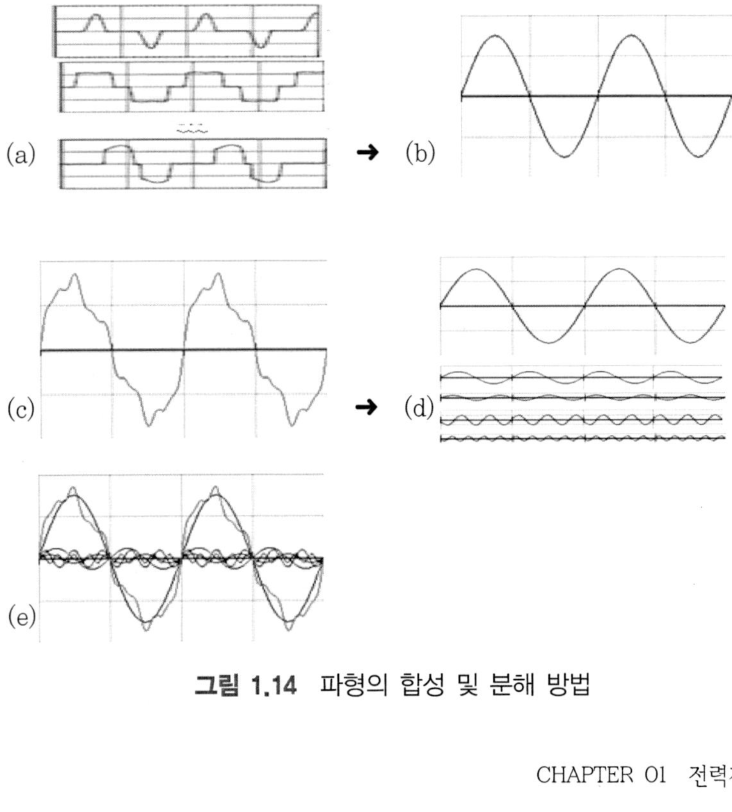

그림 1.14 파형의 합성 및 분해 방법

표 1.6 고조파가 기기에 주는 영향

기기명	영향의 종류
콘덴서 및 리액터	고조파 전류에 대한 회로의 임피던스가 공진 현상 등으로 감소해서 과대한 전류가 흐름으로써 과열, 소손 또는 진동, 소음이 발생한다.
변압기	고조파 전류에 의한 철심의 자기적인 왜곡 현상으로 소음이 발생한다. 고조파 전류·전압에 의한 철손, 동손이 증가한다.
케이블	3상 4선식 회로의 중성선에 고조파 전류가 흐름에 따라 중성선이 과열된다.
유도전동기	고조파 전류에 의한 정상 진동 토크의 발생으로 회전수의 주기적 변동, 철손, 동손 등의 손실이 증가한다.
통신선	전자 유도에 의한 잡음 전압이 발생한다.
음향기기	트랜지스터, 다이오드, 콘덴서 등 부품의 고장, 수명 저하, 성능 열화, 잡음 등이 발생한다.

로서 역률저하, 변압기 출력 감소, 과열, 소음 등의 나쁜 결과를 초래할 수 있음을 알 수 있다.

(4) 고조파의 경감 대책

능동필터를 통해 부하에서 발생하는 고조파의 역고조파를 발생시켜 상호 상쇄시키거나 수동필터(L-C 소자 이용)를 통해 공진을 만들어 계통으로부터 고조파를 분리시킨다. 직렬 리액터 삽입, 직렬 리액터 용량 증가, 콘덴서·직렬 리액터 용량 변경을 통한 고조파 장해를 예방한다. 또한 정류 상수의 증가, 과대한 위상 제어의 회피, 교류 필터의 설치를 통한 계통에서의 대책으로 사용하며 이밖에 피해 기기측의 장해 방지 대책으로서는 설비측 정수를 변경하여 유입 고조파를 저감시키거나 기기 자체의 고조파 내량을 강화시킨다.

1.4.2 유효전력과 무효전력

유효전력은 전원에서 공급되고 부하에서 실제로 소비되는 전력을 의미하며 전압의 실효값을 V, 전류의 실효값을 I로 하면, 유효전력은 $P = VI\cos\theta$로 구해진다. 리액턴스뿐인 회로에서는 $\cos\theta = 0$으로 되어 $P = 0$, 저항뿐인 회로에서는 $\cos\theta = 1$이 되어 $P = VI$가 된다.

리액턴스분을 포함하는 부하에 교류 전압을 가했을 경우 어떤 일을 하지 않는 전기 에너지가 전원과 부하 사이를 끊임없이 왕복한다. 그의 크기를 나타내는 것이 무효전력이며, 다음 식으로 표현된다. 무효전력의 단위는 바(기호 var)나 킬로바(기호 kvar)를 쓴다.

$$\text{단상 교류인 경우: } Q = VI\sin\theta \tag{1.14}$$

$$\text{3상 교류인 경우: } Q = \sqrt{3}\,VI\sin\theta \tag{1.15}$$

여기서, Q : 무효전력[var], V : 전압[V], I : 전류[A], $\sin\theta$: 무효율
또한 3상인 경우의 V, I는 선간전압 및 선전류를 나타낸다.

아래의 회로는 단상 정현파 전압을 부하에 공급하는 회로이다.

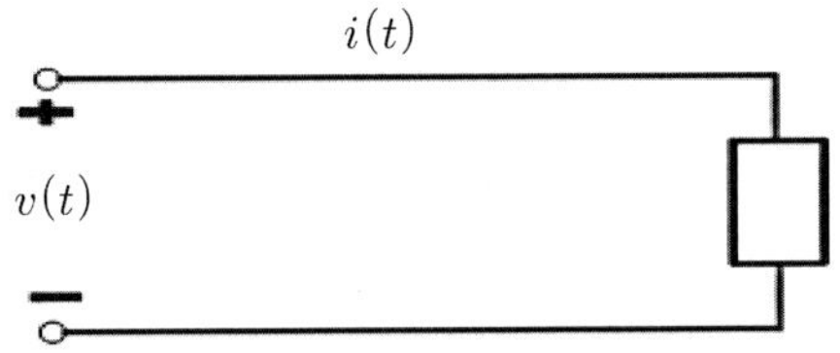

그림 1.15 단상 회로

$$\text{순시 전압 : } v(t) = V_m\cos(wt + \theta_v) \tag{1.16}$$

$$\text{순시 전류 : } i(t) = I_m\cos(wt + \theta_i) \tag{1.17}$$

부하로 전달되는 순시 전력은 전압과 전류의 곱과 같다.

$$p(t) = v(t)i(t) = V_m I_m \cos(wt + \theta_v)\cos(wt + \theta_i) \tag{1.18}$$

삼각함수 공식을 이용하여 식을 정리하면 다음과 같다. 참고로 삼각함수 곱의 형식을 합의 형식으로 표현하는 공식은 $\cos A\cos B = \frac{1}{2}[\cos(A-B) + \cos(A+B)]$이다.

$$\begin{aligned} p(t) &= \frac{1}{2}V_m I_m \cos[(\theta_v - \theta_i) + \cos(2wt + \theta_v + \theta_i)] \\ &= \frac{1}{2}V_m I_m \cos(\theta_v - \theta_i) + \cos[2(wt + \theta_v) - (\theta_v - \theta_i)] \end{aligned}$$

$$= \frac{1}{2} V_m I_m [\cos(\theta_v - \theta_i) + \cos 2(wt + \theta_v)\cos(\theta_v - \theta_i)]$$

$$+ \sin 2(wt + \theta_v)\sin(\theta_v - \theta_i) \quad (1.19)$$

전압과 전류를 아래에 정의된 실효값(rms)으로 나타내고, 전압과 전류의 위상차를 임피던스각 θ로 나타내면 순시전력은 다음과 같이 표현된다.

$v(t)$의 실효값: $|V| = \frac{V_m}{\sqrt{2}}$, $i(t)$의 실효값: $|I| = \frac{I_m}{\sqrt{2}}$, 임피던스각: $\theta = \theta_v - \theta_i$

$$p(t) = \underbrace{|V||I|\cos\theta[1 + \cos 2(wt + \theta_v)]}_{\text{유효전력}} + \underbrace{|V||I|\sin\theta \sin 2(wt + \theta_v)}_{\text{무효전력}} \quad (1.20)$$

정리하면, 전원에서 공급되어 부하에서 유효하게 이용되는 전력을 유효전력(real active power)이라 한다.

$$P = VI\cos\theta[W], \qquad \cos\theta : Power\ Factor \quad (1.21)$$

반면에 실제로는 아무 일을 하지 않아 부하에서는 전력으로 이용될 수 없는 전력을 무효전력(reactive power)이라 한다.

$$Q = VI\sin\theta[Var], \qquad \sin\theta : Reactive\ Factor \quad (1.22)$$

역률(power factor)은 전압과 전류의 위상차 크기를 나타내는 계수라고 할 수 있으며, 전압 V와 전류 A 사이의 위상차이를 θ라 하고, 실제로 일을 하는 유효전력을 P라고 하면 역률은 다음 식으로 계산된다.

$$P.F = \frac{\text{유효전력}}{\text{피상전력}} = \frac{P}{VA} = \frac{P}{S} \quad (1.23)$$

피상전력(apparent power)$= VA = S$

P(유효전력)$= VA\cos\theta = S\cos\theta$

무효전력$= VA\sin\theta = S\sin\theta$

역률은 1(100%)에 가까울수록 좋으며, 일반적으로 전동기 용량이 클수록, 그리고 극 수가 많을수록 역률이 커진다. 또 전동기의 역률은 전동기의 부하에 따라서 변하기 때문에 전동기 명판에는 전부하 시의 역률을 표시하며, 역률을 개선하기 위하여 진상용 콘덴서를 사용하는 경우도 많이 있다. 백열전등이나 전열기의 역률은

1에 가깝지만, 전동기의 역률은 0.5~0.9 정도이다.

1.5 전력시스템의 해석

1.5.1 송배전 방식

(1) 직류송전 방식

에디슨은 1881년 뉴욕시내에서 부분적인 직류송전을 시작하였고, 수용가의 전등 전압에 맞춰 저압송전을 하였으나 전압강하 등의 문제로 수용가 말단에서는 너무 어둡거나 켜지지 않았다. 그 후 1912년 프랑스에서 직류발전기를 직렬로 접속시켜 고전압 송전을 시도하였으나 변압의 불편함으로 폐지되었다. 초기에는 저전압으로 전력을 공급해왔으나, 수요가 증대하고, 공급 지역이 광범위해짐에 따라 변압기로 전압을 쉽게 변압할 수 있는 교류송전이 유리하게 되어 현재 거의 모두가 교류송전을 하고 있다. 그러나 최근 AC/DC, DC/AC 변환설비 개발(전력전자 기술의 발달) 및 직류송전의 특수성, 동남아 전력계통연계 등으로 직류송전이 재조명되고 있으며 전원이 원격화되고 대용량화되었기 때문에 장거리, 대용량(수백만 kW)용으로서 송전 안정도 문제가 없는 직류송전이 각광을 받기 시작하고 있다.

1) 직류송전 계통 구성

그림 1.16에서와 같이 직류송전 방식은 발전기에서 발전한 교류전력을 송전단에서 순변환장치(converter)에 의해 직류로 변환하여 전송하고, 수전단에서는 역변환장치(inverter)로 다시 교류로 변환하여 전송하는 방식이다.

여기서, 직류리액터(L)는 순변환장치에서 나온 직류전압의 맥동분을 평활화하며 역변환장치로 들어가기 전에 맥동분을 재생하는 역할을 한다. 그리고 무효전력 공

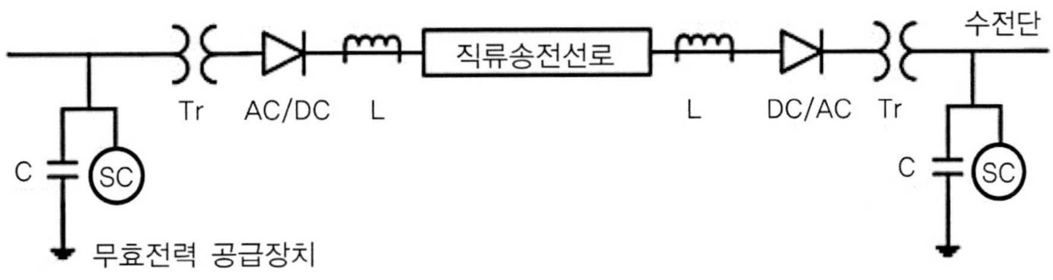

그림 1.16 직류송전 계통의 구성

급장치인 인버터 및 컨터버 변환장치는 유효전력의 60% 정도의 무효전력을 소비하므로 이를 보상하는 역할을 한다.

- 구성 설비
  ① 변환장치(thyristor valve)
    - 변환장치의 직류송전 방식의 핵심이 되는 요소이다.
    - 여러 개의 Thyristor 소자를 병렬로 접속한 모듈 형태이다.
  ② 변환기용 변압기 : 3상 옥외형, 역변환기 - 정전압 제어를 한다.
  ③ 제어 및 보호
    - 순변환기 : 정전류 제어
    - 역변환기 : 정전압 제어
  ④ 직류 차단기 : 전류 영점 발생장치와 산화아연 저항으로 구성되어 있다.
  ⑤ 고조파 필터 : 변환기에서 발생되는 고조파를 흡수한다.
  ⑥ 직류 Cable : 유침지 Solid, OF, GF, Pipe Cable
  ⑦ 철탑 : 교류송전 철탑에 비해 크기와 높이가 2/3 정도이다.
  ⑧ 접지전극 : 변환소에 가깝게 설치한다.
  ⑨ 직류 피뢰기
    - 뇌, 개폐 Surge시 기기를 보호한다.
    - 고성능 산화아연(ZnO) 피뢰기를 사용한다.

2) 직류송전 계통의 송전 방식

직류송전으로 전력을 송전할 경우 직류 전압의 극수 및 귀로에 따라 그림 1.17과 같은 송전 방식으로 사용된다.

송전 방식으로는 직류 단극 1회선(Mono-polar 방식)과 직류 쌍극 1회선(Bi-polar 방식)으로 나타내어지고, Mono-polar 방식은 대지(해수) 귀로 방식, 도체 귀로 방식으로 나누어지며 Bi-polar 방식은 중성점 1단 접지방식, 중성점 양단 접지방식, 중성선 도체 방식, Homo-polar 방식으로 나누어진다.

Mono-polar 방식의 대지(해수) 귀로 방식은 그림 1.17(a)에서와 같이 대지 또는 해수를 귀로로 사용하는 방법으로 전선로는 한 가닥만 있으면 되므로 건설비는 싸고 경제적인 송전 방식이지만 대지에 매설된 금속이 전기적 부식, 통신선 장해, 나침반 오작동 등이 있다는 결점이 있다. 도체 귀로 방식은 그림 1.17(b)에서와 같이 대지(해수) 귀로가 허용될 수 없는 경우에 도체를 따로 가설하는 방식으로서 인구

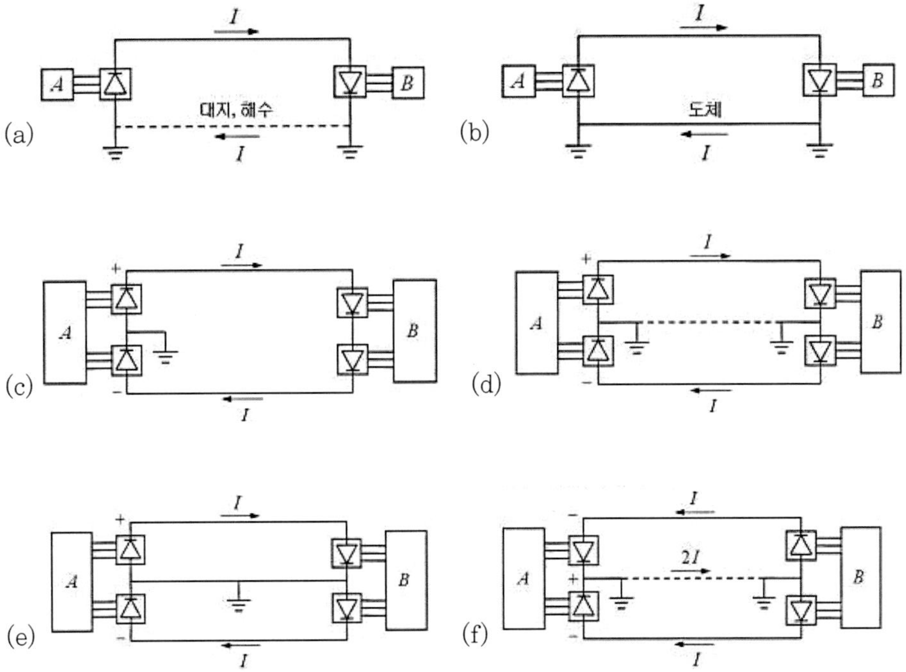

※ A : 순변환소 B : 역변환소

그림 1.17 2단자 직류송전 계통의 송전 방식

조밀 지역에서 직류송전에 의한 전기적인 부식의 영향을 방지해야 하기 때문에 이 방식을 사용한다. 그리고 Bi-polar 방식의 중성점 1단 접지방식은 그림 1.17(c)와 같이 순, 역변환소의 1곳에만 중성점을 접지하는 방식이다. 이 방식은 1선 고장시 운전이 불가하나 전선의 부식, 통신선 장해가 없으며, 한쪽 선로에는 정전압(+), 다른 한쪽 선에는 부전압(-)이 인가된다. 중성점 양단 접지방식은 그림 1.17(d)와 같이 중성선을 설치하지 않고 순, 역변환소의 중성점을 접지하는 방식으로 한쪽 선로에는 정전압(+), 다른 한쪽 선에는 부전압(-)이 인가된다. 이 방식의 장점은 1선 고장시에도 1/2 송전이 가능하며 전선의 부식, 통신선 장해가 없다. 중성선 도체 방식은 그림 1.17(e)와 같이 중성점 양단을 도체로 접속한 방식으로 중성선 1곳에만 접지한다. Homo-polar 방식은 그림 1.17(f)와 같이 모두 동일 극성을 가지는 2개 이상의 도체로 구성되어 항상 대지 또는 도체로 귀로하는 방식이다. 이 방식은 절연비용이 절감되나, 대지 귀로 성분이 존재하기에 전선의 부식, 통신선 장해가 존재한다.

3) 직류송전의 장·단점

직류송전의 장점으로 직류에서는 주파수가 없으므로 역률이 항상 1이며, 표피효과, 코로나손에 의한 전력손실이 없어 송전 효율이 좋고 직류전압은 교류전압 최고치의 $1/\sqrt{2}$ (실효값)이므로 절연등급을 낮출 수 있다. 또한 단락전류가 적어 서로 다른 주파수 교류계통간 연결이 가능하고 유도장해가 적다. 그러나 단점으로는 교류에서와 같이 전류의 영점이 없으므로 직류 전류차단이 어렵고 직류변환 후 승압 및 강압이 곤란하다. 그리고 인버터 및 컨버터 고조파 문제가 발생하기 때문에 추가적인 무효전력 공급장치 설치비 및 유지보수 비용이 든다.

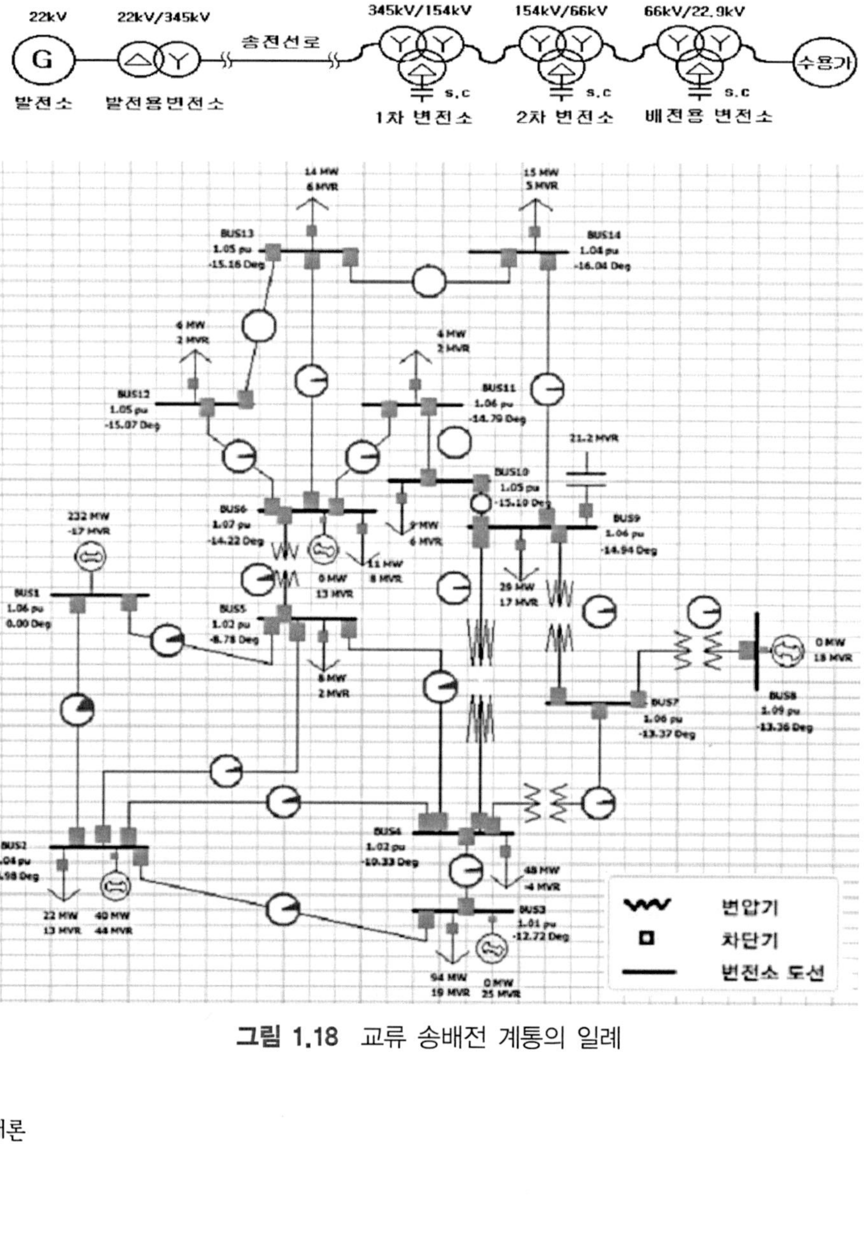

그림 1.18 교류 송배전 계통의 일례

(2) 교류송전 방식

우리나라뿐만 아니라 전 세계적으로 대부분의 송전방식은 그림 1.18과 같이 교류 방식을 채택하고 있는데, 그 이유는 교류를 승압하여 송전하고 변압기를 사용하여 쉽게 변성이 가능하기 때문이다. 또한, 교류 방식에는 단상, 3상 등 여러 가지가 있으나, 전선 한 가닥 당 송전 전력이 크고, 회전 자계를 쉽게 얻을 수 있어서 회전 기기의 사용에 편리하다. 그리고 3상분을 합계한 송전 전력의 순시값이 일정해서 단상처럼 맥동하지 않는다는 이유 등에 의해서 3상 3선식이 일반적으로 많이 쓰이고 있다. 이밖에 3상 4선식과 단상 3선식은 같은 회선에서 선간전압과 상전압의 양 전압을 이용할 수 있기 때문에 배전에서 많이 채용되고 있다.

그림 1.19는 각종 전기 방식의 회로 구성도를 나타낸다. 참고로 우리나라의 송전 선로는 765kV, 345kV, 154kV 3상 3선식으로 구성되어 있으며, 고압 배전선로는 22.9kV 3상 4선식으로, 저압 배전선로는 주상변압기에서 380V 3상 3선식으로 공급되며 전등용으로 220V가 공급된다. 또한 기설 110V 부하에 대해서는 단상 3선식 220/110V로 공급하고 있다.

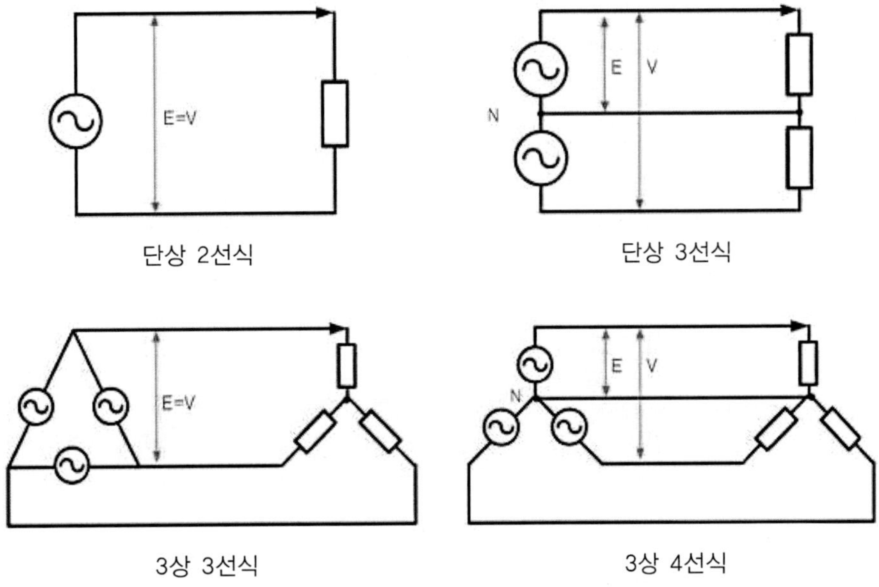

그림 1.19 각종 전기방식의 회로도

1) **교류송전 방식 비교 조건(표 1.7)**

① 단상 3선식과 3상 4선식에는 각각 중성선이 있고 중성선과 전압선 굵기는 같다.

② 상간 부하는 평형하며 중성선에는 전류가 흐르지 않는다.

③ 부하의 역률, 전송거리, 전선은 모두 같다고 가정한다.

④ 송전선로에서 비교 :
선로부하가 주로 3상이므로 전송전력식에 선간전압(V)을 사용한다.

⑤ 배전선로에서 비교 :
선로부하가 주로 단상이므로 전송전력식에 상전압(E)을 사용한다.

표 1.7에서 나타난 것처럼 송전선로에서는 3상 3선식이 1선당 전송전력이 가장 크고 배전선로에서는 3상 4선식이 1선당 전송전력이 가장 크다. 이상으로부터 송전시스템은 3상 3선식을, 배전시스템은 3상 4선식을 채용하는 이유에 대해 알 수 있다.

표 1.7 전력 전송 경제성 비교

송전선로 비교

전송방식	전송전력	1선당 전송전력	비율
단상 2선식	$P = VI\cos\theta$	P/2	100
단상 3선식	$P = VI\cos\theta$	P/3	67
3상 3선식	$P = \sqrt{3}\,VI\cos\theta$	$\sqrt{3}$ P/3	115
3상 4선식	$P = \sqrt{3}\,VI\cos\theta$	$\sqrt{3}$ P/4	87

배전선로 비교

전송방식	전송전력	1선당 전송전력	비율
단상 2선식	$P = EI\cos\theta$	P/2	100
단상 3선식	$P = 2EI\cos\theta$	2P/3	133
3상 3선식	$P = \sqrt{3}\,EI\cos\theta$	$\sqrt{3}$ P/3	115
3상 4선식	$P = 3EI\cos\theta$	3P/4	150

(1선당 전송전력 및 비율은 단상 2선식 기준)

2) 교류송전 장·단점

교류송전은 페러데이 전자유도 법칙을 이용한 변압기로 승압과 강압이 용이한 장점이 있다. 즉, 송전전력은 송전전압의 제곱에 비례하고 동일전력 송전시 승압에 따른 도체에 흐르는 전류가 줄어들므로 전선직경을 줄일 수 있어 경제적이다. 또한 회전자계를 쉽게 얻을 수 있으며 운용의 일관성이 있다. 오늘날 대부분의 부하가 교류방식이므로 발전부터 부하까지 일관화 되어있다. 그러나 교류송전의 단점으로는 표피효과 및 코로나손이 발생하기에 손실이 커지고 실효저항 증가로 절연비용이 증가한다. 직류송전에 비해 계통의 안정도가 저하되고 페란티 현상(수전단의 전압이 송전단보다 높아지는 현상으로 무부하나 경부하시 선로의 정전용량에 의해 발생)이 발생한다. 또한 주파수가 다른 계통끼리는 연결이 불가능하고 통신선 유도장해가 발생한다.

(3) 배전선로 방식

배전선로(distribution line)는 발전소, 변전소 또는 송전선로로부터 다른 발전소 또는 변전소를 거치지 않고 수용가에 이르는 전선로를 말하며, 154kV(66kV)에서 22.9kV로 변환하는 배전용 변전소로부터 수용가에 이르는 전력계통을 배전계통이라 통칭한다. 배전선로는 송전선로와 달리 대용량의 전력을 먼 거리에 보내는 것이 아니기 때문에 넓은 지역 내에서 각각의 장소에 분산된 다수의 수용가에게 공급하는 관계상 전선로는 짧으며 저전압 소전력이고 회선수도 많아 각 선로 전류도 불평형을 이루는 경우가 많다.

또한 도로상에 건설되는 경우가 많으므로 건축물과의 관계, 도시의 미관, 화재, 풍수해 등 보안면에 대해서도 충분히 고려해야 한다.

우리나라 초기의 배전전압 및 방식은 3.3kV 3상 3선식이었으며 그후 5.7kV, 6.6kV, 11.4kV, 22.9kV로 단계적으로 승압되었다. 1989년 통신선 유도장해, 절연변압기 설치지역 확보 등의 문제점이 있는 서울 일부도심과 지질특성상 다중접지계통에 필요한 낮은 접지저항 확보가 곤란한 제주지역을 제외한 모든 지역의 22.9kV 승압이 완료되었다. 그후 꾸준한 연구개발로 2003년 제주지역을 먼저 승압완료 하였으며 2008년 고압배전계통은 22.9kV로 단일화 되었다. 또한 저압배전 계통은 동력용 200V와 380V, 전등용 100V와 220V 등을 혼용하여 사용되어지다가 1999년 전등용 220V, 2005년 동력용 380V로 단일승압 되었다.

1) 배전선의 구성

일반적으로 배전선은 수지식(방사상식), 환상식(루프식), 망상식의 세 가지로 나누어진다. 수지식(tree system)은 전원 변전소로부터 1회선 공급이 가능하고 신규 부하 증설이 용이하며 경제적인 공급 방식이다. 환상식은 고장 발생시 고장 개소의 분리 조작이 용이하고 전류의 통로에 융통성이 있어 전력 손실과 전압 강하가 적다. 망상식(network system)은 무정전 공급이 가능하므로 공급 신뢰도가 높고 플리커, 전압 변동률이 적어 전력 손실이 감소하며 기기의 이용률이 향상되어진다. 그리고 부하 증가에 대한 적응성이 좋고 변전소 수를 줄일 수 있다. 그러나 건설비가 비싸고 특별한 보호장치(저압용 차단기, 방향성 계전기, 퓨즈)가 필요하다.

2) 배전선로 전기 방식

① 특고압 1차 배전 방식

배전용 변압기에서 주상변압기까지의 배전방식으로 3상 4선식 Y결선 중성점 다중접지방식이며 선간전압 22.9kV, 상전압 13.8kV이다.

중성선 접지로는 인가밀집 지역 및 접지저항이 높은 지역은 전주마다 3종 접지하고 인가가 없는 야외지역은 300m 이하 1개소에 3종 접지한다. 동일 변전소에서 인출된 중성선은 특고압 배전선로에서 공용으로 사용하고 타 변전소에서 인출된 특고압 배전선로의 중성선은 일반적으로 공용으로 사용하지 않는다. 그리고 타 변전소에서 인출된 특고압 배전선 및 중성선을 동일 지지물에 연결시 별도로 가선하며 전주마다 교대로 접지 시행한다.

② 저압 2차 배전 방식

이 배전 방식은 그림 1.21에서와 같이 단상 2선식으로 일반 가정용으로 사용되며 변압기 2차 결선 방식에 따라 110V/220V 가압된다.

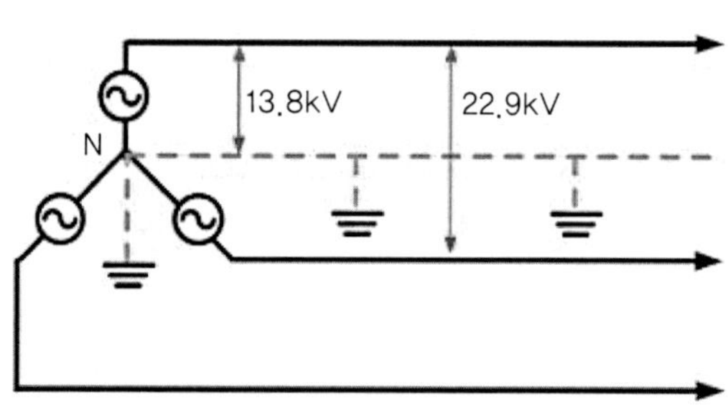

그림 1.20 3상 4선식

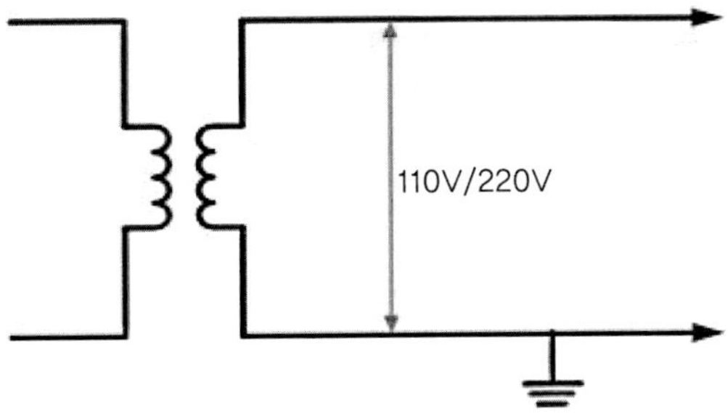

그림 1.21 단상 2선식

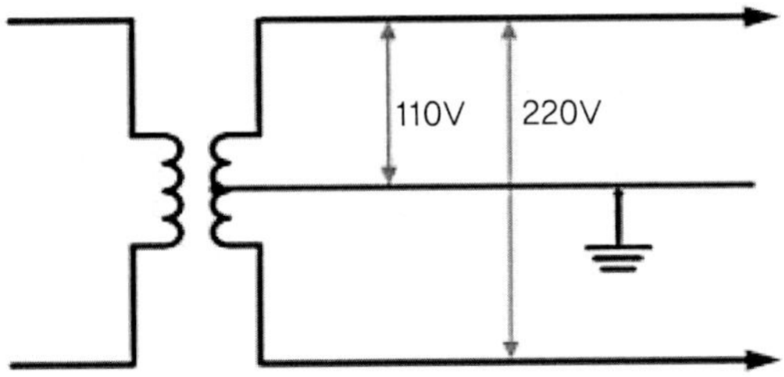

그림 1.22 단상 3선식

그림 1.22에서와 같이 단상 3선식은 두 종류의 전압이 필요한 곳에 사용되며 과거 100V 전등용으로 사용(현재 전등용으로 220V 승압 완료)되었다.

3) 배전 선로 장·단점

3상 3선식 배전선로 방식과 비교한 3상 4선식 다중 접지 배전선로의 장점으로는 이중고장이 일어날 가능성이 적으며 지락고장시 건전상(3상 3선식일 경우 한 선에 지락 사고가 일어났을 경우 나머지 사고가 일어나지 않은 두 선을 의미)에 이상전압이 발생하지 않고 변압기의 단절연이 가능하므로 가격이 저렴해질 수 있다. 단점으로는 지락전류(접촉 또는 절연파괴 등의 사고에 의하여 절연되어 있던 충전부에서 대지로 흐르는 전류)가 커져서 통신선에 유도장해를 주게 되고 지락전류가 크기 때문에 안정도가 감소된다. 그리고 지락전류가 단락전류보다 커지는 경우가 있으므로 차단기 용량이 증대되고 지락검출이 어렵기에 고감도 지락계전기가 필요하다.

1.5.2 송전전력과 송전전압의 상관관계

(1) 송전 전압

3상 3선식 송전 선로에서 선간전압을 V[V], 선전류를 I[A], 역률을 $\cos\theta$라 하면 송전전력 P[W]는

$$P = \sqrt{3}\, VI\cos\theta \ \text{[W]} \tag{1.24}$$

이므로 선전류 I[A]는

$$I = \frac{P}{\sqrt{3}\, V\cos\theta} \ \text{[A]} \tag{1.25}$$

로 된다.

만일 송전선로의 길이를 l[m], 도체의 굵기를 A[mm^2]라 하면 송전선로 1선당 저항 $R[\Omega]$은 다음의 관계식을 가진다.

$$R = \rho\frac{l}{A}\,[\Omega] \tag{1.26}$$

여기서, ρ : 도체의 저항률[Ω/m • mm^2].

이때 전력손실은 $3I^2R$이 되며, 송전손실률은 다음과 같이 계산된다.

$$\rho = \frac{3I^2R}{P} = \frac{3I^2R}{\sqrt{3}\, VI\cos\theta} = \frac{\sqrt{3}\, R}{V\cos\theta} \cdot \frac{P}{\sqrt{3}\, V\cos\theta} = \frac{RP}{V^2\cos^2\theta} \tag{1.27}$$

식 (1.27)에서 저항 $R[\Omega]$은

$$R = \rho\frac{V^2\cos^2\theta}{P} = \rho\frac{l}{A} \tag{1.28}$$

이며 전선의 굵기 A[mm^2]는

$$A = \frac{\rho l P}{p V^2\cos^2\theta}\,[\text{mm}^2] \tag{1.29}$$

로 된다.

그러므로 전선의 총 중량 W[kg]은 다음과 같이 유도된다.

$$W = 3Alk = \frac{3\rho klP}{p V^2\cos^2\theta}\,[\text{kg}] \tag{1.30}$$

여기서, k는 전선의 비중이다.

식 (1.30)에서 송전선의 송전전력 P, 송전거리 l, 전력손실률 ρ와 전선재질 (p, k)이 동일하다면 전선중량[kg]은

$$W \propto \frac{1}{V^2 \cos^2\theta} \tag{1.31}$$

이 되어 송전전압과 역률의 제곱에 반비례한다.

만일 송전전력 P, 송전거리 l, 전력손실률 ρ와 전선재질 (p, k)과 굵기 A, 역률 $\cos\theta$가 일정하다면 송전전력 P는

$$P \propto V^2 \tag{1.32}$$

으로서 송전전압의 제곱에 반비례하여 증가함을 알 수 있다.

표 1.8은 공칭전압에 따른 기준전압과 최고전압을 비교한 것이다. 공칭전압은 전선로를 대표하는 선간전압으로서 그 계통의 송전전압을 나타낸다. 최고전압은 송전 선로에 통상 발생하는 최고의 선간전압으로서 염해 대책, 1선지락 고장시 등 내부이상 전압, 코로나 장해, 정전유도 등을 고려할 때 표준이 되는 전압이다. 표 1.8과 같이 일반적으로 공칭전압의 1/1.1을 기준전압, 또는 기준전압의 1.15배를 최고전압으로 정하고 있다.

표 1.8 전압 비교

공칭전압[kV]	기준전압[kV] $\frac{\text{공칭전압}}{1.1}$	최고전압[kV] (기준전압×1.15)
3.3	3.0	3.4
6.6	6.0	6.9
22.9/13.2Y	21/12	24/14
66	60	69
154	140	161
345	313	362
765	695	800

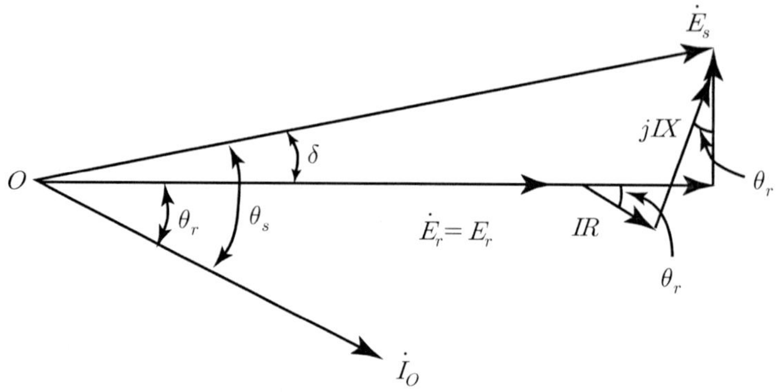

그림 1.23 단거리 송전선로의 벡터도(E_r을 기준 벡터)

(2) 선로 전압 강하

가공 배전 선로에 부하가 없고 전압만 걸렸을 경우 송전단의 전압과 수전단 전압은 크기가 거의 같다. 그러나 여기에 부하가 접속되면 수전단 전압은 송전단 전압보다 낮아진다. 이 전압의 차이를 전압 강하라고 한다.

송전단 전압 $\dot{E}_S$와 수전단 전압 $\dot{E}_r$의 절대값의 차를 배전 선로에서 전압강하라고 한다.

송전단 전압을 수식으로 표현하면 다음과 같다.

$$\dot{E}_s = (E_r + IR\cos\theta_r + IX\sin\theta_r)^2 + j(IX\cos\theta_r - IR\sin\theta_r)^2 [V] \quad (1.33)$$

$$E_s = \sqrt{(E_r + IR\cos\theta_r + IX\sin\theta_r)^2 + j(IX\cos\theta_r - IR\sin\theta_r)^2} [V] \quad (1.34)$$

단거리 송전선로나 배전선로에서는 $\dot{E}_S$, $\dot{E}_r$은 거의 겹쳐져서 $\theta_s \fallingdotseq \theta_r$로 되므로 식 (1.34)의 제2항은 제1항에 비해 훨씬 작아진다. 이 경우 송전단 전압은 $E_s \fallingdotseq E_r + I(R\cos\theta_r + X\sin\theta_r)[V]$로 된다.

1) 전압 강하율

전선로에 전압이 가해졌을 때 송전단의 전압 $\dot{E}_r$는 수전단의 전압 $\dot{E}_S$보다 높고, 위상각은 앞서 있다. 즉 발전소와 변전소의 배전반 전압계의 지시차가 곧 전압 강하된 값이다. 그러므로 전압 강하율(percentage voltage drop) ϵ은 다음과 같이 정의된다.

$$\epsilon = \frac{E_s - E_r}{E_r} \times 100[\%] \qquad (1.35)$$

2) 전압 변동률

전부하시에 수전단을 개방했을 때 수전단 전압의 크기를 $\dot{E}_{r0}$, 전부하시의 수전단 전압의 크기를 $\dot{E}_r$ 이라고 하면, 전압 변동률[%] δ는 식 (1.36)과 같다.

$$\delta = \frac{E_{r0} - E_r}{E_r} \times 100[\%] \qquad (1.36)$$

그러므로 전압 변동률이란 전부하가 변전소에서 차단되었을 경우 개방 단자의 전압이 차단전의 전압보다 몇 % 높아지는가를 나타내는 것이 된다. 따라서 이것은 부하가 변화했을 때에 변전소의 전압 변동 정도를 나타내는 것이다. 전압 강하율의 최대치는 중요 간선 송전선로는 10% 가량, 최고 전압에서는 15% 정도까지이고, 분기선이나 발전소 사이의 연락선 등은 5%가 표준으로 되어 있다. 선로가 길어지거나, 초고압 송전선 등에서는 선로의 정전 용량이 크게 작용하여 수전단이 차단되어도 상당한 충전 전류가 흘러서 전압 변동률은 전압 강하율보다 훨씬 크게 된다. 전압 변동률은 가령 하루라든지 하는 임의의 주어진 기간 내에서 부하의 변동(경부하, 중부하)에 따라 전압의 변동폭이 어느 정도로 되느냐 하는 변동 범위를 나타내는 것이다.

1.5.3 송배전 손실

송배전 손실률은 발전소에서 생산된 전기가 변압기, 송·배전선로를 거쳐 사용지점에 이르는 동안 전선저항 등으로 발생하는 전력손실을 말하며, 그 손실의 정도를 백분율로 나타낸 것이다.

전기를 생산하는 곳과 소비하는 곳의 지리적인 차이에 의해 어떤 지역에서 생산된 전기를 송전과 배전시설을 통해서 최종 사용지점까지 전달한다. 전기는 먼 거리를 가다 보면 에너지를 보내기 위한 힘, 즉 손실이 생기기 마련인데 1961년에는 송배전 손실률이 약 30%로 생산된 전기 중 70%만 소비자에게 전달되었다. 다시 말해 필요한 수요량을 충족시키기 위해 30%의 발전기는 손실을 보충하기 위해 필요하다는 의미도 된다. 다행히 그동안 엄청난 투자와 노력을 한 결과 2002년 발표된 송배전 손실률은 4.48%로 감소되었다.

1.5.4 가공선로 및 지중선로

(1) 가공전선로

가공전선로는 지지물, 전선, 애자, 가공 지선 등으로 구성되어 있으며 전선을 철탑, 철주, 철근, 콘크리트주 등의 지지물에 애자로 지지한다. 이러한 방식은 우리나라 거의 대부분의 송전 선로에 사용된다.

가공 송전선로의 구비 조건으로는 도전율이 높고 기계적 강도 및 신장률이 커야 하며 비중(밀도)이 작고 가선작업이 용이해야 한다. 또한 가격이 저렴하여야 한다. 그러나 이러한 모든 조건을 다 만족하는 전선을 구하기 어려우므로 여러 종류의 전선 중 사용 장소와 각각의 성능을 고려하여 알맞은 것을 선정하면 된다. 가공전선로용 전선은 나전선과 절연전선으로 구별되는데 전자는 말 그대로 도체에 절연을 입히지 않은 전선으로 송전선로는 모두 나전선을 사용하며, 후자는 저압가공 인입선, 300[V] 이하의 가공전선 및 3,500[V] 이하의 고압가공 인입선 정도로 사용 범위가 제한되어 있다. 가공전선로의 구조에 의한 분류로는 단선, 연선, 중공연선이 있으며 전선 재질에 의한 분류로는 경동선, 연동선, 경(硬)Al선, 강선, 합금선, 쌍금속선, 강심알루미늄연선으로 나눌 수 있다. 조합상 분류로는 단도체와 복도체로 나눌 수 있다.

(2) 지중 송전선로

지중 송전선로란 지중에 전력 케이블(power cable)을 매설해서 송배전하는 선로이다. 도시 미관을 해치지 않으며, 통신선에 영향을 적게 주고 자연해나 지락사고 등의 발생염려가 적어 신뢰도가 높다. 지중전선로는 가공전선로에 비해 건설비가 비싸고, 사고 발생시 사고 지점 확인 및 수리에 시간이 많이 걸리는 등의 문제점 때문에 대도시 그리고 발전소/변전소와 가공선과의 연락용 지중선 이외에서는 별로 사용하지 않았으나, 최근에 케이블 제작기술의 진보와 가공선 건설상 보상 문제, 유도장해 등의 이유 때문에 지중선로에 대한 인식이 새로워져서 그 이용이 늘어나고 있는 추세이다.

1) 지중 선로의 전기 방식

지중 선로의 전기 방식으로는 유닛 방식, 루프 방식, 방사상 방식, 수지상 방식이 있으며 구성요소로는 도체, 절연재료, 금속시스, 방식층이 있다. 유닛 방식은 변압기 고압측의 차단기 및 모선을 생략하여 선로와 변압기를 직접 또는 개폐기를 통하여 접속하는 방식이며 다단자식이라 하기도 한다. 루프 방식은 선로를 루프상으로 구성하는 것으로 유닛 방식보다 복잡하지만 송전선에 사고가 발생하면 사고구간 양측의 차단기가 동작함으로써 사고 장소를 자동으로 분리 가능하다. 따라서 사고로 인한 급전상의 지장을 극히 좁은 범위로 억제할 수 있다는 효과가 있고, 또 특고 수용가가 근거리에 밀집해 있는 경우에는 설비의 합리화를 기할 수 있어서 경제적으로도 유리한 방식으로 된다.

방사상 방식은 전원 변전소로부터 복수 장소의 배전 변전소 내지 특고 수용가의 각각에 방사상으로 선로를 연결해서 전력을 공급하는 방식이다. 수지상 방식은 전원 변전소로부터 인출된 비교적 큰 용량의 송전선으로부터 선을 연결 및 인출하는 방법이다. 선로 및 개폐기 등의 설비비가 적게 드나 사고 시 정전 범위가 넓어지는 등 운용상 결점이 있다. 도체에는 연동선을 사용하고 단면적이 적은 것은 단선, 큰 것은 연선을 사용하며, 심선의 수에 따라 단심 케이블, 2심 케이블, 3심 케이블로 구분된다. 도체의 구비 조건으로는 도전율과 기계적 강도 및 가요성이 양호하고, 화학적으로 안정해야 하며 가공성도 좋아야 한다. 그리고 가격이 저렴하고 공급이 안정적이어야 한다. 전력 케이블의 절연재료로서의 구비조건은 절연파괴전압이 높고 절연 성능이 장기간 사용에 안정적이어야 하고 유전손실이 적고 정련저항이 양호해야 하며 내트리잉, 내코로나성, 가용성, 내마찰성이 우수해야 한다. 이러한 조건을 만족하는 절연재료로는 주로 유침지절연, 플라스틱 계열인 폴리에틸렌, 가교 폴리에틸렌 등이 절연유 또는 가스와 조합하여 사용된다.

금속시스의 재료로는 납, 알루미늄, 철, 스테인레스, 동 등이 사용되며 기능과 조건으로는 절연체의 보호 및 절연유의 압력에 견뎌야 하고 대기 중의 습기가 절연체 내로 침입을 방지하며 고정전류의 귀로 및 전기적인 차폐가 가능해야 한다. 방식층의 재질로는 전기특성, 내약품성이 우수한 폴리염화비닐, 내유성이 우수한 폴리에틸렌이 주로 사용되며 절연 성능이 높고 장기간에 걸쳐 안정적이어야 하고 내수, 내약품성, 내후성, 내노화성, 내마모성, 내굴곡성이 우수할 것 등의 조건을 갖추어야 한다.

표 1.9에 지중 및 가공 송전선로의 특징들을 정리하여 나타내었다.

표 1.9 송전선로의 비교

구분	지중송전선로	가공송전선로
건설비	건설비용이 비싸다	지중송전선로비용에 비해 저렴하다
안정도	충전부의 절연으로 안정성 확보	충전부의 노출로 이격거리 확보
공급능력	동일루트에 다회선 가능 (도심지역 적합)	동일 루트에 4회선 이상 어렵다
외부영향	영향이 거의 없다	전력선의 접촉, 기상조건에 따라 정전빈도가 높다
유도장해	유도장해 경감	유도장해 발생
고장복구	고장점 발견 및 복구에 시간이 많이 걸리고 어렵다	고장점 발견과 복구가 용이하다
송전용량	가공송전선로에 비해 낮다	송전용량이 높다
설비보안	보안 유지 용이	보안 유지 곤란
환경미화	쾌적한 도심 환경 조성	도심 환경 저해 요인

2) 전력 케이블의 시공 방식

전력 케이블 시공 방식에는 포설 방식, 직접 매설식, 관로식, 전력구식이 있다. 표 1.10에서는 전력케이블의 시공 방식들의 장·단점을 정리하여 보여주고 있다.

표 1.10 전력 케이블의 시공 방식 비교

시공방법	장점	단점
직접매설식(직매식)	굴곡개소 시공 용이 공사비 저렴 공사기간 짧음	증설 철거 곤란 부수 점검 곤란 외상사고 발생
관로인입식(관로식)	증설 철거 용이 보수 점검 비교적 용이 외상사고 감소	굴곡개소 시공 곤란 회선량이 증가하면 송전용량 감소 케이블의 융통성이 적다
전력구식(암거식)	보수 점검 편리 외상사고 적다 다회선 포설 용이	공사 기간 길다 공사비 고가 케이블 화재시 피해가 확산

전력 케이블 시공 방식을 살펴보면, 포설 방식으로는 지중전선로가 하천이나 계곡을 횡단하는 경우에 경과지 부근의 다리에 첨가하는 교량첨가식과 케이블 전용

의 다리에 올려놓는 전용교식, 해협 및 큰 하천 등의 해저 또는 하저를 횡단하기 위한 수저식, 건조물과의 이격거리에서 가공 선로로 할 수 없는 경우 또는 산림 지대에서 벌채 곤란한 곳 등에서는 경량 케이블을 사용하는 가공식, 발전소/변전소에서는 다수의 케이블을 암거에 넣는 케이블 피트식이나 터널 안에 시설하는 경우도 있다.

직접매설식은 콘크리트 트러프 등을 이용하여 케이블을 직접 매설하는 방식이며 관로식은 철근콘크리트관 등을 부설한 후 관 상호간을 연결한 맨홀을 통하여 케이블을 인입하는 방식이다. 또한, 전력구식(암거식)은 터널과 같은 콘크리트 구조물을 설치하여 다회선의 케이블을 수용하는 방식이다.

1.5.5 전력조류 계산

(1) 전력조류 계산의 의미

전력조류 계산은 전력계통 각 지점에서의 전압, 전류, 전력이 어떤 분포를 하게 될 것인가를 조사하기 위한 계산이다. 계통을 구성하는 설비의 전기적 특성과 그 운용 상태 및 설비 상호간 접속 상태가 주어지면 계통의 전압크기나 전력의 흐름은 방정식의 형태로 기술될 수 있는데, 이 방정식은 비선형의 연립방정식 형태로 기술되며 이를 전력방정식이라고 한다. 전력방정식은 비선형으로 되고 또 여러 대의 발전기가 있는 계통에서는 미지수가 보통 수십에서 수백에 이르는 대규모의 다원연립방정식으로 되기 때문에 이를 풀기 위해서는 컴퓨터를 사용하는 편이다.

(2) 전력조류 계산의 필요성

1) 계통의 사고 예방

전력계통은 하나의 사고가 다른 사고로 파급되어 전 계통 붕괴로 확대되어 나간다는 특성을 지니고 있으므로, 현재 운전 상태가 큰 파급사고를 초래할 가능성이 있는지를 항상 점검할 필요가 있다. 컴퓨터에 의해서 예상되는 사고를 상정하여 조류 계산에 의해서 사고결과를 예측하고 이에 대한 적절한 대책을 수립하기 위해서는 조류 계산은 필수적이다.

2) 계통의 운용계획 수립

조류 계산은 여러 가지 운용계획안 중에서 전력계통의 전압과 조류 측면에서 가장 바람직한 안을 선택하기 위해서 사용된다.

3) 계통의 확충 계획 수립

장래의 계통 구성을 검토하기 위해 요구되는 기술적인 문제로는 단락용량, 전력조류, 전압 및 안정도 등이 있다. 이중에서 전력조류 및 전압을 검토하기 위한 조류 계산은 필수적이다.

(3) 전력조류(Power Flow) 계산

전력계통의 구성요소는 크게 발전기, 부하, 송전선로가 있다. 전력조류는 이들로 구성된 계통에서 그 상태나 전력의 흐름 상태를 의미한다. 발전 출력과 모선전압, 계통손실(loss) 등을 계산하는 것을 전력조류 계산이라 한다. 전력조류 상태를 계산하기 위하여 필요한 변수에는 전압(V), 위상각(δ), 유효전력(P), 무효전력(Q)이 있다.

1) 조류 방정식

$$S_i = S_{Gi} - S_{Di} = \sum_{i=1}^{n} S_{ik} \qquad i = 1, 2, \cdots, n \tag{1.37}$$

Generation : S_{Gi}
Load : S_{Di}

모선 i에서 k로 흐르는 조류 : $\sum_{i=1}^{n} S_{ik}$
Bus Current

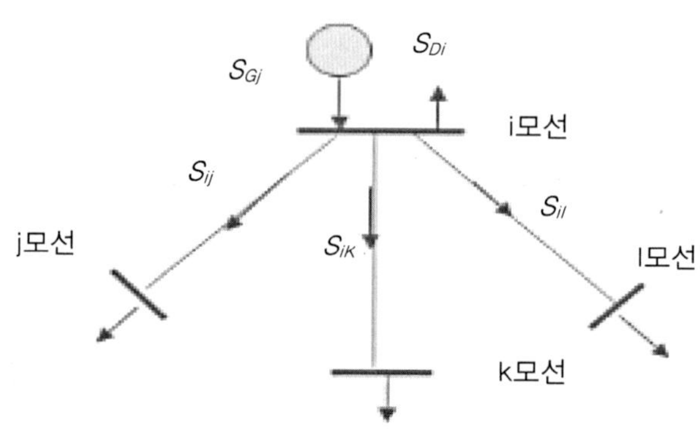

그림 1.24 시스템 일선도

$$I_i = I_{Gi} - I_{Di} = \sum_{i=1}^{n} I_{ik} \qquad i = 1, 2, \cdots, n \tag{1.38}$$

2) 모선의 조류 방정식

그림 1.25와 같은 계통이 주어지면 그림 1.26과 같이 송전선의 등가회로를 이용하여 전기회로적 표현이 가능하다.

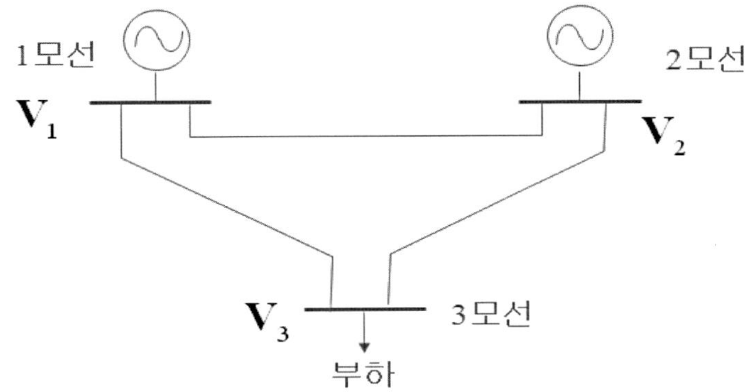

그림 1.25 Y 버스 회로도

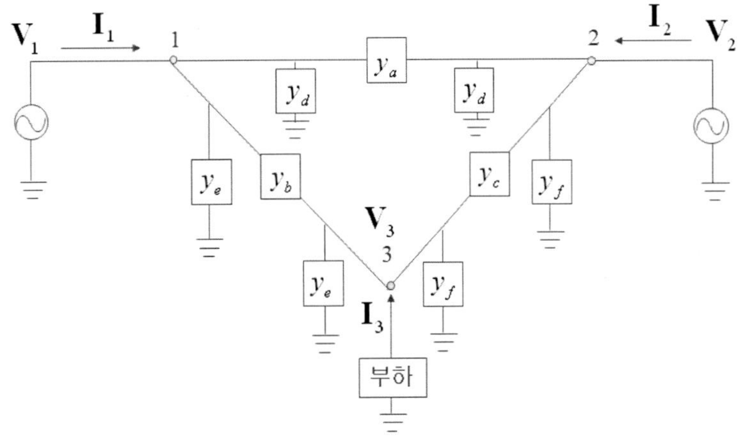

그림 1.26 송전선을 등가회로로 대치한 회로도

$$\begin{pmatrix} I_1 \\ I_2 \\ I_3 \end{pmatrix} = \begin{pmatrix} Y_{11} & Y_{12} & Y_{13} \\ Y_{21} & Y_{22} & Y_{23} \\ Y_{31} & Y_{32} & Y_{33} \end{pmatrix} \begin{pmatrix} V_1 \\ V_2 \\ V_3 \end{pmatrix} \Rightarrow S_i = V_i I_i^* \quad (I_{Bus},\ Y_{Bus},\ V_{Bus}) \tag{1.39}$$

등가회로에 있는 Y Bus의 성질로는 좌우가 대칭적이며, y_{ii}는 대각선에 있는 i 번째 self-admittance로서 i노드에 연결되어 있는 π 등가회로의 어디미턴스의 합과 같다. 그리고 y_{ik}는 대각선에 있지 않은 ik 요소로서 노드 i와 k를 연결하는 π 등가회로의 어드미턴스의 음의 값과 같다.

3) n모선

n모선에서 전류와 전압의 관계식은 식 (1.40)과 같다.

$$\begin{pmatrix} I_1 \\ \vdots \\ I_k \\ \vdots \\ I_n \end{pmatrix} = \begin{pmatrix} Y_{11} & \cdots & Y_{1k} & \cdots & Y_{1n} \\ \vdots & \ddots & \vdots & \ddots & \vdots \\ Y_{k1} & \cdots & Y_{kk} & \cdots & Y_{kn} \\ \vdots & \ddots & \vdots & \ddots & \vdots \\ Y_{n1} & \cdots & Y_{nk} & \cdots & Y_{nn} \end{pmatrix} \begin{pmatrix} V_1 \\ \vdots \\ V_k \\ \vdots \\ V_n \end{pmatrix} \tag{1.40}$$

$$\downarrow$$

$$I_k = \sum_{j=1}^{n} Y_{kj} V_j \tag{1.41}$$

식 (1.41)을 전류와 전압의 관계식을 이용하여 조류를 구하면 다음과 같다.

$$S_i = V_i I_i^* = V_i \sum_{j=1}^{n} (Y_{ij} V_j)^* = V_i \sum_{j=1}^{n} Y_{ij}^* V_j^* \tag{1.42}$$

$$V_i = |V_i| e^{j\theta_i} \qquad \theta_{ij} = \theta_i - \theta_j \qquad Y_{ij} = g_{ij} + jb_{ij} \tag{1.43}$$

이 식으로부터 유효전력과 무효전력은

$$P_i = \sum_{j=1}^{n} |V_i||V_j| \left[g_{ij} \cos(\theta_i - \theta_j) + b_{ij} \sin(\theta_i - \theta_j) \right] \tag{1.44}$$

$$Q_i = \sum_{j=1}^{n} |V_i||V_j| \left[g_{ij} \sin(\theta_i - \theta_j) + b_{ij} \cos(\theta_i - \theta_j) \right] \tag{1.45}$$

로 정의된다.

4) 조류 계산

조류 계산은 전력계통의 각 지점에서 전력, 전압, 전류가 어떤 분포를 나타낼 것인가에 대한 계산이며, 계통을 구성하는 설비의 전기적 특성과 그 운용 상태 및 설비의 상호간 접속 상태가 주어지면 계통 전압의 크기나 전력의 흐름은 방정식의 형태로 기술될 수 있는데, 이 방정식은 비선형의 연립방정식 형태로 기술되며 이를 전력조류방정식이라고 한다. 또한 이를 전류방정식으로 변환하여 선형방정식으로도 계산할 수 있다.

$$P_i = P_{Gi} - P_{Di} = \sum_{j=1}^{n} |V_i||V_j|[g_{ij}\cos(\theta_i - \theta_j) + b_{ij}\sin(\theta_i - \theta_j)] \tag{1.46}$$

$$Q_i = Q_{Gi} - Q_{Di} = \sum_{j=1}^{n} |V_i||V_j|[g_{ij}\sin(\theta_i - \theta_j) + b_{ij}\cos(\theta_i - \theta_j)] \tag{1.47}$$

표 1.11은 모선과 변수의 관계를 나타내었는데, 이 표에서 나타난 바와 같이 각 모선에 4개의 변수가 존재하며 방정식은 2개(유효전력과 무효전력에 대해 각각 1개)가 존재한다. 각 모선에서 4개의 변수 중 2개는 이미 알고 있는 값으로 설정해야 한다.

슬랙 모선은 발전기가 달린 모선이지만 발전 모선과 달리 기준이 되는 모선으로서 유효전력과 무효전력이 미지의 변수로 주어지고 전압의 크기와 위상각이 지정값으로 주어진다. 슬랙 모선이 아닌 나머지 발전기 모선은 변수의 형태에 따라 P, Q 모선과 P, $|V|$ 모선으로 구분된다. P, Q 모선은 전압과 크기 및 위상각이 미지의 값이고 발전기의 유효전력(P)과 무효전력(Q)은 이미 알고 있는 값으로 주어지는 모선이다. P, $|V|$ 모선은 발전기의 무효전력 및 위상각이 미지의 값이고 발전기의 유효전력(P)과 전압의 크기($|V|$)는 이미 알고 있는 값으로 주어지는 모선이다.

부하모선은 소모하는 유효전력과 무효전력이 주어지고 전압과 위상의 크기가 미지의 변수로 주어졌을 때 P, Q 모선으로 정식화 할 수 있다.

표 1.11 모선과 변수의 관계

		발전모선				슬랙모선				부하모선			
초기 조류 계산	다른명칭	P, V 지정모선				P, Q 조정모선				P, Q 지정모선			
	지정 값	P	•	V	•	•	•	V	δ	P	Q	•	•
	계산 값	•	Q	•	θ	P	Q	•	•	•	•	V	θ

$$P_i = -P_{Di} = \sum_{j=1}^{n} |V_i||V_j| [g_{ij}\cos(\theta_i - \theta_j) + b_{ij}\sin(\theta_i - \theta_j)] \tag{1.48}$$

$$Q_i = -Q_{Di} = \sum_{j=1}^{n} |V_i||V_j| [g_{ij}\sin(\theta_i - \theta_j) + b_{ij}\cos(\theta_i - \theta_j)] \tag{1.49}$$

$$\because P_{Gi} = Q_{Gi} = 0$$

5) Newton-Raphson method

Newton-Raphson method는 비선형 방정식을 1차로 근사하여 근사식의 해를 구하는 과정을 반복하여 비선형 방정식의 해를 구하는 방식이다.

① $x_0 \rightarrow f(x) = f(x_0)$

② $(x_0, f(x_0))$에서 접선의 방정식을 구해 x축과의 교점 x_1을 구한다.

③ $x_1 \rightarrow f(x) = f(x_1)$

④ $(x_1, f(x_1))$에서 접선의 방정식을 구해 x축과의 교점 x_2를 구한다.

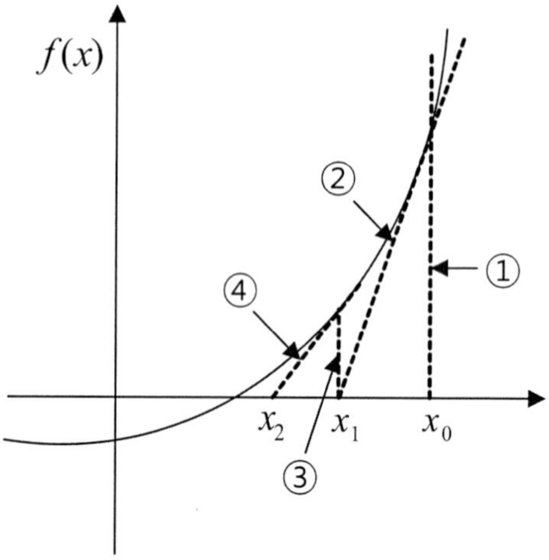

그림 1.27 비선형 방정식의 해를 구하는 방식

Newton-Raphson method를 이용하면 변수의 개수와는 상관없이 비선형 방정식의 해를 구할 수 있다. 단일 변수인 경우 $f(x)$를 $(x_0, f(x_0))$에서 1차식으로 근사하면 $(x_0, f(x_0))$에서의 미분계수 $f'(x_0)$를 기울기로 하며 $(x_0, f(x_0))$를 지나는 1차식이 다음과 같이 구해진다.

$$f(x) = f'(x_0)(x - x_0) + f(x_0) \tag{1.50}$$

기울기　　　　　　y절편

이렇게 근사화한 직선의 해는 함수 값이 0인 지점이므로 다음과 같이 수식화 한다.

$$f(x) = f'(x_0)(x - x_0) + f(x_0) = 0 \tag{1.51}$$

식 (1.51)의 좌변을 x로 정리하면

$$x = x_0 - \frac{1}{f'(x_0)} f(x_0) = x_1 \tag{1.52}$$

이를 통해 $(x_1, f(x_1))$을 지나는 새로운 1차 근사식이 구해질 수 있다.

이 과정을 반복적으로 수행하므로 $k+1$번째 해는 다음과 같은 관계식으로부터 구할 수 있다.

$$x_{k+1} = x_k - \frac{1}{f'(x_k)} f(x_k) \tag{1.53}$$

$|x_{k+1} - x_k|$가 설정한 오차보다 작아지면 x_{k+1}을 해로 간주하고 반복을 중단 한다.

위의 식을 1차 변수가 아닌 n개의 변수로 확대시키면 일반적인 Newton-Raphson 방법이 된다. n개의 변수 일 때

$$F(X) = (f_1(X), f_2(X), \cdots, f_n(X)) = 0 \tag{1.54}$$

인 방정식으로 가정하고

$$\begin{aligned} f_1(x_1, x_2, \cdots, x_n) &= 0 \\ f_2(x_1, x_2, \cdots, x_n) &= 0 \\ &\vdots \\ f_n(x_1, x_2, \cdots, x_n) &= 0 \end{aligned} \tag{1.55}$$

위의 방정식에 초기치 X^0를 대입하여 $F(X^0)$를 X^0에서 미분계수를 이용하여 근사하면

$$f_1(x_1, x_2, \cdots, x_n) = f_1(x_1^0, x_2^0, \cdots, x_n^0) + (x_1 - x_1^0)\frac{\partial f_1}{\partial x_1}|_0 \tag{1.56}$$

$$+ (x_2 - x_2^0)\frac{\partial f_1}{\partial x_2}|_0 + \cdots + (x_n - x_n^0)\frac{\partial f_1}{\partial x_n}|_0 = 0$$

$$\vdots$$

$$f_n(x_1, x_2, \cdots, x_n) = f_n(x_1^0, x_2^0, \cdots, x_n^0) + (x_1 - x_1^0)\frac{\partial f_n}{\partial x_1}|_0$$

$$+ (x_2 - x_2^0)\frac{\partial f_1}{\partial x_2}|_0 + \cdots + (x_n - x_n^0)\frac{\partial f_1}{\partial x_n}$$

식 (1.56)을 행렬로 표시하면

$$\begin{bmatrix} x_1 \\ x_2 \\ \vdots \\ x_n \end{bmatrix} = \begin{bmatrix} x_1^0 \\ x_2^0 \\ \vdots \\ x_n^0 \end{bmatrix} - \begin{bmatrix} \frac{\partial f_1}{\partial x_1}|_0 & \frac{\partial f_1}{\partial x_2}|_0 & \cdots & \frac{\partial f_1}{\partial x_n}|_0 \\ \frac{\partial f_2}{\partial x_1}|_0 & \frac{\partial f_2}{\partial x_2}|_0 & \cdots & \frac{\partial f_2}{\partial x_n}|_0 \\ \vdots & \vdots & \vdots & \vdots \\ \frac{\partial f_n}{\partial x_1}|_0 & \frac{\partial f_n}{\partial x_2}|_0 & \cdots & \frac{\partial f_n}{\partial x_n}|_0 \end{bmatrix} \begin{bmatrix} f_1(X_1^0) \\ f_2(X_1^0) \\ \vdots \\ f_2(X_1^0) \end{bmatrix} \tag{1.57}$$

식 (1.57)의 행렬을 자코비 행렬 또는 자코비안(Jacobian)이라 한다. 이 식의 변수들을 벡터로 표현하고 자코비 행렬을 J로 나타내면, $k+1$번째 해를 구하는 과정은 다음과 같이 정식화할 수 있다.

$$X^{k+1} = X^k - J^{-1}\begin{bmatrix} f_1(X^k) \\ \vdots \\ f_n(X^k) \end{bmatrix} \tag{1.58}$$

마찬가지로, 종료조건으로서 $|X_{k+1} - X_k|$가 설정한 오차보다 작아지면 X_{k+1}을 해라고 간주한다.

6) 조류 계산에의 적용

알고 있는 변수

$$|V_1|, \theta_1, P_2, Q_2, \cdots, P_n, Q_n$$

미지의 변수

$$P_1, Q_1, |V_2|, \theta_2, \cdots, |V_n|, \theta_n$$

위와 같이 P, Q 모선을 가정하여 계산하면 변수는 유효전력과 무효전력, 전압의 크기와 위상각의 네 가지 형태이므로 미지의 변수를 이용하여 $F(x)=0$ 형태의 식을 세워야 한다. 변수인 전력과 전압 및 위상각의 관계식을 세우면 식 (1.59)와 식 (1.60)과 같다.

$$P_i = \sum_{j=1}^{n} |V_i||V_j|[g_{ij}\cos(\theta_i - \theta_j) + b_{ij}\sin(\theta_i - \theta_j)],\ i = 1, \cdots, n \tag{1.59}$$

$$Q_i = \sum_{j=1}^{n} |V_i||V_j|[g_{ij}\sin(\theta_i - \theta_j) + b_{ij}\cos(\theta_i - \theta_j)],\ i = 1, \cdots, n \tag{1.60}$$

계산의 편의를 위해 다음과 같이 변수들을 새로 설정한다.

$$\theta = \begin{bmatrix} \theta_2 \\ \vdots \\ \theta_n \end{bmatrix} \quad |V| = \begin{bmatrix} |V_2| \\ \vdots \\ |V_n| \end{bmatrix} \quad X = \begin{bmatrix} \theta \\ |V| \end{bmatrix}$$

이 변수를 이용하여 식 (1.61)과 식 (1.62)와 같이 함수를 새로 설정한다.

$$P_i(X) = \sum_{j=1}^{n} |V_i||V_j|[g_{ij}\cos(\theta_i - \theta_j) + b_{ij}\sin(\theta_i - \theta_j)] \tag{1.61}$$

$$Q_i(X) = \sum_{j=1}^{n} |V_i||V_j|[g_{ij}\sin(\theta_i - \theta_j) + b_{ij}\cos(\theta_i - \theta_j)] \tag{1.62}$$

이 새로운 함수는 임의의 모선($i = 2, 3, \cdots, n$) 에서 미리 주어진 유효전력 및 무효전력의 값과 일치해야 한다.

$$\begin{aligned} P_i(X) - P_i &= 0 \\ Q_i(X) - Q_i &= 0 \end{aligned} \qquad (i = 2, 3, \cdots, n) \tag{1.63}$$

식 (1.63)을 행렬 형태로 표현하면

$$f(X) = \begin{bmatrix} P_2(X) - P_2 \\ \vdots \\ P_n(X) - P_n \\ Q_2(X) - Q_2 \\ \vdots \\ Q_n(X) - Q_n \end{bmatrix} = 0 \tag{1.64}$$

함수 f의 자코비안을 구하면 다음과 같다.

$$J=\begin{bmatrix} J_{11}\ J_{12} \\ J_{21}\ J_{22} \end{bmatrix} \tag{1.65}$$

$$J_{11}\ :\ \partial P_i/\partial\theta_k = |V_i||V_k|[g_{ik}\sin(\theta_i-\theta_k)-b_{ik}\cos(\theta_i-\theta_k)] \tag{1.66}$$

$$\partial P_i/\partial\theta_i = \sum_{\substack{j=1 \\ j\neq i}}^{n}|V_i||V_j|[-g_{ij}\sin(\theta_i-\theta_j)+b_{ij}\cos(\theta_i-\theta_j)] \tag{1.67}$$

$$J_{12}\ :\ \partial P_i/\partial|V_k| = |V_i|[g_{ik}\cos(\theta_i-\theta_k)-b_{ik}\sin(\theta_i-\theta_k)] \tag{1.68}$$

$$\partial P_i/\partial|V_i| = \sum_{\substack{j=1 \\ j\neq i}}^{n}|V_j|[g_{ij}\cos(\theta_i-\theta_j)+b_{ij}\sin(\theta_i-\theta_j)]+2|V_i|g_{ii} \tag{1.69}$$

$$J_{21}\ :\ \partial P_i/\partial\theta_k = |V_i||V_k|[-g_{ik}\cos(\theta_i-\theta_k)-b_{ik}\sin(\theta_i-\theta_k)] \tag{1.70}$$

$$\partial P_i/\partial\theta_i = \sum_{\substack{j=1 \\ j\neq i}}^{n}|V_i||V_j|[g_{ij}\cos(\theta_i-\theta_j)+b_{ij}\sin(\theta_i-\theta_j)] \tag{1.71}$$

$$J_{22}\ :\ \partial P_i/\partial|V_k| = |V_i|[g_{ik}\sin(\theta_i-\theta_k)-b_{ik}\cos(\theta_i-\theta_k)] \tag{1.72}$$

$$\partial P_i/\partial|V_k| = \sum_{\substack{j=1 \\ j\neq i}}^{n}|V_j|[g_{ij}\sin(\theta_i-\theta_j)-b_{ij}\cos(\theta_i-\theta_j)]-2|V_i|b_{ii} \tag{1.73}$$

초기치를 X^0로 설정하면 앞의 식들을 이용하여 Newton-Raphson 방법을 조류 계산에 적용했을 때 해를 구하는 일반식을 다음과 같이 도출할 수 있다.

$$X^{k+1} = X^k - J^{-1}\begin{bmatrix} f_1(X^k) \\ \vdots \\ f_n(X^k) \end{bmatrix} \tag{1.74}$$

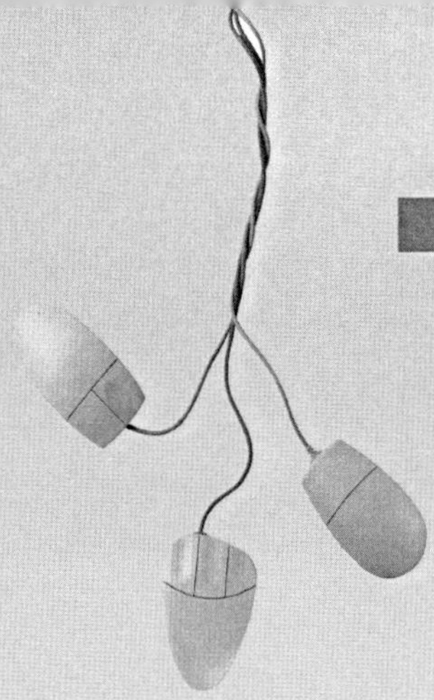

CHAPTER 02

스마트그리드

2.1 스마트그리드(Smart Grid)의 기초

기존의 전력망은 발전소에서 생산된 전력을 소비자에게 공급하는데 소요되는 전력설비와 운영시스템을 의미한다. 전력망은 크게 송전망과 배전망으로 구분하고 송전망은 발전소에서 변전소까지 철탑 등의 지지물과 전선이며, 배전망은 변전소에서 전력을 소비하는 사무실, 공장, 가정까지 전주와 전선, 변압기 등을 설치하여 전력을 공급하는데 이용되고 있다. 현재 운영되고 있는 전력설비는 송전선로가 3만km가 넘고, 변전소가 731개소, 일반가정까지 전력공급용으로 연결된 배전선로는 무려 43만km에 이른다. 또한 전선을 지지하는데 쓰이는 전주가 839만기에 이르고, 전력공급용 변압기가 200만대 규모이다. 이렇게 방대한 량의 설비가 전국의 도심, 도로, 들판이나 산악지 등에 설치되어 전력을 공급하다가 한 가닥의 전선만 끊어져도 정전이 발생할 수밖에 없는 실정이다. 그리고 오늘날 에너지 소비량이 증가함에 따라 에너지 확보가 어려우며 지구 온난화의 주범인 이산화탄소(CO_2)의 과다한 배출을 가져왔다. 이러한 에너지 확보와 지구온난화 문제를 해결할 수 있는 방법으로 에너지를 절약할 수 있으며 보다 효율적으로 전력망을 운영할 수 있는 스마트그리드가 등장하고 있다.

스마트그리드란 기존의 단방향 전력망인 '발전–송전·배전–판매'의 단계에 정보기술(IT 기술)을 융합하여 통신 네트워크 기술과 소프트웨어를 통해 '발전·송전' 및 소비 등 전력 공급자와 소비자가 정보를 양방향으로 실시간 교환함으로써 에너지 효율을 최적화하는 '지능형 전력망'을 의미한다. 그림 2.1은 스마트그리드의 개념도를 나타낸 것이다.

정보를 양방향으로 실시간 교환한다는 것의 장점은 공급자는 전력 사용현황을 실시간으로 파악이 가능하기에 전력 공급량을 탄력적으로 조절할 수 있다. 그리고 소비자 또한 전력 사용 현황을 실시간으로 파악이 가능하기에 이를 활용하여 요금이 비싼 시간대를 피하여 사용한다거나 사용량을 조절할 수 있으며, 태양광 발전이나 전기자동차를 이용하여 전기요금이 싼 시간대에 충전하여 비싼 시간대에 전기에너지를 판매할 수도 있게 된다.

또한 자동조정 시스템으로 고장 요인을 사전에 감지하여 정전을 최소화할 수 있으며, 신재생에너지(태양광 발전 풍력 발전 등)를 포함한 다양한 전력 공급자와 소비자가 직접 연결되는 분산형 전원체제로 전환되면서 풍량과 일조량 등에 따라 전력 공급이 일정하지 않은 신재생에너지 활용도가 증대된다. 신재생에너지 활용도가 증대되면 화력발전소의 역할은 점차적으로 감소될 것이며 이는 지구온난화 및 환경문제 해결에 도움이 된다.

이와 같이 많은 장점들이 있기에 세계 여러 나라에서 차세대 전력망을 구축하기 위한 사업을 추진하고 있으며, 지식경제부에서 스마트그리드 국가로드맵을 수립하였고 이같은 내용이 '한국형 스마트그리드 비전'에 담겨 있다.

그림 2.1 스마트그리드 개념

2.2 지능형 전력망

지능형 전력망이란 기존 단방향 전력망에 정보기술(IT 기술)을 융합하여 에너지 효율을 극대화 하는 기술이라고 할 수 있다. 그림 2.2와 같이 선진국에서는 고효율화, 안정성, CO_2 절감순으로 경제성을 창출하기 위하여 지능형 전력망을 추진하고 있다.

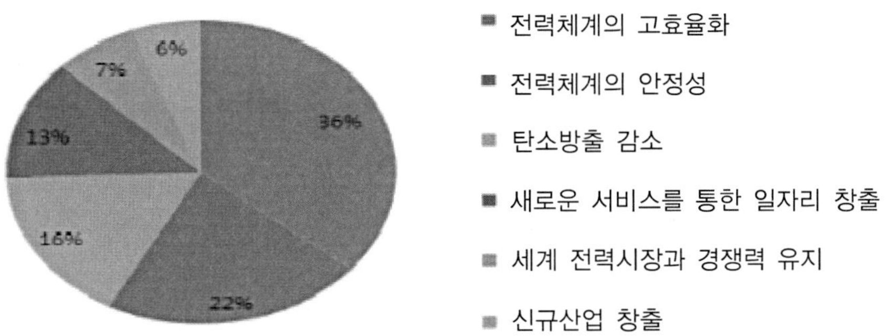

그림 2.2 선진국 지능형 전력망 추진 배경

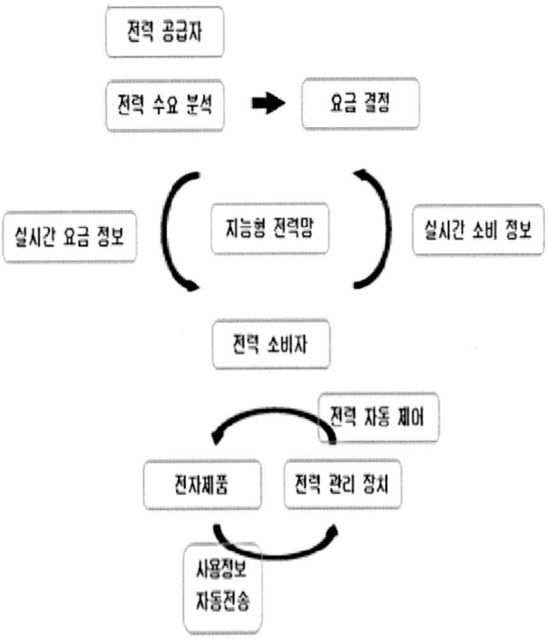

그림 2.3 지능형 전력망 개념도

지능형 전력망의 기본개념도는 그림 2.3과 같이 나타낼 수 있다. 기존의 단방향 전력망은 중앙집중적 네트워크인 반면, 지능형 전력망은 발전소와 송·배전 시설인 전력 공급자와 전력 소비자를 정보통신망으로 연결하고 양방향으로 정보를 공유하여 전력 공급자는 전력 사용 현황을 실시간으로 파악하여 공급량을 탄력적으로 조절할 수 있으며, 전력 소비자는 전력 사용현황을 실시간으로 파악함으로써 이를 활용하여 전력요금이 비싼 시간대와 싼 시간대의 사용시간과 사용량을 조절할 수 있는 분산적 네트워크 구조이다. 기존의 전력망과 지능형 전력망의 주요 특징을 비교하면 그림 2.4와 같다.

	기존 전력망	지능형 전력망
통제시스템	아날로그	디지털
발전	중앙 집중형	분산형
송 배전	공급자 위주(단방향)	수요 공급 상호작용(양방향)
전력 공급원	중앙전원, 화석연료	분산전원, [태양력, 풍력]
고장 진단	불가능	자가진단
고장 제어	수동복구	반자동 복구 및 자가치유
가격 정보	한달에 한번 총액만	실시간 모든 정보 열람

그림 2.4 기존 전력망과 지능형 전력망 구조 비교

즉, 에너지자원이 비싼 시기에 합리적이고 감당할 수 있는 전기가격으로 서비스를 제공할 수 있으며, 장기적 측면에서 스마트그리드는 우리 실생활의 모든 방면에서 변화를 촉진시킬 것이다. 또한 스마트그리드는 전력과 지식이 결합하여 기존에는 접하지 못한 수준의 전력공급 신뢰도가 확보될 것이며, 소비자가 선택을 통한 소비자 주권이 강화될 것이다. 또한 재생에너지와 기존 에너지자원의 완벽한 통합을 통하여 온실가스 배출 감소를 통한 환경문제 해결 및 기존의 전력계통과 전력시

장 운영 또한 여러 분야에서 많은 변화가 예상되며, 이에 대응하여 기존의 운영환경에서 고속의 통신망, 안전한 정보보호 기술, 표준기술 등을 기반으로 전력 IT는 보다 빠르게 진화하게 될 것이다. 기존의 운영환경과 스마트그리드 환경에서 전력 계통 운영에 대한 주요 변화 내용을 정리하면 표 2.1과 같다.

표 2.1 스마트그리드에 의한 변화

구분	기존 환경	지능형 전력망 환경
전력 계통	중앙 집중적 대용량 전원 고장 취약, 수동 복구	신재생 중심의 분산원전 접속 적응적 보호 및 자가 복구

2.2.1 지능형 송배전 시스템

지능형 송배전 시스템이란 송배전 시스템에 지능형 전력기기를 적용한 것이다. 지능형 송전시스템이란 초전도, FACTS(Flexible Alternating Current Transmission System 유연송전시스템), HVDC(High Voltage Direct Current, 고압직류송전), WAMS(Wide Area Monitoring System, 광역감시시스템), WACS(Wide Area Control System, 광역제어시스템), 디지털변전시스템 등의 지능형 전력기기를 적용하여 친환경과 고효율, 고신뢰성 및 자동복구 능력을 갖춘 미래 송전시스템이다.

또한 지능형 배전시스템이란 분산전원, AMI(Automatic Metering Infrastructure), 스마트 개폐기 및 PCS(Power Conditioning System) 등의 다양한 배전급 지능형 전력기기를 적용하여 고품질, 고신뢰성 및 자동복구 능력을 가진 미래 배전시

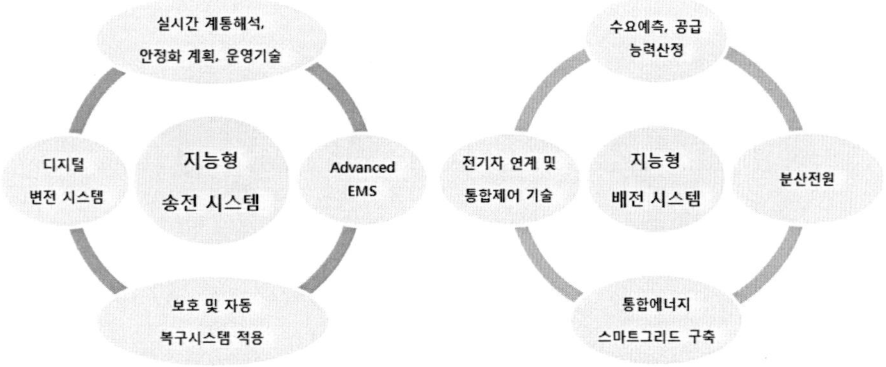

그림 2.5 지능형 송배전 시스템 핵심 기술

스템이다. 배전자동화 기술은 세계 최고 수준이나 지능형 배전시스템 계획 및 운영 기술은 선진국에 비해 기술격차가 존재한다. 그림 2.5는 앞서 언급한 지능형 송배전 시스템 핵심 기술을 나타낸 것이다.

(1) HVDC

HVDC란 현재의 발전 시스템은 대부분이 교류 발전이고, 대부분의 전력기기 역시 교류를 사용하는 것이 표준이기 때문에 송전 부분만을 직류로 송전하는 시스템을 말한다. 즉, 교류전력을 직류로 변환시켜서 송전한 후 다시 교류로 변환시켜 전력을 공급하는 방식을 의미한다. 또한 태양광 및 풍력 등의 신재생에너지는 직류로 발전되기 때문에 이러한 전력을 계통에 직접 연계시키거나 독립적으로 사용하기 위하여 HVDC 시스템이 요구된다.

HVDC 기본 송전 특성은 그림 2.6과 같이 나타나며 구체적으로 HVDC 시스템은 사이리스터 밸브를 이용한 전류형 HVDC 시스템과 IGBT 소자를 이용한 전압형 HVDC 시스템 두 가지가 있다. 전류형 HVDC 시스템은 사이리스터 밸브를 이용하여 전류 및 전압을 제어하며, 현재 우리나라 제주와 해남 간에 설치되어 있다. 손실률이 1%에 불과하기에 매우 경제적인 시스템이나 사이리스터 밸브를 정류하기 위하여 회전기기가 인버터측 계통에 필요하며 이는 무효전력을 소모하기에 무효전력을 보상하기 위한 캐패시터 뱅크가 필요하다는 단점이 있다. 또한 고조파 문제가 발생되기에 고조파 필터가 필요하다. 이러한 단점들을 해결하기 위하여 IGBT 소자를 이용한 전압형 HVDC 시스템이 이용된다. 무효전력 공급이 필요하지 않고 유효전력 및 무효전력을 독립적으로 제어가 가능하다는 장점이 있다. 또한 고속 스위칭

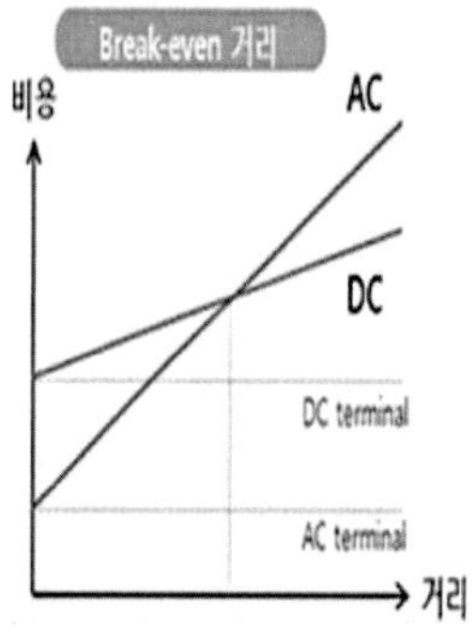

- ➤ 기존 송전선로 사용시 교류송전 대비 200% 송전용량 증가
- ➤ 주어진 송전선로에서 최대의 전력 수송이 가능
- ➤ 장거리 송전시 경제적으로 가장 유리한 방식
- ➤ 지하 혹은 바다 밑 송전 시 가장 유리한 방식
- ➤ 2개의 교류시스템 사이를 비동기로 연결하는데 사용(국내 60Hz)

해저 케이블 송전 : 약 30~50km
가공선로 송전 : 약 300~400km

그림 2.6 HVDC 송전 특성

을 하기에 전류형 HVDC 시스템에 비해 고조파가 큰 폭으로 감소하기에 고조파 필터의 크기 또한 줄일 수 있다. 하지만 고속 스위칭을 해야 하기 때문에 손실률이 5~10% 발생되어 대용량일 경우 경제성이 떨어지게 된다. 이러한 특징들을 고려하여 상황과 환경에 따라 적절하게 선택할 필요성이 있다.

(2) FACTS

FACTS란 전력용 반도체기술과 통신기술을 이용하여 교류송전 선로의 전력을 효율적으로 제어하여 계통의 유연성 및 안정도를 향상시키고 전력송전능력을 극대화할 수 있는 유연송전시스템으로서 1980년대 말 미국 전력연구원에 의해 처음 연구가 진행되었다. 초기에는 수동소자와 사이리스터 밸브를 결합한 방식이었으나 최근 GTO 사이리스터(Gate Turn Off Thyristor)가 양산되면서 이를 이용한 전압원 인버터 방식이 각광 받고 있다. 그림 2.7은 FACTS 설비 종류 및 제어변수에 대하여 나타내었다. 사이리스터 제어 FACTS 설비는 사이리스터에 의한 스위칭을 이용하여 전력계통에 직렬 혹은 병렬로 삽입된 캐패시터나 리액터, 저항에 흐르는 전류나 전압을 제어하는 설비이다. 인버터 방식 FACTS 설비는 병렬 무효전력 보상장치, 직렬 무효전력 보상장치, 통합조류제어기 등이 있다. 표 2.2에서는 이러한 FACTS 설비의 명칭 및 주요 특징과 기능에 대하여 설명하고 있다. 즉, 직렬과 병렬을 자유롭게 바꾸는 전력변환기술을 이용해 송전용량을 증대하고 전력을 안정적으로 운용하는 신기술이며 전력시스템 기술과 전력용 반도체 기술정보통신, 제어기술시스템, 시뮬레이션 기술 등이 복합화된 시스템 기술의 집합체이다.

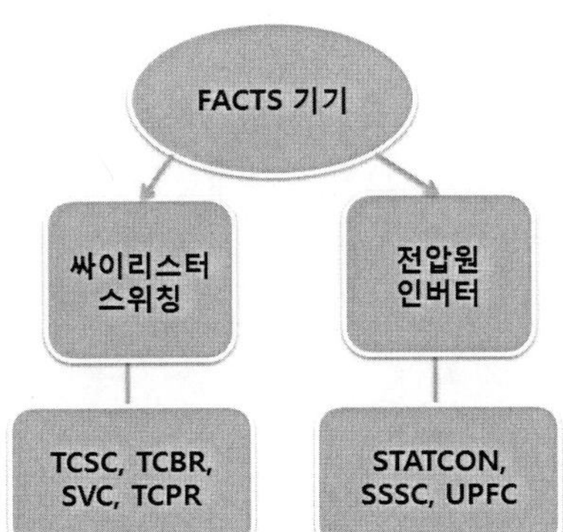

구분	제어변수		
	전압	위상	임피던스
TCSR			O
TCBR		O	
STACON	O		
TCPR		O	
SVC	O		
UPFC	O	O	O

그림 2.7 FACTS 설비 종류 및 제어변수

표 2.2 FACTS 설비의 종류 및 특징

	FACTS 설비명	주요특징 및 기능
사이리스터 제어설비	TCSC 사이리스터 제어 직렬 캐패시터 (Thyristor Controlled Series Capacior)	선로 임피던스 제어 전력조류 제어 안정도 향상
	TCBR 사이리스터 제어 제동저항 (Thyristor Controlled Braking Resistor)	안정도 향상 계통 동요 억제
	SVC 정지형 무효전력 보상장치 (Static Var Compensator)	전압유지
	TCPR 사이리스터 제어 위상변환기 (Thyrisor Controlled Phase Regulator)	위상각 제어 전력조류 제어
인버터 응용설비	STATCOM 정지형 동기 조상기 (Static Compensator)	전압유지 안정도 향상
	SSSC 정지형 동기 직렬보상장치 (Static Synchronous Series Compensator)	전력조류 제어 선로 임피던스 제어
	UPFC 종합 조류 제어기 (Unified Power Flow Controller)	위상각 제어 전압제어 전력조류 제어

FACTS는 일반적으로 직렬기기, 병렬기기, 직병렬혼합기로 구분되어 있다. 그림 2.8에서는 이러한 FACTS 설비 기술의 필요성을 나타내고 있다. 또한 최근 새롭게 주목받고 있는 FACTS 설비 기술은 주파수가 다른 계통간 연계 및 교류송전 계통을 HVDC 송전 계통과 같이 이용하는 기술, 단락전류 억제를 위한 공진회로 기술

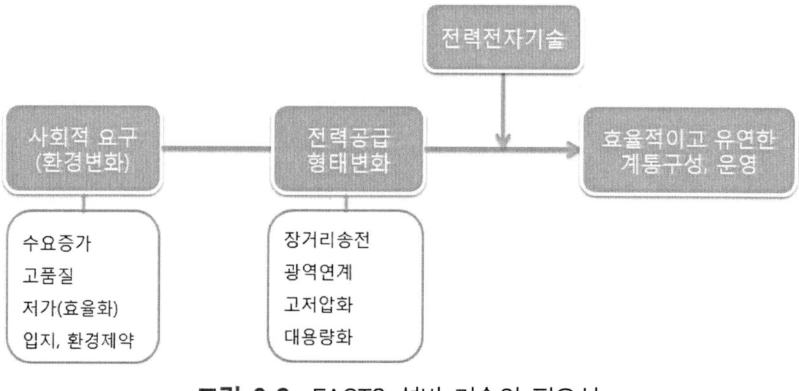

그림 2.8 FACTS 설비 기술의 필요성

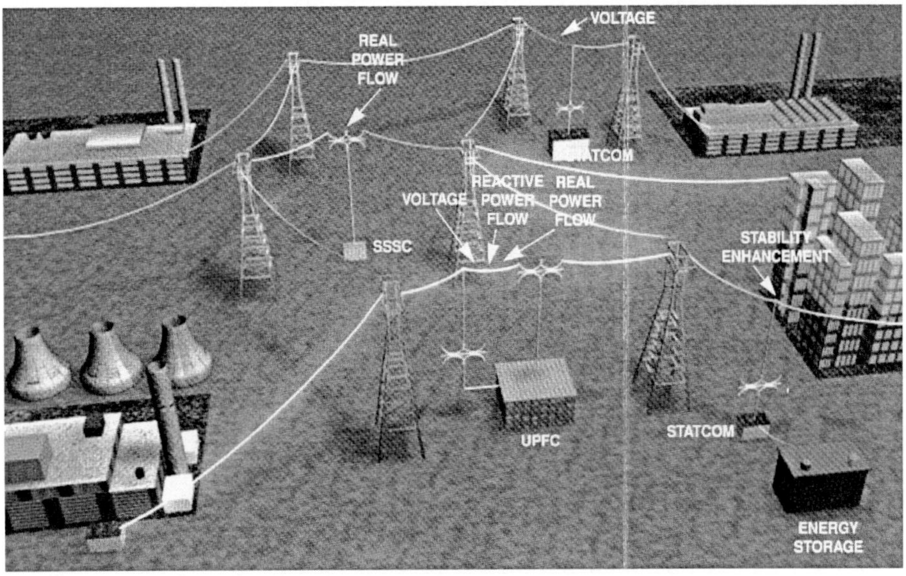

출처: 전력기반조성사업센터, FACTS 및 전력품질 향상기술 특허맵 보고서

그림 2.9 FACTS 개념도

이 있다. 즉, 이러한 FACTS 설비 기술은 전력계통의 계획과 운용에서 위상뿐만 아니라 첨단 전력설비 산업의 발전을 유도하는 역할을 수행할 것으로 기대되어진다.

그림 2.9는 FACTS 설비를 이용한 전력계통 구성도를 나타낸 그림이다.

2.2.2 지능형 전력통신망

지능형 전력통신망이란 지능형 전력기기 및 지능형 전력망을 감시, 제어, 운영하는 신경회로에 해당하는 유·무선방식의 전력통신망을 통칭한다. 여기서 지능형 전력기기란 지능형 전력망 구성요소인 초전도, FACTS, HVDC, WAMS, WACS, 디지털변전시스템, AMI(Advanced Metering Infrastructure), 스마트개폐기 및 PCS (Power Conditioning System) 등 신 전력기기들을 의미한다. 그림 2.10은 지능형 전력통신망 및 전력기기의 핵심 기술 적용 분야를 정리한 것이며 표 2.3은 지능형 전력기기의 주요변화 내용을 나타낸 것이다.

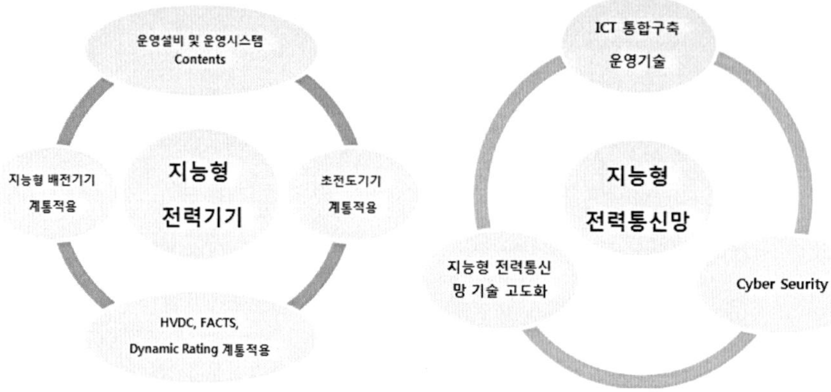

그림 2.10 지능형 전력통신망 및 전력기기 핵심 기술

표 2.3 스마트그리드에 의한 변화

구분	기존 환경	지능형 전력망 환경
전력 IT	소극적 고객서비스 독립적 IT 시스템 (EMS: Energy Management System), (CBP: Cost Based Pool) 개별적 정보보안 종래의 전통적 애플리케이션 데이터에 근거한 수동의사 결정 중앙집중형 처리방식 독자적 데이터 모델관리 Text 형태의 데이터 제공	고객서비스 분야의 확대 IT시스템 융합화(EMS+MMS) (MMS: Multi Mode Service) 종합적 표준화된 정보보안 신규 고급 애플리케이션 의사결정 지원 정보제공 분산형 처리방식 고속, 대용량, 실시간 통신 그래픽 형태의 정보제공

지능형 전력통신망이 실현되기 위해서는 정보의 양방향 통신 인프라 구축이 우선되어야 한다. 통신시스템 구축 작업에서 광역 네트워크에 적용할 기술로는 광통신, 와이맥스 등의 기술이, 그리고 홈 네트워크에 적용할 기술로는 지그비(zigbee) 등 다양한 통신기술이 논의되고 있다. 그러나 미국의 표준화 내용을 보면 통신시스템 구축 과정에서 중요한 것은 통신기술 그 자체보다 통신기술 간의 상호운영성(interoperability) 확보가 중요시 되고 있다. 따라서 통신시스템 인프라 구축에서는 시스템 간 인터페이스를 넘어선 커뮤니케이션과 조정을 중요한 요소로 고려해야 한다.

또한 스마트그리드에서 추구하는 배전 계통의 어느 곳에서 전력 상태를 파악하고 원격 제어하고자 하는 요구는 유비쿼터스(Ubiquitous) 환경과 상당부분 흡사하다. 유비쿼터스 환경이란 언제 어디서든 통신망에 접속하여 다양한 정보 활동을 영위하는 것이다.

그림 2.11은 유비쿼터스 전력통신망 개념도이며, 이러한 전력선통신 유비쿼터스 기술개발 사업은 전력망을 이용한 전력선통신(PLC: Power Line Communications) 기술 기반으로 원격검침이나 전력설비의 자동화에 필요한 광대역 기반의 통합 네트워크를 구축하는 것이다. 여기서 전력선통신이란 전력회사의 고유 자산인 전력망을 통신매체로 사용하는 것이다. 즉, 계통의 구조 그 자체가 통신망으로 일체화함으로 전력계통의 요구를 잘 수용할 수 있는 통신기술이다. 전력선통신 유비쿼터스 기술이 구현되면 가로등 제어, 독거노인 안부 확인 등 공익사업에도 활용될 수 있어 관련 분야의 산업화를 가능하게 할 것이다. 특히, 중전기 제조업체의 기술력 향상, 전력선통신 및 전력설비 기술의 표준화를 선점할 수 있을 것이다.

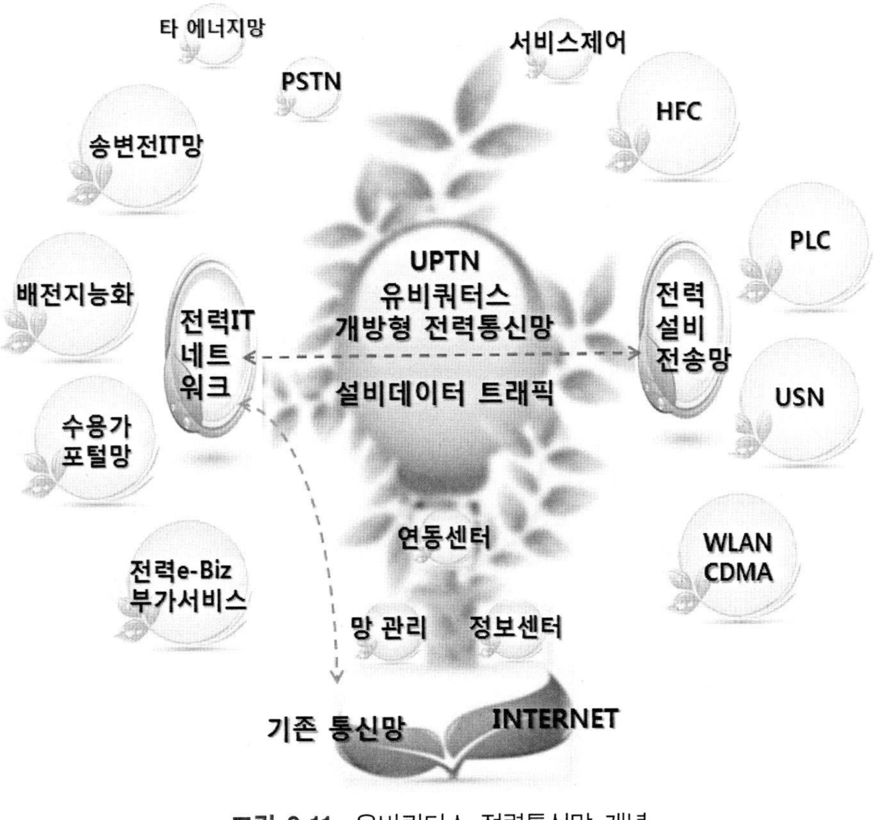

그림 2.11 유비쿼터스 전력통신망 개념

(1) WAMS

WAMS란 Synchro-Phasor 기법을 이용하여 지역적으로 분산되어 있는 고정밀 페이저 측정장치(PMU: Phasor Measurement Unit)로부터 시각화 된 Phasor 데이터를 실시간으로 수집하여 전력계통의 안정도를 실시간으로 계산하고 평가하여 전력계통의 종합적인 안전도를 감시할 수 있는 시스템이다. 이렇듯 Phasor로 표현하는 이유는 유효 및 무효전력과 전압의 상관관계를 이해하기 쉽게 하는데 목적이 있다. 송전단 유효전력은 송전선 양단 변전소에서 측정한 전압의 위상차가 크게 관련되며 무효전력의 크기는 바로 측정한 전압 크기와 크게 관련된다.

그림 2.12는 송전선 양단의 위상과 크기를 나타낸 그림이다. 과거 전력산업 초기에는 모든 운영자들이 계통 운영에 신뢰도 및 안정도 향상에 비중을 두었지만 현재에는 경제성에 더욱 큰 비중을 두고 있다. 그로 인해 전력기반 시설에 투자하기보다 운전점을 계통의 안정도 한계점까지 끌어 올려 운영하고 있기 때문에 광역정전이 발생할 가능성이 커지고 있으며 이러한 광역정전 발생에 대한 위험을 줄이고 전력산업의 경제성을 추구하기 위해서는 신뢰도와 안정도를 향상시키는 것이 우선시 되어야 한다.

K-WAMS(Korea-Wide Area Monitoring System)는 국내의 한국형 광역 전력계통 감시시스템으로서 제주 및 성산 변전소에 PMU를 설치하여 실시간 감시 및 특정 상황 발생 시 사후 분석용도로 운영되고 있으며, 대규모 광역 전력계통의 신뢰도와 안정도를 감시하고자 하는 시스템으로서 측정할 당시의 시간이 기록되므로

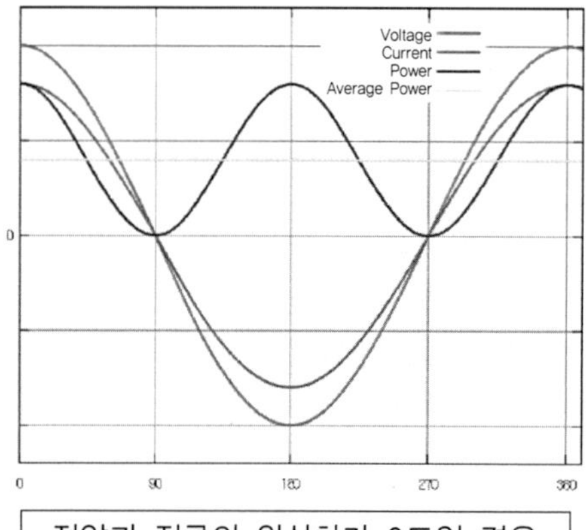

전압과 전류의 위상차가 0도일 경우

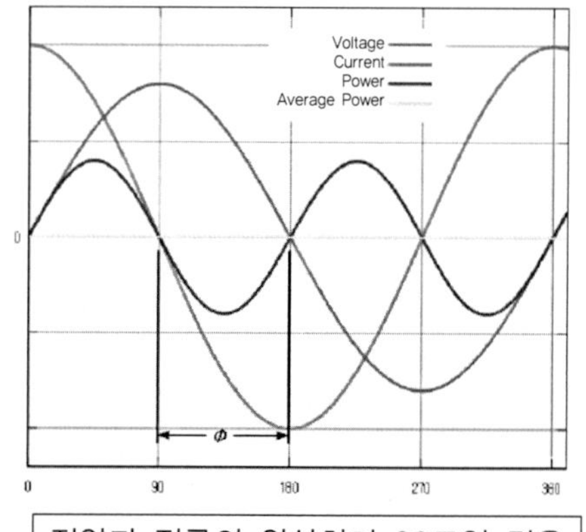

전압과 전류의 위상차가 90도일 경우

그림 2.12 송전선 양단의 전압 파형과 Phasor(위상과 크기)

이를 시각화하여 나타낼 수 있다. 그러므로 K-WAMS는 전력계통의 대규모 광역 정전을 사전에 예측하여 계통 운영자에게 운전점의 위치를 실시간으로 제공하는 역할을 한다. 얻어진 Phasor 데이터는 기존의 EMS 및 SCADA(Supervisory Control And Data Acquisition)보다 고속의 정밀한 데이터이므로, 기존 시스템과 K-WAMS의 Phasor 데이터를 서로 공유하는 경우 보다 많은 지역의 정보를 실시간으로 제공하거나 정밀도를 향상시킬 수 있게 되어 기존의 불확실한 상태 추정이 아니라 상태 측정값으로 정확한 결과를 제공할 수 있다는 장점이 있다. 그림 2.13은 우리나라 전국 전압과 Phasor 감시에 대한 예를 나타낸 그림이다.

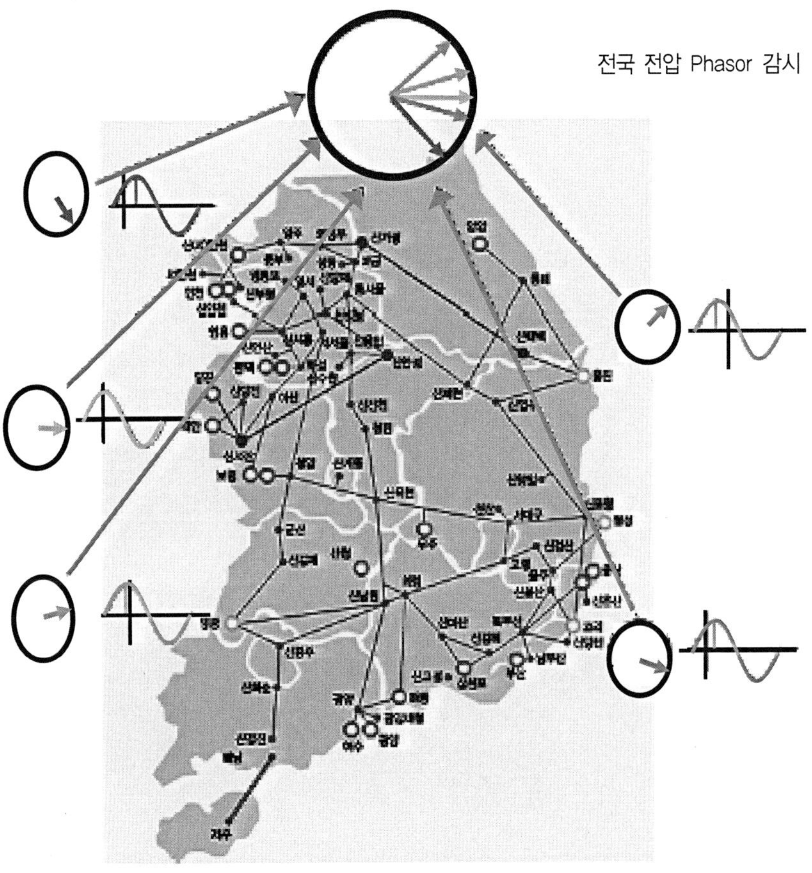

그림 2.13 우리나라 전국 전압과 Phasor 감시

그림 2.14는 K-WAMS의 구성도를 나타낸 것이며, 설치된 PMU를 통하여 측정한 데이터를 인공위성신호(GPS)를 이용하여 각각의 측정데이터를 백만분의 1초 단위로 측정함으로써 전국에 있는 모든 전력계통에서 일어나는 상황에 대해 같은 시간에 실시간으로 측정을 할 수 있게 된다. 이 시스템에서는 도착순서가 아닌 측정시간 순서별로 분리한 데이터들을 이용함으로써 전국 송전망에 대한 동시상황 체크가 가능하게 된다. PMU에서는 전압, 전류의 기본파 값을 추출하여 상위시스템으로 GPS 위성과 함께 데이터를 전송하는 중요한 역할을 담당하게 되고 하위 측정장치에서 취득한 데이터를 신뢰성과 보안성을 유지하며 상위로 실시간 전송해주는 네트워크를 구축하게 된다.

이렇게 수집된 데이터를 K-WAMS 상위 인프라 시스템을 사용하여 전력계통의 상황을 실시간으로 감시하고 안정도를 평가한다.

(2) WACS

WACS란 WAMS와 거의 흡사하나 제어시스템으로서 대규모 정전의 예방과 비상조치, SCADA 및 EMS 시스템과의 통합운영을 통하여 설비 고장상황 발생 시 상황 발견과 고장위치 예측 및 고장복구를 위한 정보 제공과 신뢰도를 위한 인공위성 신호를 이용한 실시간 계통 감시와 사고 후 분석조사 및 직류송전 또는 고속의 유연송전시스템(FACTS) 설비의 주요 제어기능 활용 등이 가능하게 된다.

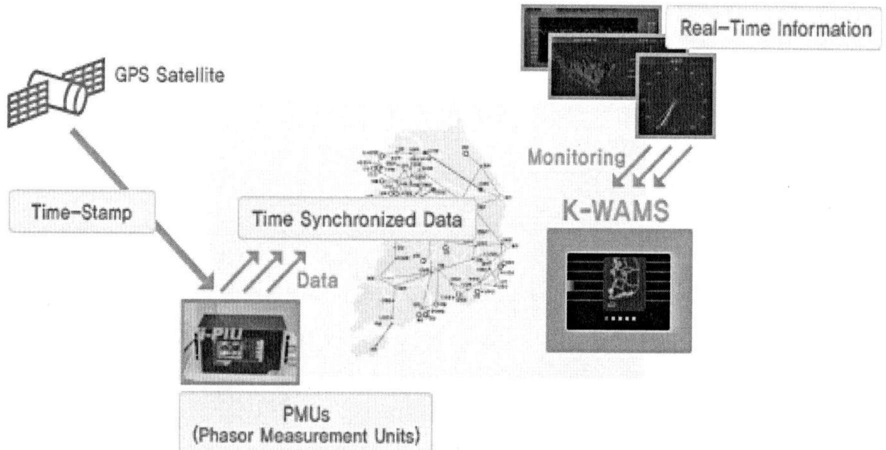

출처: 한전 KDN, http://www.kdn.com

그림 2.14 K-WAMS 구성도

국내 전력공급시스템의 특성상 특이하게 나타날 수 있는 송전망 안정도 문제에 대처해 K-WACS는 대규모 정전의 방지와 신뢰도 향상을 위해 기술적으로 또 경제적으로 매우 유용하고 폭넓게 사용될 것이다.

2.2.3 지능형 전력망 보안 요구사항

기존의 전력망은 폐쇄형으로 운영되어 보안문제가 부각되지 않았으나 지능형 전력망의 핵심 기술인 첨단 검침 인프라는 정보통신 인프라와 전력 인프라가 융합된 기술이기에 기존의 전력통신산업에서 발생되어지는 보안문제가 일어날 우려가 있다. 즉, 지능형 계량기의 취약성을 이용하면 금전적 이득을 취할 수 있기 때문에 악성 해커의 타깃이 될 수 있다. 만약 해커가 계량기를 침해하게 된다면, 개인 전력 사용량에 대한 변경과 같은 소규모 공격이나, 전력망 자체에 대한 대규모 공격 형태가 될 수도 있다. 또한 지능형 전력망에 저장된 에너지 사용 정보를 통하여 고객의 비밀성이 침해될 수 있다.

따라서 지능형 전력망 보안 기술이 효과적이기 위하여 강력한 보안 능력이 필요하며, 이렇게 하기 위하여 위협을 탐지하고 완화할 수 있도록 여러 지점에 방어 매커니즘을 보유하는 계층화 구조가 필요하다. 기능적인 보안 요구사항은 다음과 같다.

첫째, 침입자로부터 그리드를 보호하는 물리적 보안사항이 요구된다. 물리적 보안을 위하여 IP 백본(Backbone)에 비디오 감시, 카메라, 전자 접근 통제 및 긴급 대응 능력을 포함하여야 한다.

둘째, 강화된 네트워크 장치 및 시스템이 요구된다. 효과적이고 계층적인 방어를 구축하기 위하여 전체 인프라에 걸친 광범위한 보안 원칙을 적용하고, 라우터와 교환기 같은 핵심 요소와 취약성 있는 네트워크 요소를 보호하기 위한 실시간 감시체계가 수립되고, 관리 및 상호협동하여야 한다. 만약 이런 장치들이 침해된다면, 외부에서 DOS 공격을 통하여 전력망 운용을 방해하거나 더욱 중요한 제어 시스템 접근할 수 있다.

셋째, 전송 및 저장 데이터 보호사항이 요구된다. 안전한 기밀성 데이터 전송을 위하여 암호 알고리즘을 적용한 가상사설망(VPN: Virtual Private Network) 구조를 지원해야 한다. 서버와 종단 장치상의 중요 자산을 보호하기 위하여 호스트 암호화 및 데이터 저장 보안 능력을 강화하여야 하며 유

· 무선 연결망에 유비쿼터스 보안을 제공해야 한다.

넷째, 보안대책 관련 법령을 강화시켜야 한다. 현재 주요 정보통신 기반시설 보호 지침과 사이버보안센터 운영규칙 등이 있으며, 지식경제부의 전력계통 신뢰도 및 전기품질 유지기준이 정해져 있다. 또한 추가적으로 지능형전력망 구축 및 이용 촉진에 관한 법률에 사업자가 전력망 공격에 대한 보안대책 수립을 의무화하는 내용이 포함되어야 할 것이다.

현재 IEEE, NERC, IEC에서 지능형 전력망의 보안 표준을 추진하고 있으며 한국은 IEC의 기준을 준용하고 있다. 표 2.4에서는 보안 표준화 동향을 나타내고 있다.

표 2.4 보안 표준화 동향

분야	표준화 단체	표준화 내용
지능형 전력망 보안	IEEE 1686-2007	스마트그리드 기기 및 시스템 보안
	NERC CIP 002-009	스마트그리드 인프라 보안
	IEC 62351	스마트그리드 데이터 통신 보안
	NIST SP NERC CIP	스마트그리드 개인정보 보안

2.3 지능형 소비자(smart consumer)

지능형 소비자란 전기를 생산하는 공급자와 사용하는 소비자가 서로 소통이 가능하도록 양방향 구조에서 실시간으로 전기요금과 사용량을 알려주고 다양한 요금제를 수용할 수 있도록 최적화된 전력소비를 추구하며, 가정과 업무 공간에서 전력사용량을 조절할 수 있고 전력거래 시장에 적극적으로 참여하는 새로운 소비자의 등장을 의미하며 모든 가전기기들이 영리해져 전기료가 가장 싼 시간대에 동작할 수 있도록 관련 기술과 서비스를 집중하는 영역을 의미한다. 그리고 지능형 소비자의 추진 목표는 에너지 소비의 합리화와 스마트미터 및 AMI 구축 등을 통해서 전기요금에 반응하여 에너지를 절약하는 가전기기를 보급하고 부하관리를 실현하면서 최대 전력을 감소하고 단방향이고 폐쇄적인 에너지 공급이 아닌 AMI 기반의 양방향 에너지 종합관리 시스템을 구축하는 것이다. 그림 2.15는 전체적인 지능형 소비자의 구성요소를 나타내고 있다.

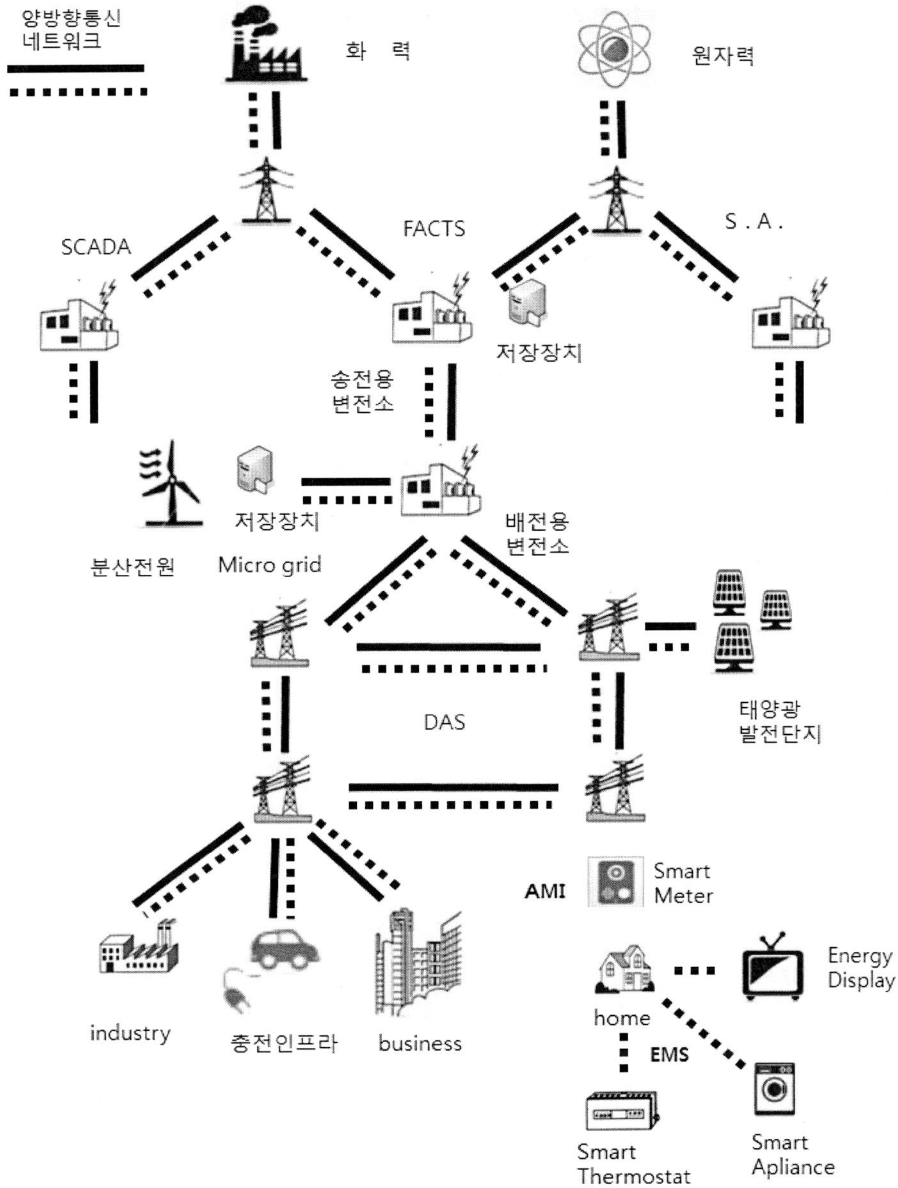

그림 2.15 지능형 소비자의 구성 요소

지능형 소비자의 기술로 AMI 기술과 EMS 기술, 양방향 통신네트워크 기술이 있다. AMI 기술은 양방향 통신망을 이용하여 전기 등 에너지 사용에 대해 검침하고, 사용 정보를 수집하며, 개별 에너지 기기에 대한 능동적 제어를 가능하게 하는 기술이다. EMS 기술은 전기 등 에너지 사용에 대한 모니터링, 제어 및 최적화를 구현하는 시스템 기술로서 에너지 사용자의 가정, 빌딩, 공장 등에 적용된다. 양방향 통신네트워크 기술은 소비자와 공급자가 서로 상대방에게 에너지의 사용 및 제어 데이터 등을 자유롭게 전달할 수 있는 기술로서 다양한 유·무선 통신 방식이 적용되고 있다.

2.3.1 AMI

(1) AMI 정의 및 구성

스마트그리드의 주요 분야 중 하나인 AMI(Advanced Metering Infrastructure: 첨단계량 인프라)는 기존의 단방향 원격검침시스템(AMR: Advanced Meter Reading) 기능을 기반으로 양방향 통신 기능이 추가되고 디지털전자식 계량기, 양방향 통신망 및 계량 데이터 관리 소프트웨어 등으로 구성된 계량 시스템이다. 수용가내에 다양한 통신모듈을 설치함으로써 수용가의 다양한 에너지 사용량을 지정한 계획대로 측정, 분석하고 전력 생산자가 소비자의 전력사용 정보를 원격으로 수집할 수 있다.

또한 전력 생산자로부터 소비자에게 실시간 요금을 비롯한 서비스 정보를 제공하여 에너지 절약을 적극적으로 유도하고 최적의 에너지 사용이 가능하도록 소비자가 능동적으로 전력 사용을 조절할 수 있으며 전력회사가 제공하는 수요반응(DR: Demand Response)을 비롯한 다양한 서비스에 참여할 수 있도록 하는 전력생산자와 소비자간 양방향 통신 인프라 또는 차세대 원격검침 인프라이다.

그림 2.16은 AMI 구성도를 나타내고 있다. AMI 통신 시스템은 그림 2.16과 같이 각 가정의 가전기기 및 에너지관리시스템, 에너지 저장장치로부터 스마트미터까지 에너지 사용정보를 교환하는 HAN(Home Area Network)와 스마트미터로부터 DCU(Data Collection Unit)까지 에너지 정보를 교환하는 NAN(Neighborhood Area Network)과 전력회사와 DCU를 연계하는 통신망인 WAN(Wide Area Network)으로 구성되어 있다. WAN은 전력설비의 종단과 다양한 DCU들이 연계된 송배전을 위한 통신 네트워크이며, Ethernet 기반의 유선 네트워크가 주로 사용되고 있고 NAN은 스마트그리드의 필드영역을 담당하는 통신 네트워크로 스마트미터와 다양한 DCU의 연계를 위한 기술로 무선 그물망 네트워크 기술과 유선 네트워크인 PLC(Power Line Communication) 기술이 사용되고 있고 HAN은 홈, 빌딩, 산업

부분의 통신 네트워크 기술로 정보가전의 제어 및 응용서비스를 디스플레이하기 위한 통신네트워크이다. 그리고 단순히 전력요금 정산기의 역할을 수행하고 일정 기간(일반적으로 한 달)에 걸친 총 전력 사용량만을 기록하는 유도형(기계식) 전력량계와 달리, 스마트미터는 새로운 통신 기술의 적용과 함께 양방향 통신을 지원하고, 사용자에게 전력 사용 정보를 쉽게 제공하거나 수요 반응을 통한 에너지 효율 향상을 추구하기 위한 전자식 계기로서, 사용한 전력량을 다양한 시간 구간 또는 간격으로 계량하고 이를 통신 기술과 연계하여 전력회사는 각 고객들로부터 지속적으로 사용 정보를 읽어 들여 데이터베이스화하고 이 정보는 청구서를 발행하거나 사용 패턴을 분석하거나 혹은 새로운 요금제 프로그램을 설계 및 실행하는데 이용될 수 있도록 도움을 준다.

AMI 시스템은 스마트미터에 저장된 데이터를 DCU에 1차적으로 수집하고, ADCS (Automatic Data Collection System)로 불리는 AMI 서버에서 DCU에 저장된 데이터를 다시 수집하여 최종적으로 MDMS(Meter Data Management System)로 전송하도록 구성하는 것이 일반적이지만 DCU를 생략하고 스마트미터의 데이터를 AMI 서버로 바로 전송하도록 구성하는 경우도 있으며 주로 수용가가 여기저기 흩어져 있는 경우도 이와 같이 구성한다.

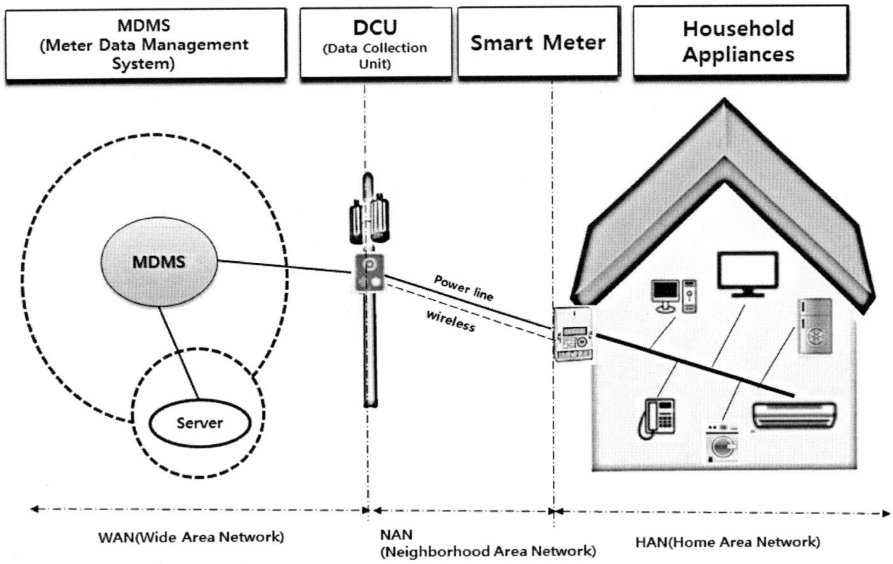

그림 2.16 AMI 구성도

(2) AMI 시스템의 역할 및 구축효과

AMI 시스템의 구성요소의 역할은 다음과 같다.

- 소비자의 실시간 사용 데이터 원격 수집
- 종류별 전력량계의 검침이 가능한 통합 플랫폼 구축
- CDMA, 광통신, Wi-Fi 등의 다양한 WAN 통신 방식 지원
- 스마트미터 기반의 실시간 양방향 정보 교환 및 원격 제어
- 원격기기 상태감시 및 관리 설정, 장애진단, 이력관리
- 계시별 요금제(TOU), 피크 요금제(CPP), 실시간 요금제(RTP) 등의 고도화된 시간 기반의 요금제 및 상호 운용을 위한 통신 인터페이스 기능 지원
- 수요반응(DR)을 통한 능동적인 에너지 절감 유도
- AMI로부터 전압, 변조 알람, 정전 알람 등과 같은 기타 데이터의 수신 및 적재 그리고 데이터의 저장 및 관리, 유지, 감시, 추적기능 제공

이런 역할과 구축으로 인한 효과는 에너지 효율 증가, 자동사고 탐지 및 복구 서비스, 정확한 정보가 풍부한 전기요금 청구서, 용량 증설 비용 해결, 다양한 요금 서비스 제공, 경제 전반적으로 생산성 향상, 탄소 배출 저감을 통한 환경 개선, 전력산업의 현대화 등이 있다.

(3) AMI 시스템 보안의 문제점 및 필요성

스마트그리드는 대체로 광범위한 인터넷 기술을 포함하는 고도로 네트워크화 된 정보구조 상의 통신과 복잡한 분산 응용을 요구한다. 따라서 산업 스파이, 악성 침입자 및 시스템 복잡성, 불만을 품은 직원, 인간의 실수 및 사고, 장비 실패 및 자연 재해와 같은 자연적 유형과 같이 다양한 형태로부터 스마트그리드 시스템에 대한 위협이 발생할 수 있다. 미국 에너지부(DOE: Department of Energy)에서 현대적인 그리드를 도입하는데 해결해야 할 기술적 문제점 중에 보안기술을 명시하고 있다. SCADA(Supervisory Control And Data Acquisition) 및 보호 계전기 시스템의 보안이 보장되어야 하며, 분산 에너지 자원 소유주, 독립 전력 생산자, 소비자의 수요 대응 및 자동화 검침 프로그램 등에 반드시 보안 기능이 구축되어야 함을 명시하고 있다. 스마트그리드 보안 서비스가 방지하려고 하는 보안사건의 몇 가지 예로는 스마트그리드의 안정성 공격 및 물리적 재산 손상, 서비스 거부(DOS)나 붕괴 공격, 프라이버시 위반, 장비 제어 및 서비스 하이재킹(Hijacking), 운용자가 시

스템을 붕괴하도록 하는 치명적 동작을 취하도록 상황 인식 전복, 자동화 시스템이 허위 경보에 대하여 자원을 허비하도록 원인 제공, 스마트그리드 서비스나 지원 통신 메커니즘을 통한 주거 사용자나 산업 네트워크 공격 등이 있다.

이와 같이 스마트그리드 시스템에 대한 위협은 다양한 형태로부터 발생할 수가 있으며 시간이 지날수록 위협이 더욱 증대되고 있다. 따라서 자연적 위협뿐만 아니라 악의적인 위협에 대한 보안상의 전략을 세울 필요가 있다. 또한 스마트그리드와 같은 국가적인 주요 인프라를 보호하기 위한 대책이 필요하며 주요 보안목표는 다음과 같이 제시될 수 있다. 첫째, 비고의적 사이버 및 물리적 재난 사건, 서비스 임무를 위협하는 악성 공격으로부터 스마트그리드 서비스를 보호하고, 둘째, 스마트그리드 서비스와 관련되는 보안사건을 방지하며, 셋째, 스마트그리드 서비스의 무결성 및 가용성, 기밀성에서 신뢰 보증을 지원하기 위한 충분한 증거를 제공해야 한다.

그림 2.17은 전력회사의 MDMS에서 집안의 가전기기까지 통신이 이루어지는 만큼 장비 또는 통신 구간마다 AMI 시스템에서 다양한 보안의 위협이 예상되는 사례이다.

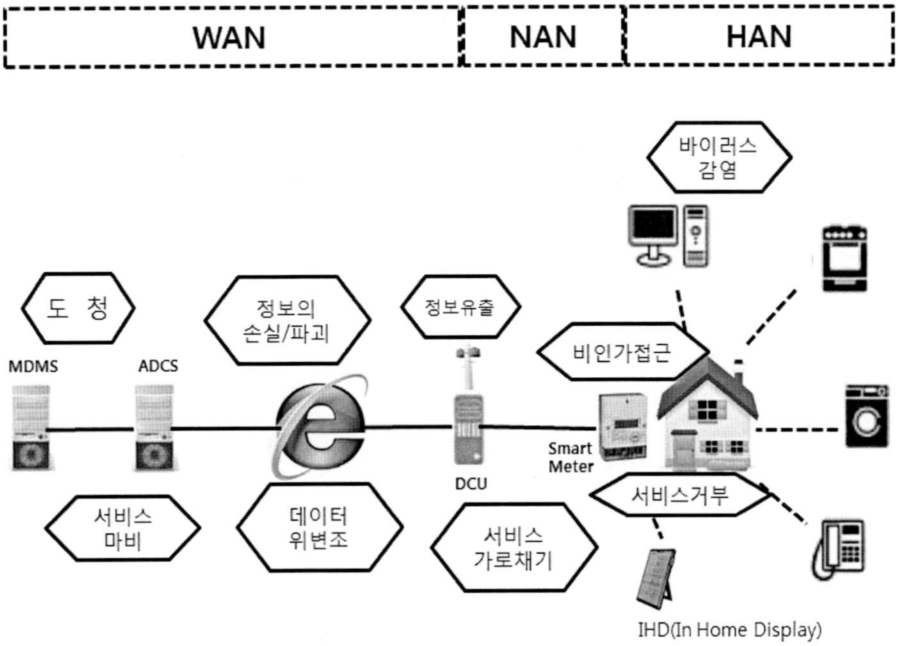

그림 2.17 AMI 시스템 보안위협 사례

2.3.2 EMS

EMS(Energy Management System: 에너지관리시스템)란 급전용 종합 자동화시스템으로서 자동발전제어(AGC) 및 경제급전기능(Economic Load Dispatch), 전력계통의 원격감시 및 제어기능(SCADA), 자료의 기록 및 저장기능, 전력계통 해석기능, 급전원 모의훈련기능 등을 수행한다. EMS 기술은 MDMS 기능의 데이터 수집 시스템 및 데이터베이스를 구축하여 원격검침시스템에 적용된다. 즉, 전력계통을 운영하는 시스템이지만 현재의 전력망에서는 중앙집중형으로 운영되고 있고 자동차에서의 운전자 및 컴퓨터에서의 CPU처럼 두뇌기능을 하고 있다. 스마트그리드 시스템에서는 마이크로그리드 및 스마트기기가 확산되기 위해서는 지역 단위의 정보를 관할하고 유지할 수 있는 분산형 EMS가 필요하고, 전력거래소에서 EMS를 운영하고 개발해야 한다. 그리고 중앙 EMS는 지역 EMS의 정보를 얻어서 종합적인 운영을 수행하게 된다. 전력절감과 실시간 에너지 소비 검침서비스 등의 정보는 지원되지 않는 등 DR과 관련된 EMS는 선진국과의 기술 격차가 존재한다.

스마트그리드가 이슈화 되면서 최근 미국, 캐나다, 호주, 일본 등의 선진국에서 소비자에게 실시간으로 전력 사용 정보를 알려줌으로써 소비자가 능동적으로 전력 사용량을 절감하고 필요할 때는 전력공급회사가 피크시간대의 부하 사용량을 조절하여 소비자로 하여금 피크 시간대의 전력사용량을 절감할 수 있게끔 유도하는 기능을 가진 시스템의 필요성이 크게 부각되었고, 다양한 시범사업을 전력공급회사 중심으로 진행 중에 있다. 실제 에너지 소비자에게 전력사용 정보를 제공하여 에너지 사용량을 절감하고 효율적인 에너지 사용을 유도할 수 있는 시스템의 필요성이 절실한 실정이며, 이러한 요구는 EMS를 통해 효율적인 에너지 사용 및 실시간 요금제 적용이 가능함을 입증했다.

그림 2.18은 EMS의 종류를 나타낸다. 그림에서 지능형 소비자와 관련된 EMS의 종류에는 BEMS와 HEMS, FEMS가 있다.

2.3.2.1 건물에너지관리시스템(BEMS)

1) BEMS의 정의 및 구성

우리나라 전체 에너지 사용 현황을 살펴보면 20% 이상이 건물에서 소비되고 있고, 일반적인 사무소 건물에서 에너지 소비량을 살펴보면 열원기기를 포함한 공조설비가 47% 정도를 차지하고 있으며 선진국으로 갈수록 상업용 빌딩에너지 사용

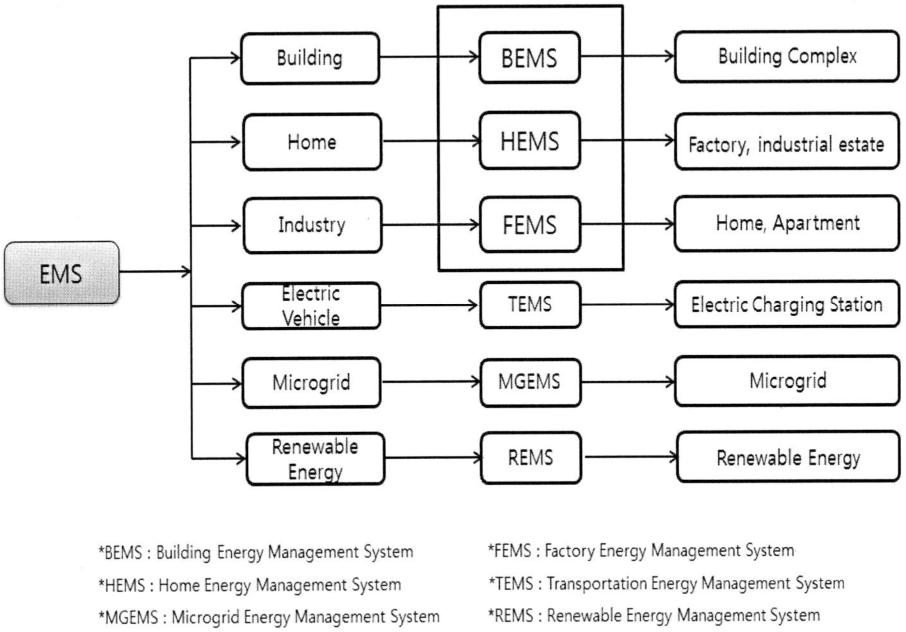

그림 2.18 EMS의 종류

비율이 높다. 즉, 주요 대도시의 빌딩에너지 사용량을 줄이고 효율적으로 운영할 수 있는 방안이 에너지 절약 및 고효율에 직결된다고 볼 수 있다. 따라서 거주자의 쾌적성을 향상시키면서 건물에너지 소비량을 최소화하기 위해서는 건물 열원설비가 최적의 조건에서 운전될 수 있도록 지원해주는 건물에너지관리시스템(BEMS: Building Energy Management System)의 도입이 요구된다.

BEMS는 여러 가지 센서 및 IT 기술을 활용하여 건물에너지의 사용량을 파악하고 각종 설비의 운전추이를 종합적으로 분석해 최적의 운전상태를 유지할 수 있도록 지원하는 에너지 관리시스템이다. 이를 통해 건물 내 에너지 사용현황과 설비기기의 운전상황을 파악하고 사용량의 예측을 근거로 하여 최적의 운전 계획을 신속하게 수립하고 실행한다. 무엇보다도 건물에너지의 절약을 위해서는 관리자 또는 거주자의 능동적인 관심과 의지가 중요하고 이를 바탕으로 절약을 실천에 옮길 수 있는 강력한 수단과 방법이 필요하다. 이와 같이 BEMS는 여러 가지 필요한 기능을 제공하기 위해 건물의 관리와 운영에 관한 지식에 IT를 접목시킨 첨단 기술의 결정체라고 할 수 있다. 그림 2.19는 각 건물에 있는 에너지관리시스템의 구성을 나타낸다.

그림 2.19 건물 에너지관리시스템

BEMS는 운영 소프트웨어와 하드웨어 장비, 시스템 유지 및 건물관리자 등으로 구성되어 있으며, 에너지 계통별, 용도별, 특정 기기나 대표 플로어의 계측을 실시하여 에너지 사용량을 계량하고 계측한다. 또한 그래프에 의한 관리 및 시각적 데이터를 제공하며, 웹에 의한 정보 공유를 통해 목표치 달성 현황을 분석하여 결과가 건물주로부터 현장 담당자에 이르기까지 건물에 근무한 사람들이 필요할 때마다 관리가 가능하게 하고 현장에서 볼 수 있도록 한다. 이것을 통해 구성원 전원이 효과적인 절감 활동에 참가할 수 있다. 그리고 건물 에너지 소비량 상황을 전체적으로 파악하고 이용 상황에 맞는 수요를 예측하며 시스템 효율 평가 및 사용량 단위분석을 통해 계통별 에너지 소비를 파악하고 문제될 수 있는 계통을 발견해서 절약 대책을 신속히 수립할 수 있다.

2) BEMS의 종류

BEMS의 종류에는 각종 설비기기를 대상으로 상태를 감시하고 조작하며 고장발생 등의 경우에 경보를 발령하는 BAS(Building Automation System), 건물 환경 및 설비, 정보통신 등 주요 시스템을 유기적으로 통합하여 첨단 IT 서비스 기능을 제공함으로써 경제성, 효율성, 기능성, 안전성 등을 추구하는 IBS(Intelligent Building System), 각종 설비의 상태를 감시 및 제어하고, 주차제, 에너지 사용량 감시 등 독자 관리기능을 수행하는 BMS(Building Management System), 건물의 소유주, 시설, 빌딩 관리자가 에너지 사용 절감의 목적으로 에너지 환경 관리, 빌딩 설비 관리지원 기능을 수행하는 BEMS 등이 있다.

3) BEMS의 기능

BEMS의 기능은 세 가지로 나눌 수 있다.

첫째, 첨단 정보통신기술을 이용하여 통신 및 데이터를 관리하고 계측하여 건물 내 에너지 소비현황과 실내 환경 등에 관한 정보를 수집하여 다양한 목적으로 활용할 수 있도록 제공하는 기능인데, 자동적인 실천기능이 포함되지 않기 때문에 편의상 Passive BEMS(수동적 BEMS)라고 한다. Passive BEMS를 통해 건물 운영의 적정성 여부를 판단하고 에너지 소비수준이나 소비패턴 등을 알 수 있도록 도와주는 정보 제공은 가능하지만, 분석할 때 상당한 경험과 노하우가 요구된다. 따라서 분석자의 역량에 따라 분석결과의 수준이 큰 차이를 보이는 것이 일반적이다.

둘째, Passive BEMS에서 제공된 정보들을 분석한 후 사전에 전문가에 의해 분야별로 작성되는 운전제어 프로그램과 알고리즘을 BEMS에 추가해 건물에너지의 소비성능이 최적화 되도록 운영단계에서 자동으로 운전할 수 있도록 지원하는 것으로 능동적이고 직접적인 제어행위를 수행하므로 Active BEMS(능동적 BEMS)라고 한다. Active BEMS의 관리항목으로는 시간에 따라 기기나 장비의 정지와 동작을 반복하는 단순한 관리기능으로부터 여러 가지 기기로 복합적으로 구성된 시스템의 연동 및 통합제어에 이르기까지 종류가 매우 다양해서 헤아리기 어려울 정도이다.

셋째, 건물별로 수집된 데이터를 통계적으로 가공하여 제공하는 것을 들 수 있는데 이 통계결과는 건물이나 건물을 구성하는 시스템의 계획, 설계, 시공, 운영관리와 관련된 기술향상 및 제도개선 등 각 단계에서 주로 현재보다는 미래 지향적인 판단 또는 의사결정을 지원하는 수단으로 피드백하여 활용되므로 Potential BEMS(잠재적 BEMS)라고 할 수 있다.

2.3.2.2 가정용 에너지관리시스템(HEMS)

HEMS(Home Energy Management System)는 주택의 에너지 소비기기인 가전기기 등을 IT 기술을 활용하여 네트워크로 연결하고 에너지 사용에 대한 모니터링 및 최적화를 위하여 사용자와 공급자가 실시간으로 정보를 피드백하는 형태의 진

보된 시스템이다.

HEMS의 목적은 무선통신이나 전등선을 이용하여 가정 내 에너지 사용량이나 기기의 동작을 계측하고 표시하여 서비스 환경을 제공함으로써 거주자에게 에너지 절약의 필요성을 느끼게 하여 누구든지 에너지 소비량을 최대한 절감할 수 있도록 하고 효율 향상을 극대화 하는 것이다. 또한 HEMS는 지구 온난화 방지 기대 효과도 목적으로 삼고 있다. 이러한 시스템이 구축되면 전기에너지 공급자는 요금 정책을 전기에너지 사용자에게 에너지 효율화 시스템을 통하여 전달함으로써 사용자는 정보를 토대로 요금이 저렴한 시간대의 전기에너지를 사용하고 요금이 비싼 시간대의 전기에너지 사용을 피할 수 있어서 전기에너지를 보다 효율적으로 사용할 수 있고 공급자의 입장에서는 전력계통을 보호하고 효율적인 에너지 발전계획을 세울 수 있게 된다.

그림 2.20은 HEMS의 구성도이다. 스마트미터는 DCU를 통해 전달되는 요금제 정보 및 에너지 사용량 정보를 IHD(In-Home Display)에 전달하고 실시간으로 저장한다. IHD는 주기적으로 신재생 태양광발전 에너지기기, EV 전용 PCS(Power Conditioning System), 스마트 가전기기, 수도미터와 통신하면서 각 기기들의 상태를 파악하고 요금제 정보를 기반으로 제어 명령을 내려주어 에너지를 효율적으로 사용할 수 있도록 한다.

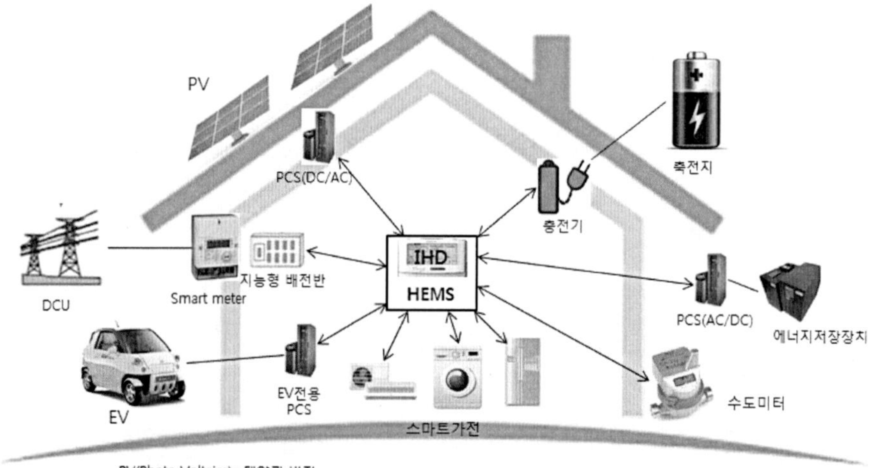

PV(Photo Voltaics) : 태양광 발전
PCS(Power Conditioning System) : 직류 전기를 교류로 변환하는 기기
EV 전용 PCS : Electric Vehicle로의 전기를 변환하는 기기
IHD(In-Home Display) : SmartMeter와 연계하여 에너지 사용정보를 소비자에게 실시간으로 제공하는 장치

그림 2.20 HEMS 구성도

2.3.2.3 공장 에너지관리시스템(FEMS)

FEMS(Factory Energy Management System)는 공장 내에서 주로 소비되는 에너지를 파악하여 에너지 사용량의 합리화를 도모하는 시스템이다. 이를 위하여 각종 센서를 응용하여 에너지 사용량, 제품의 생산설비, 생산수량의 가공 등 생산 활동에 대한 데이터를 모니터링하고, 수집한 데이터를 분석하여 구체적인 에너지절약 방안을 세울 수 있게 해준다. 최근에는 에너지의 시각화를 통하여 에너지 사용자가 에너지 절약 활동에 적극적으로 참여할 수 있도록 하고 있다.

2.4 지능형 운송

2.4.1 개요

지구 온난화 등의 환경문제와 이산화탄소 배출량 규제강화, 화석연료 고갈 및 고유가 문제 등의 위기로 운송을 위한 새로운 패러다임 도입이 중요한 이슈가 되고 있고, 다양한 운송수단이 개발되어 가능성을 시험하고 있다. 가장 적합한 해결책으로 전기자동차를 통한 지능형 운송기술로 소형 및 중대형 전기자동차 핵심 부품 및 소재에 해당하는 전기모터, 배터리, BMS 등을 개발하고 충전 인프라를 통하여 전기자동차에 효율적으로 전기를 공급하기 위한 급속·완속 충전기, 충전 인터페이스 부품 및 인증 과금 등을 위한 ICT 서비스 시스템을 구축해야 한다. V2G(Vehicle to Grid)를 이용한 전력망과 전기자동차 배터리 전원을 연계하여 양방향으로 전력을 전송하는 기술로서 실시간 시장 요금에 근거하여 그림 2.21과 같이 효율적인 계통연계 및 운용 방안을 구축하는 기술을 사용하여 전력망의 효율 향상 및 온실가스 배출량을 감소시킬 수 있다.

전기자동차는 내연기관 자동차보다 먼저 개발되었지만, 배터리 문제와 충전인프라 문제가 있으며 소비자 측면이 아닌 전력공급자 측면에서 보면 돌아다니면서 언제 어디서나 충전하려고 하는 전기자동차는 제어가 어려우며 실시간 가격제도만으로 소비자를 통제하기에는 불확실성이 너무 많아서 전력계통 운영에 많은 어려움이 예산된다. 스마트그리드에서 전기자동차를 심야의 남는 전력을 낮시간의 피크전력 시간대로 이동시키기 위한 수단으로 인식하고 있으며, 또한 필요할 때는 언제든지 전기자동차의 저장에너지를 전력망으로 역송전하여 에너지 효율화를 극대화하기 위한 전력저장수단으로 생각하고 있다. 이러한 개념을 달성하기 위해서는 전기자동차의 충전을 적절히 제어하여 전력망을 효율적으로 운영할 수 있도록 해야 하는데, 이의 수단으로 검토되고 있는 것이 실시간 요금제와 같은 차등요금제도를 도입하여 소비자가 요금에 따라 충전과 방전에 반응해 주기를 기대하는 제도이다. 그러나 스마트그리드 관점에서 전기자동차는 부하 예측과 조정이 어렵고, 부하패턴도 불규칙하므로, 전기자동차의 충전전력을 적당히 감시·제어하고, 부하상황에 따라서 전기자동차 충전을 제한하는 것을 기대하고 있다.

또한 급속충전설비처럼 대용량으로 충전하는 설비가 많아지면 전력망의 효율적인 운영이 어려워지므로 전력망이 받는 부담을 최소화하기 위해서 충전용량을 적절히 하고 충전시간을 길게 하는 것이 유리하다. 반면 전기자동차의 제조회사나 전기차의 소유자 입장에서는 내연기관 자동차처럼 언제든지 필요한 짧은 시간 내에 충전받기를 원하기 때문에 급속충전설비가 주유소처럼 많아야 하고, 시간대에 따른 제한된 충전서비스를 받는 것을 원하지 않는다. 또한 소비자의 차량에 저장된 에너지를 적정한 시간에 전력계통으로 재판매함으로서 얻는 차익보다는 배터리의 수명 단축에 대한 우려와 불편성 등으로 인해 매우 높은 수준의 차익을 지불하지 않으면 반응하지 않을 가능성도 높다고 볼 수 있다.

그림 2.21 지능형 운송 구성요소

2.4.2 V2G(Vehicle to Grid)

V2G는 AC Propulsion, Inc.에서 처음 용어를 쓰기 시작하였으며, 1997년 미국 Delaware 대학의 Willet Kempton 교수가 최초로 개념을 정립하고, 2007년 10월 18일 실증시험에 성공하면서 기술개발이 본격화 되었다. 전기자동차의 배터리를 발전장치로 사용하고 계통 연결시 분산전원으로 투입하여 실시간 전력시장요금에 근거하여 계통운영 보조서비스를 위해 전력을 역전송하거나, 전기자동차에 충전을 할 경우에도 일종의 수요반응서비스로서 계통의 첨두부하 시간대를 피하여 충전하는 시스템을 의미하며, 이를 제어하기 위한 전력망과 전기자동차들 간 통신 기술을 포함한 시스템이다. V2G의 핵심요소기술을 좀 더 세분화하면 V2G용 전기자동차, V2G용 충전인프라, 중개자(Aggregator), EMS, ICT(정보통신기술), 전력거래기술, 인증 및 보안 기술 등이 있다.

V2G 기술 실현을 위해서는 대규모 전기자동차의 보급이 전제되어야 한다. 즉 적은 수의 전기자동차는 전력량이 소규모이므로 전력망 사업자 입장에서는 전력망운영에 큰 도움이 되지 않는다. 따라서 전력중개자는 주파수조정 서비스, 순시 예비전력 및 최대 부하시 전력판매에 활용할 수 있도록 ICT 인프라를 포함하여 지역별로 단체를 형성하거나 완전 또는 일부의 전기자동차를 임대하거나 계약을 통해 MW 규모로 수천에서 수십만 대의 전기자동차를 집단화해야 하며 전력망 사업자의 상위단 EMS와 전기자동차 소유자들과 중간 매개역할을 해야 한다. 중개자는 그림 2.22와 같이 전기자동차를 부하로서 집단화하는 기능을 제공하며, V2G 개념이 실제적으로 구현될 수 있도록 만드는 필수적인 원동력이 된다. 이 집단화 기능은 통신사업자, 전기자동차, 배터리 생산업체, 충전기 운영자 및 에너지 서비스 제공자 등에 의해 제공될 것이다.

V2G용 플랫폼 개발은 전기자동차의 분산과 물리적 특성을 이용하여 주차되어 있는 동안 배터리가 전력계통에 부하와 발전 및 저장장치로서 기여하는 이득을 만들게 함으로써 차량을 최대한 활용할 수 있도록 한다. 전기자동차의 집단화는 야간의 오프 피크타임 동안 충전하는 부하로서 부하를 평탄화 하며 전기자동차들이 주차되어 있는 낮동안에는 자원으로서, 피크 쉐이빙(peak shaving)을 제공할 수 있다. 이러한 방법으로 전기자동차들은 발전원과 저장장치 양쪽으로 활용된다. 중개자는 전기자동차 소유주와 전력시스템을 운영하고 제어하는 지역 송전 조직(ISO/RTO), 그리고 배전망을 통하여 소비자에게 전기를 공급해 주는 에너지 서비스 제공자(ESP) 사이의 인터페이스를 제공한다.

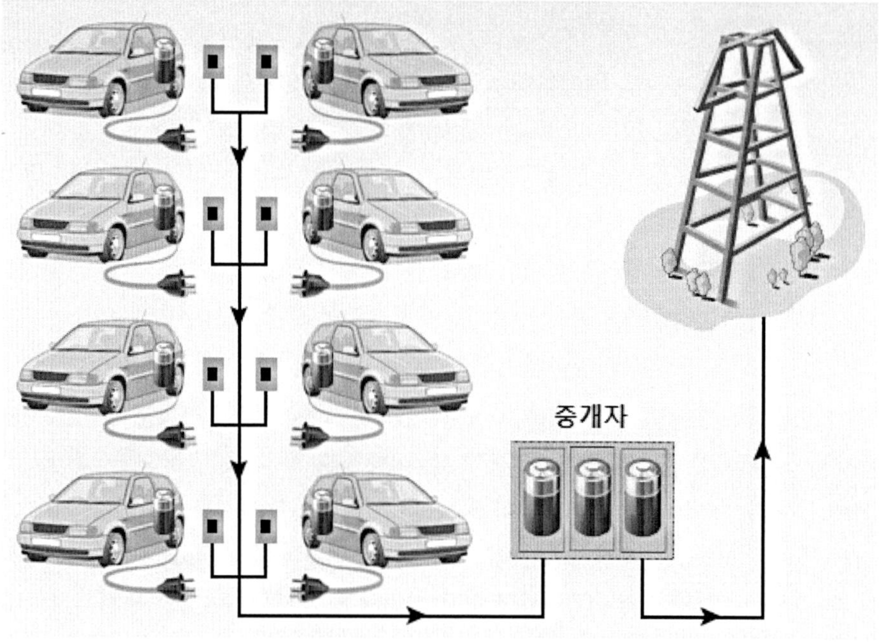

출처 : KPX

그림 2.22 V2G 개념도

또한 규모의 경제 원리에 의해 집단화된 개체는 배터리 구매, 주차 등의 차량운행 관련 서비스에 있어서 개인이 하는 것보다 더 경제적으로 구매할 수 있다. 시스템 운영자는 전력망을 제어하고, 송전 거래를 관할하고 시스템의 안전성을 유지하고 보수일정을 조정하고 장기계획을 수립하여 모든 전력원을 배분하고 투입하거나 부하를 줄이는 권한이 있다.

보조서비스(ancillary services)는 생산자로부터 구매자에서 전력 전송을 지원하기 위해 필요한 서비스를 의미한다. 이 서비스는 일반적으로 시장 참여자들에게 그들의 제공방법이 아니라 제공하는 혜택에 의해 정의되는데, 좁은 의미의 보조 서비스는 주파수와 전압의 품질을 보장하는 것에 한정된다. 그러나 배터리 저장 특성 때문에 전기자동차 배터리는 주파수 제어에만 참여할 수 있는 반면, 동기 조정기 또는 SVC(Static VAR Compensator) 같은 무효전력 공급장치들은 전압조정에 참여할 수 있다.

ICT는 V2G 기술에 있어 중개자에서 필요한 개별 전기자동차의 위치, 배터리 충전상태, 운전자 요구사항 등을 얻고 충전과 방전 신호를 전달할 수 있도록 전기자동차와 통신하여 전력중개자의 이익을 최대화하는 중요한 기술이다. 특히 전력중개자는 전력거래소의 기능도 잘 이해해야 하지만, ICT를 효과적으로 활용하지 않고는 방대한 정보량을 처리하고 분산되어 있는 전기자동차 충전기들을 실시간으로 제어할 수 없다. V2G에 있어 ICT의 주요 정보통신 흐름은 전기자동차 및 충전기 사이의 통신 채널은 블루투스, 지그비 등의 무선일 수도 있지만, PLC(Power Line Communication)와 같은 유선이 적절하다 그리고 충전기와 유틸리티 코디네이터(또는 Aggregator)사이 또는 충전기와 전력중개자사이의 통신은 가장 다양하고 강력한 방법으로 구성할 수 있다.

충전기는 인터넷 게이트웨이/라우터와 연결된 이더넷에 연결하기 위해 와이파이, 지그비 또는 독점적인 프로토콜 등의 무선 통신으로 연결될 수 있다. 또한, 충전기는 장거리 무선 기술과 통합될 수도 있다. V2G 시스템 구현의 가장 중요한 선행 조건은 정보계층의 구성이다. 또한 기본적으로 요구되는 것은 전기자동차 소유주에게 적절한 인센티브를 제공하여 참여시키고 유지하는 중개자의 사업전략이 있어야 한다.

V2G용 플랫폼의 통신망 구축에서 기본적으로 요구되는 조건으로 경제성이 좋아야 한다. 전기자동차와의 통신 네트워크 설치 및 유지보수에 필요한 추가비용이 저렴해야 하며 주차장에 있는 개별 전기차를 경제적으로 그룹화하기 위하여 네트워크는 광범위한 통신영역이 요구되며 네트워크의 빠른 응답성으로 전기자동차에 전송된 신호를 빠르게 전달해야만 한다. 또한 중개자가 효율적으로 서비스를 제공하기 위하여 통신 네트워크의 신뢰성은 중요하다. 호환성과 확장성이 뛰어난 네트워크는 장비의 수정이나 개조 없이 그룹에 더 많은 전기차가 참여할 수 있도록 넓은 호환성과 확장성이 필요하다. 마지막으로 통신 네트워크의 사이버 보안은 사이버 공격으로부터 V2G 시스템을 보호하기 위하여 반드시 보안성이 우수해야 한다.

전기자동차 소유주가 집단화에 참여하도록 보장하기 위해 인센티브를 제공해야 한다. 이때 새로운 전기자동차 소유주뿐만 아니라 기존의 소유주들을 유지할 수 있도록 패러다임을 제시해야 한다. 중개자가 전기자동차 소유주에게 제공 가능한 보상은 전기자동차 배터리 구입비 지원, 충전가격 및 주차시설 할인, 배터리 유지보수 등의 인센티브를 제공하고 계약서를 작성하여 전력계통 연결을 의무화 하도록 한다. 이러한 인센티브 방법은 장기간 계약자나 중개자에게 서로 이득이 되는 것이다.

2.4.3 충전 인프라

전기자동차의 접촉식 충전장치는 그림 2.23과 같이 크게 교류 충전장치와 직류 충전장치로 분류되며 그 외에 비접촉식 충전장치와 배터리 교환 시스템이 있다. 교류 충전장치는 충전시간이 오래 걸리기 때문에 완속 충전기(AC Charger) 또는 완속 충전스탠드로 불리며, 직류충전장치는 단시간에 충전이 가능하여 급속충전기(DC Charger)라고 한다. 향후 삼상 교류 충전장치가 보급되면 AC로도 빠른 충전이 가능하므로 충전 속도 기준보다는 전기자동차에 공급되는 충전전류 형태에 따라 분류하는 것으로 표준화에 반영되어 있다.

(1) 교류충전시스템

완속 충전장치는 전력계통으로부터 AC 전원을 받아 전기자동차의 On-board charger에 공급하여 DC 전원으로 전력을 변환하여 배터리를 충전한다. 또한 사용자 안전을 위한 보호기능을 가지고 있고 전기자동차 충전을 위한 인터페이스 기능을 제공하며 충전운영시스템과 연계하여 충전정보, 과금 및 정산 기능을 제공할 수 있다. 교류충전장치 시스템은 그림 2.24와 같이 크게 전기자동차와 인터페이스를 제어하는 충전기 제어부, 사용자 인식, 사용자 인터페이스, 충전요금 결제, 충전운영시스템과 연계를 위한 HMI(Human Machine Interface) 제어부, 전력량 계량을

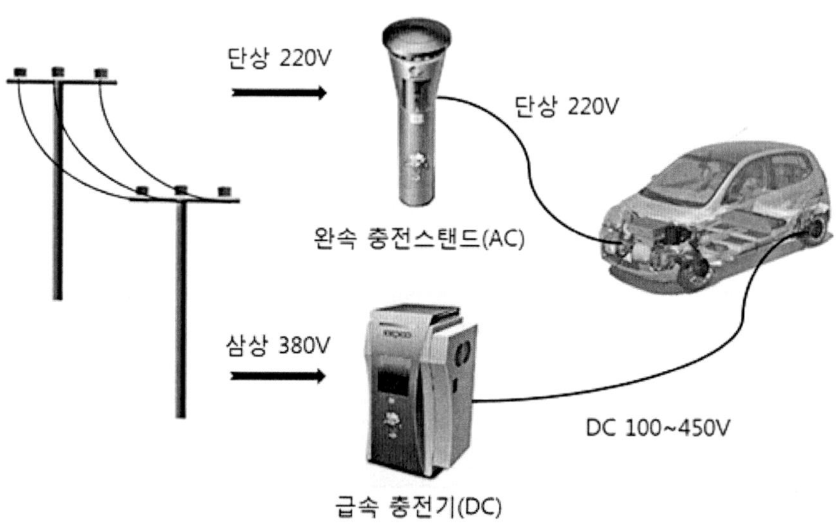

그림 2.23 접촉식충전 인프라

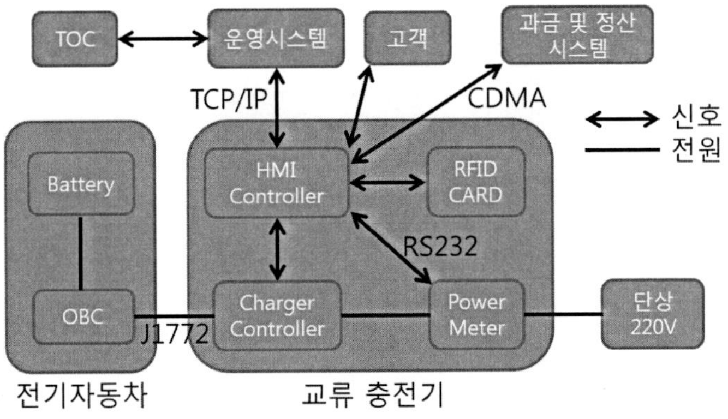

그림 2.24 교류충전장치 시스템

위한 전력량계, RFID 카드, LCD 화면부, CDMA 모뎀, 누전차단기와 같은 보호장치 등으로 구성된다. 전기자동차와 교류충전기가 결합하여 충전하기 위해 인터페이스가 서로 호환성을 가져야 하며 이러한 규격을 표준은 KS C IEC 61851-1과 KS C IEC 61851-22 또는 SAE J1772에 규격화 되어 있다.

교류 충전장치 커넥터는 그림 2.25와 같이 IEC 국제표준과 비교하면 유럽에서 사용하는 IEC 62196-2의 Type 1 또는 미국과 일본에서 사용하는 SAE J1772에 해

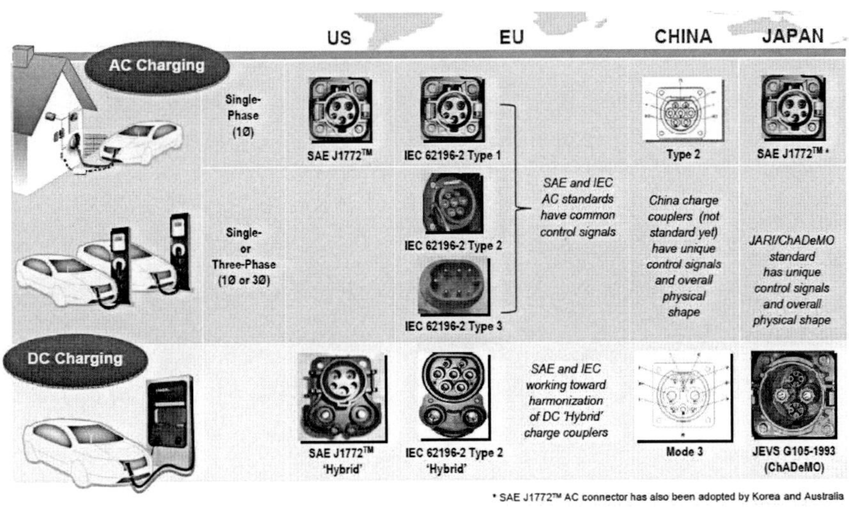

출처 : Argonne National Laboratory

그림 2.25 전기자동차 충전기 커넥터 표준동향

당하는 5핀 커넥터를 사용하며 5핀 커넥터는 3상 교류충전용으로는 부적합한 사양으로 평가되고 있다. 그래서 중국은 IEC 62196-2 Type 2에 해당하는 7핀 커넥터를 사용하며, 향후 3상 교류충전기용으로 변경할 때 7핀 커넥터를 계속 사용가능하다는 면에서 장점을 가지고 있다. 유럽은 상기 두 가지 커넥터 이외에 다양한 커넥터를 수용하여 국제표준을 주도하고 있다. 국내에서는 교류 충전장치의 커넥터는 KSC 9900을 따르고 있으며 IEC 62196-2의 Type 1과 SAE J1772과 같은 5핀 커넥터를 사용한다.

교류 충전장치 보호기능은 장비로부터 사용자의 안전과 전기자동차 보호를 위해서 교류 충전기의 이상 상태를 실시간으로 감지하여 즉각 충전을 중단시키는 기능을 하며, 커넥터가 전기자동차에 연결되어 있지 않은 상태에서 충전기가 전력을 공급할 경우 감전사고가 발생하는 것을 방지한다. 이러한 사고로부터 보호하기 위해서 근접 기능(proximity function)이 있는데, 전기자동차에 커넥터가 연결되어 있는지 나타내는 커플러의 전기적 또는 기계적 수단을 근접기능이라고 하며 전기자동차에 충전기 커넥터가 연결되어 있는지를 확인하는 기능이다.

계통 선로 전압이 규정치의 상한치를 초과하여 과전압이 흐르거나 하한치에 미달하여 저전압일 경우 접점을 개방하여 전기자동차와의 충전을 중지시키는 기능이 있으며 충전 커플러를 통해서 흐르는 전류가 규정된 정격범위를 초과하여 과전류가 흐르거나 하한치 이하의 값인 저전류가 흐를 경우 접점을 개방하여 전기자동차의 충전을 중지시킨다. 단락 보호기능으로 충전기의 커넥터 출력단자가 단락되었을 때 장비 및 전기자동차에 탑재된 배터리를 보호하는 기능과 정상적인 사용조건에서 전류를 투입, 운반, 차단하고, 규정 조건 하에서 잔류 전류가 일정한 값에 도달하면 접점을 개방하여 충전을 중지시키는 누전 차단기 기능이 있다.

(2) 직류충전시스템

직류충전장치는 교류충전장치와는 다르게 전기자동차의 빠른 보급을 위해 반드시 필요한 충전 인프라 구성요소 중 직류충전장치에 대한 중요성이 크게 부각되고 있다. 운전자 입장에서 주행 중 언제 어디서 배터리가 방전될지 모르는 위기감을 해소하기 위해서는 내연기관 자동차처럼 언제 어디서든 짧은 시간에 배터리를 충전 가능한 급속충전장치가 필요하다. 하지만 북미지역에서 일반적인 내연기관 자동차의 일일 주행거리는 보면 그림 2.26에서 보듯이 차량의 78%가 40마일 범위 내로 움직이고 있음을 볼 수 있다.

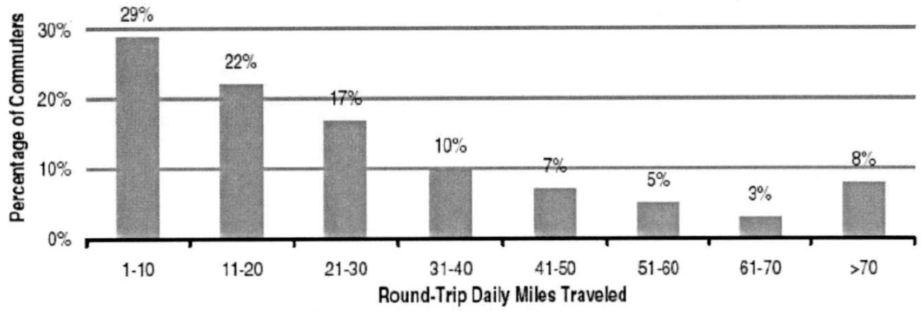

Source: U.S. Bureau of Transportation, EPRI

그림 2.26 내연기관 자동차 일간 주행거리

우리나라의 경우 승용차 기준 2004년 40.6km에서 2006년 45.9km로 증가하였으나 유가 상승으로 인해 2007년에는 5km가 줄어든 40.9km로 집계되었다. 이러한 주행거리를 보면 현재의 기술로 제작되는 전기자동차의 하루 충전 주행거리 범위 내이며 일반 가정에서 밤사이 충전하는 완속 충전기만으로 차량을 충전하고 운영해도 문제가 생기지 않음을 알 수 있다. 하지만 운전자 입장에서 전기자동차의 하루 충전 주행거리 성능과 별개로 전기자동차의 보급 확대를 위해서는 최악의 상황인 주행 중 배터리 방전에 대한 위험이 없는 방법을 마련해야 하며 이 방법 중에 가장 강력한 것 중 하나가 급속충전장치의 보급이라 할 수 있다. 완속 충전장치와 비교해보면 완속 충전시간은 16kWh 배터리기준 6~7시간이지만 급속충전을 할 경우 20~30분이면 가능하기 때문이다.

직류급속충전장치의 요소 기술은 교류 입력전력을 직류전력으로 높은 효율로 변환시키는 전력변환 Power 모듈 설계기술과 전력제어기술, 그리고 주변 부대장치로서 사용자 편리를 위한 LCD 화면부와 사용자 인식을 위한 RFID 카드장치, 충전인프라 운영시스템과 연동을 위한 통신모뎀 장치 등이 있다. 이러한 충전장치를 직접적으로 구성하는 것과 별개로 충전장치와 차량을 연결하는 충전 커넥터도 중요한 요소 기술이다. 차량과의 연결을 담당하는 충전커넥터 장치는 100~200A의 직류전류 및 500V급의 직류전압을 안전하게 연결시켜야 하며 일반 사용자가 쉽고 안전하게 사용해야 함으로 설계에 각별히 유의해야 한다.

현재 보급된 직류급속충전장치에 적용된 충전커넥터, 즉 차량측에 연결되는 인렛과 충전기에 연결된 아웃렛 커넥터는 샘플 수준의 초기 시작품이 개발되어 장착되었으므로 이에 대한 개선 작업이 절실히 필요하다. 물론 여기에는 충전커넥터에 대한 표준화가 지연되고 있는 것이 커다란 원인으로 작용하기도 하다. 이러한 충전 커넥터의 표준화는 차량 인터페이스 기술 개발과도 밀접한 관계가 있다. 차량 인터페이스 개발에는 물리적으로 사용자가 안전하게 결합분리를 할 수 있도록 설계가 되어야 하며 전기적으로 고전압의 장치를 안전하게 사용할 수 있는 구조이어야 한다.

급속충전장치와 관련된 커넥터 표준화 작업은 세계 각국의 상황에 따라 여러 방향으로 동시에 진행되고 있으며, 그림 2.25에서와 같이 여러 형상으로 표준화가 제시되고 있는 상황이다. 우리나라의 경우 급속충전장치 및 차량의 개발이 직류 방식으로 진행되고 IEC 62196-2 Type 3에 따른 충전커넥터가 개발되어 차량 및 실증사업에 설치된 급속충전장치에 적용되고 있다. 이미 일본에서는 자국 모델의 직류 급속충전장치 커넥터를 개발하여 일본 차량 메이커에 의해 개발되는 전기자동차 및 충전장치에 적용하여 보급하고 있으며 수출차량에도 이 사양을 적용하는 것을 적극 유도함으로써 전기자동차 충전커넥터 국제 표준화를 차지하려 노력하고 있으며 이러한 작업을 CHAdeMO(도쿄전력이 개발한 급속충전기 규격)협회를 중심으로 활발히 추진하고 있다.

(3) 비접촉식 충전장치

접촉식 충전기를 사용하는 경우 충전시마다 충전 플러그를 전기자동차에 연결해 충전해야 하며 전기자동차의 빈번한 충전으로 인한 불편함에 대한 대안으로 무선 전력 전송장치에 대한 관심이 높아지고 있다. 특히 자기 유도현상을 이용한 무선 전력전송 기술과 자기공진 방식으로 전력을 전송하는 전송 기술이 있다. 무선충전 기술이 보급될 경우 배터리 소모로 인한 배터리의 단기 또는 상시 충전이 가능하므로 배터리 충전에 관한 문제를 해결할 수 있으며, 전기자동차의 상용화와 더불어 안전하고 편리하게 충전할 수 있는 방법을 제공함으로써 전기자동차의 보급 확산에 큰 도움이 될 것으로 기대하고 있다. 또한 무선전력전송 장치가 보급되면 전기철도분야에서는 가선을 제거함으로써 도시미관을 개선하고 지하철의 경우 터널의 높이를 줄여 터널 공사비를 획기적으로 줄일 수 있을 뿐만 아니라 기존의 접촉식에서 발생하던 유지 보수, 안전 등의 문제를 해결할 수 있다.

WPT(Wireless Power Transfer) 기술은 크게 자기유도를 이용한 방식과 자기공진유도를 이용한 방식으로 나누며, 에너지변환 효율이 낮은 자기유도 방식보다는 변환 효율이 높은 자기공진유도 방식에 대한 연구가 최근에 많은 분야에서 진행되고 있다. 자기유도 방식은 그림 2.27(a)와 같이 변압기 코어에 공극(air gap)이 있는 것으로 보면 쉽게 이해가 된다. 공극이 아주 작을 때는 일반 변압기와 특성의 차이가 별로 없지만 공극이 커지면서 상호인덕턴스가 점점 떨어지고 누설 인덕턴스(leakage inductance)는 증가하게 된다. 누설 인덕턴스가 커지면 전력전달 효율이 떨어지며, 특히 그림 2.27(b)와 같이 변압기 코어가 아예 없는 경우에는 전력 전달 효율이 훨씬 더 떨어지게 된다. 누설 인덕턴스가 큰 경우에 전력전달 효율은 50%를 넘기기가 어렵다. 무선 전력 전송은 1, 2차간에 공극이 존재하게 되므로 필연적으로 누설 인덕턴스 문제가 발생하게 된다.

이를 해결하기 위해서 변압기의 1, 2차측의 누설 인덕턴스를 상쇄하여 전력전달 효율을 높이는 자기공진기술을 적용함으로 WPT의 전력전달 효율을 상당히 높일 수 있다. 전력전송 거리관점에서 보면 일반 방식이 수밀리미터 정도의 전송거리를 가졌다면 공진 방식은 수미터까지도 전송이 가능하다.

WPT 기술은 1차측 급전 코일에 고주파 전류를 흘리게 되면 자계가 유도되고, 고주파 자계로 인해 2차측 집전 코일에 유도되는 기전력을 정류하여 전기자동차 내부의 배터리를 충전하거나 집전부에 전력을 공급하는 방법이다. 1, 2차측의 유도 자계 회로를 등가회로로 표시하면 그림 2.28과 같이 표현된다. 1, 2차측의 공극으로 발생한 누설 인덕턴스를 보상하기 위해 1, 2차측에 공진 커패시터를 추가하므로

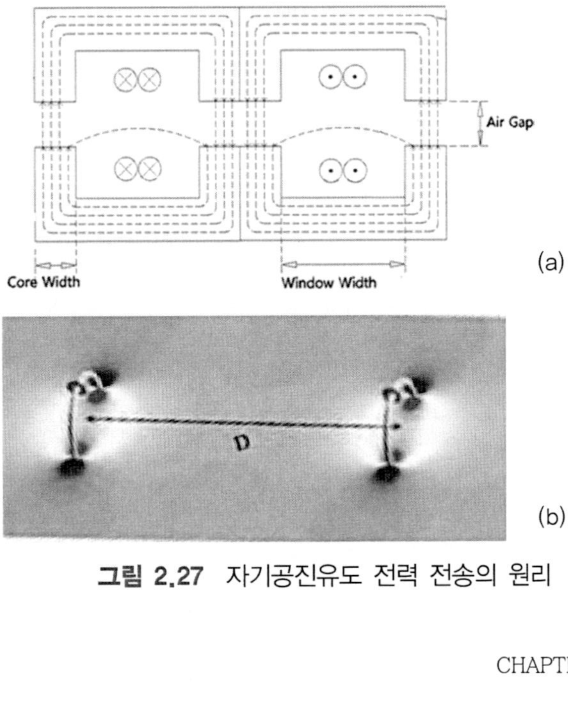

그림 2.27 자기공진유도 전력 전송의 원리

1, 2차측의 누설 인덕턴스와 공진 커패시터로 구성된 공진 회로는 그림 2.29의 동작 주파수에 따른 등가저항 그래프에서 보듯이 동작 주파수가 회로의 공진 주파수와 일치하여 동작하게 되면 1, 2차측의 누설 인덕턴스는 공진 커패시터로 인해 상쇄됨을 알 수 있다.

이와 같은 자계공진 WPT 기술을 적용하면 공극 10cm에서 전력 전송 90% 이상 효율을 얻을 수 있으며 수백kW 전력도 전송이 가능하다. WPT 기술의 발달로 커넥터를 연결하지 않고 주차장 바닥에 송전장치를 설치하고 차량의 바닥에 집전장치를 설치하여 차량을 주차장에 세우기만 하면 자동으로 충전하는 무선이 가능하다. 커넥터방식 충전기들은 좁은 주차장 공간에서 커넥터를 꽂고 빼는 불편함이 있고, 야외 주차장의 경우 우천시, 혹한, 혹서기에 커넥터를 꽂고 빼야 하는 불편함이 있다. 무선 충전기는 이런 문제를 모두 해결하여 매우 편리하게 충전할 수 있는 장점이 있다. 무선충전이다 보니 저효율에 대한 우려가 있지만 공극 설계를 잘하면 90% 정도까지 고효율을 얻을 수 있다.

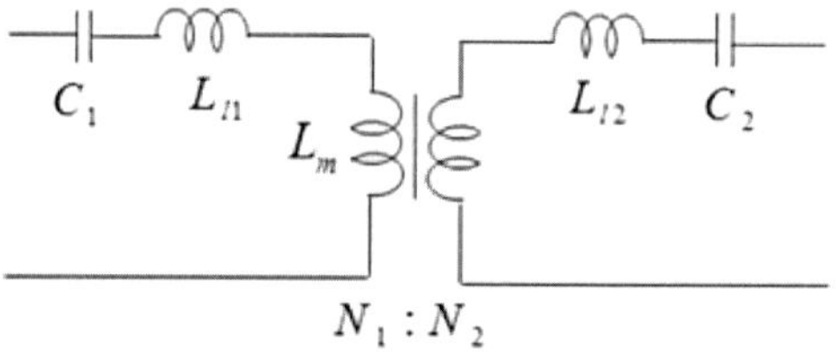

그림 2.28 등가회로

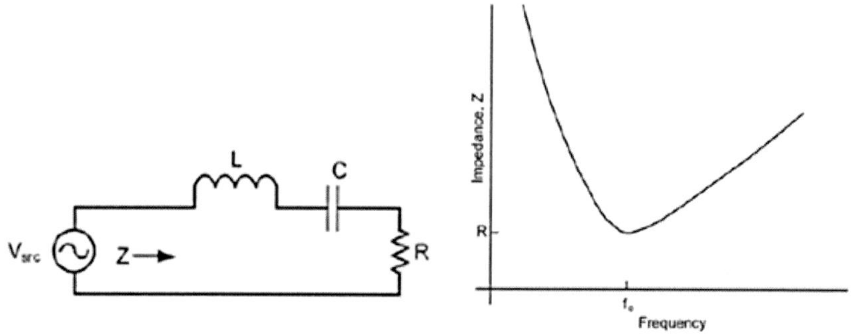

그림 2.29 자기 공진 회로 주파수그래프

(4) 배터리 교환시스템

기존 전기자동차의 플러그인 충전방식의 충전 인프라는 긴 충전시간이라는 것과 충전수요의 집중으로 인한 전력망 과부하의 문제점을 가지고 있다. 또한 내연기관 자동차에 비해 전기자동차는 고가의 배터리를 사용하기 때문에 차량 가격이 약 55% 상승하였고 짧고 불규칙한 운행거리 및 부족한 충전 인프라 등으로 인하여 향후 전기자동차 보급 확대에 걸림돌이 되고 있다.

따라서 전기자동차의 확산 및 보급을 위해 배터리 교환시스템은 방전된 배터리를 변전소 주변의 충전 플랜트에서 배터리를 충전하여 전력망에 대한 과부하를 사전에 예방할 수 있는 장점과 함께 배터리 공용화를 통해 전기자동차 가격의 하락을

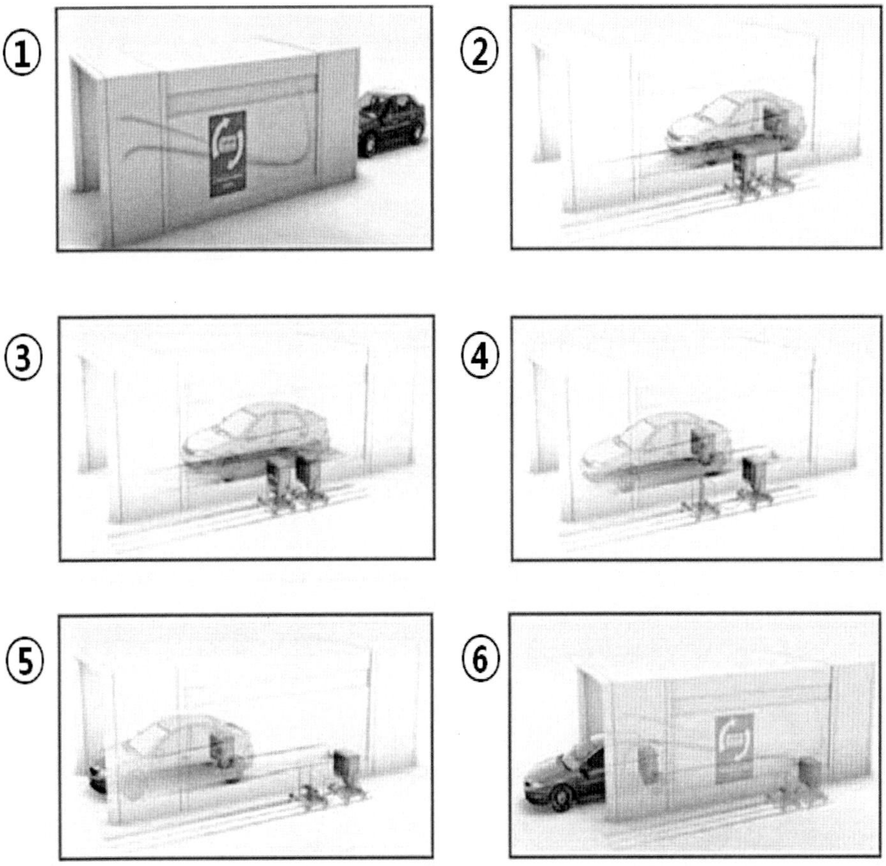

출처 : Better place

그림 2.30 배터리 교환소

기대할 수 있다. 기존 플러그인 방식의 전기자동차의 경우 충전 시 많은 전력을 사용하기 때문에 두꺼비 집과 같은 안전장치의 오작동 및 화재, 감전 사고의 위험이 있으며 단독 주택의 경우에는 콘센트와 플러그를 실외로 끌어내야 하고, 이마저도 눈이나 비가 오는 날에는 사용이 힘들어질 수 있다. 또한 운전자가 항상 시간적 여유를 가지고 전기자동차의 배터리를 충전할 수 있는 것은 아니며, 장거리 주행 중에 배터리가 소진될 경우 충전을 위해 운전자는 많은 시간을 투자해야 한다.

또한 운전자의 부주의로 인해 전기자동차의 충전 플러그를 꽂지 않으면 전기자동차를 사용할 수 없으며 이처럼 충전시간이 길어 운전자들이 언제나 불편을 겪을 수 있다. 플러그인 충전 방식의 전기자동차 급속충전시간은 30분, 준급속충전은 2~3시간, 그리고 완속 충전의 경우 8시간이 소요되는 반면 사전에 미리 충전된 배터리를 교환하는 방식의 경우 그림 2.30처럼 간단하여 수십 초이면 완전 충전된 배터리로 교체가능하다. 또한 배터리 공용화된 배터리 교환을 통해 전기자동차의 가격 하락을 유도하여 소비자 측면에서 전기자동차의 수요를 도모할 수 있어 향후 전기자동차의 보급 확산에 가장 큰 영향을 미칠 것이라 기대한다.

2.5 지능형 신재생(Smart Renewable)

2.5.1 신재생에너지의 개요

지금까지 전기에너지는 규모의 경제성에 따라 전력계통이라는 중앙집중 방식에 의해 생산되고 수송된 후 분배되어 소비자들에게 공급되어 왔다. 하지만 재생가능한 에너지를 변환시켜 이용하는 에너지를 발견하면서 신재생에너지가 전기에너지 공급에 기여하고 온실가스 배출을 감축하는 것을 돕게 되었다. 교토의정서 채택을 기점으로 더욱 강화되고 있는 온실가스 감축과 화석연료 가격의 불안정성으로 최근 더욱 치열해지고 있는 국가 간 에너지확보 경쟁으로 인해 신재생에너지의 중요성은 점점 더 커지고 있다.

신재생에너지 발전원은 아직 대량 발전은 못하고 있는 실정이기 때문에 각국에서는 전력망의 중앙제어센터의 제어를 받지 않고 독자적으로 운영되는 분산전원의 형태로 운영해 왔다. 이러한 신재생에너지원의 급속한 증가추세에서 가장 큰 기대를 받고 있는 것이 풍력발전이라고 할 수 있다. 풍력발전은 유럽의 국가들을 바탕으로 오랜 역사를 가지고 있고 터빈기술의 발달에 따라 전기에너지 생산단가가 화력발전기의 수준으로 낮아졌으며 단지의 해상건설 가능으로 대단지화 및 대용량화가 가능하다. 이미 기존의 발전시설에서 발전하는 비용과 신재생에너지의 발전단가가 거의 같아짐에 따라 각 나라에서 대량의 풍력발전단지 건설에 박차를 가하고 있으며 건설용량이 150GW를 넘어가고 있고 2020년까지 건설용량이 10배 정도 증가할 것으로 예상되고 있다. 이미 덴마크, EU의 경우 풍력에너지는 분산전원의 차원을 넘어서 전력망의 중앙제어센터의 제어를 받아 운전되는 주요발전원이 되어가고 있는 실정이다. 신재생에너지에서 다음으로 각광받고 있는 태양에너지도 2030년부터는 전기에너지에 대한 비중을 높여갈 것으로 예상된다.

그림 2.31은 2020년 EU의 총 전기에너지 중 신재생에너지 발전량 목표치이다. EU 전체의 신재생에너지의 비율이 10%가 넘는 상황을 전 세계로 확대시켜 WWF (World Wide Fund for Nature)에서 신재생에너지의 구체적 계획과 목표를 세웠다.

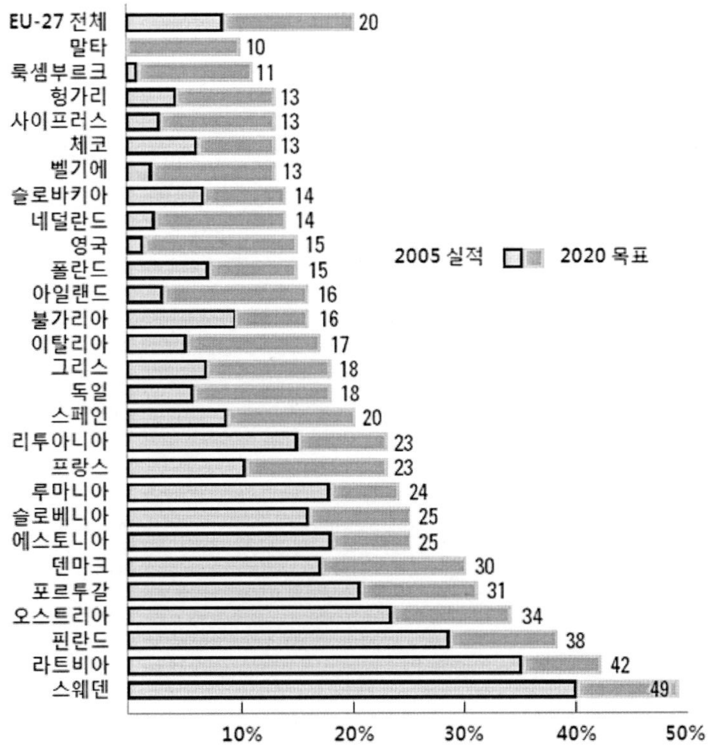

출처 : EU Energy Poliicy to 2050

그림 2.31 2020년 EU의 총 전기에너지 중 신재생에너지 발전량 목표치

WWF의 보고서에 따르면, 2050년까지 전기에너지의 100%를 신재생에너지로 공급하겠다는 목표를 세우고 이에 대한 구체적인 실천전략을 제시했다. 현재 전력 제1발전원인 원자력 발전소의 폐기물이 상당히 오랫동안 유해하기 때문에 신재생에너지만으로 총 전기에너지의 100%를 공급하겠다고 선언했다. 2011년 일본에서 발생한 쓰나미로 인한 후쿠시마 원전사고로 인해 원자력에너지의 반감이 높아지고 안정성에 대한 의구심이 제기되었기 때문에 각 나라는 원자력 발전소를 폐쇄하는 방향으로 나아가고 있다. 이에 따라 신재생에너지에 대한 비중이 높아질 것으로 예상된다.

신재생에너지는 원유 수입률이 높은 한국에서는 매우 큰 장점이 있는 에너지원이다. 우리나라에서도 1년 정부예산(약 300조)의 약 27%에 해당하는 80조원의 석유를 수입하고 있다. EU처럼 석유를 대체할 수 있는 많은 양의 신재생에너지원을 도입할 수 있는 방법을 찾는 것이 급선무이며, 이를 소홀히 한다면 국가 산업 전체에 주는 영향이 막대함은 자명하다. 그림 2.32는 국내 신재생에너지의 단계별 목표이다. 이는 2010년 12월에 발표된 5차 전력수급기본계획으로 2012년부터 신재생에너지 의무 할당제(RPS: Renewable Portfolio Standards)가 도입되어 2012년 2%에서 2022년 10%까지 신재생에너지의 할당비율을 높이도록 되어 있다.

신재생에너지의 할당비율을 높이게 됨에 따라 구체성을 더하기 위해 그림 2.32와 같은 단계별 목표를 2010 스마트그리드 국가 로드맵에서 제시하고 있다. 하지만 여기에는 몇 가지 제약이 있다. 신재생에너지는 실현가능성이 높지만 무조건적으로 실행할 수 있는 수준은 아니다. 왜냐하면 신재생에너지는 변동성이 심하고, 예측이 어려워 품질이 좋지 않고, 신뢰성이 낮다. 따라서 현 상황의 분산전원의 개념

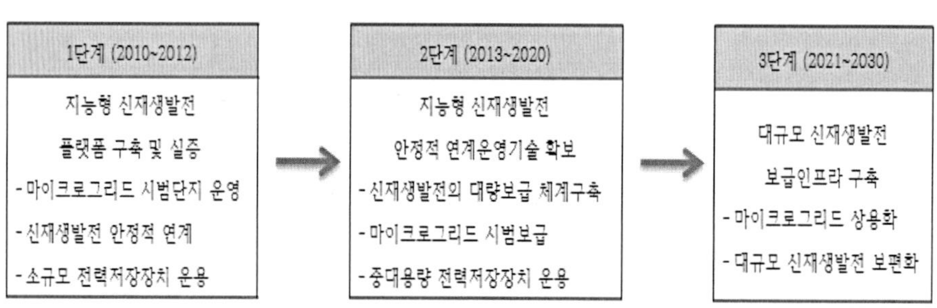

출처 : 2010 스마트그리드 국가 로드맵

그림 2.32 국내 신재생에너지 단계별 목표

으로 소량의 신재생에너지원을 전력망에 연계하는 데는 큰 문제가 없지만, 대량으로 전력망에 연계하는 경우는 전력품질과 신뢰성이 저하되므로, 경제적이고 안정적으로 전력망을 운영하는데 어려움이 많다.

이러한 신재생에너지의 활용을 높이기 위해서는 첫째로 신재생에너지의 변동성을 완화할 수 있게 하기 위해 수력발전기, 가스발전기 등 응답성이 빠른 발전기가 필수적이다. 그렇지 않으면, 전기에너지의 품질이 매우 저하된다. 둘째로 전력망의 관성을 키우기 위해 이웃 나라의 전력망을 연계하는 방법이다. 전력망의 관성이 작으면 변동이 심한 풍력에너지로 인하여 품질이 저하되기 때문이다. 우리나라 같은 경우 전력망 연계가 힘든 지리적 위치지만 EU의 덴마크 경우는 노르웨이, 스웨덴 등 이웃 국가와 전력망을 연계함으로써 세계에서 풍력에너지의 운용률을 가장 높게 운영하고 있다. 셋째로 풍력에너지의 변동성을 완화할 수 있는 에너지저장장치 등을 사용하는 방법이다. 전력품질이 높은 전기에너지를 공급하기 위해서는 모든 발전기들이 제어능력과 신뢰성을 보유해야 한다. 이론적으로는 신재생 발전기가 화력발전기의 제어성과 신뢰성을 보유한다면, 100%의 신재생 발전기로 전기에너지를 생산할 수 있지만, 신재생에너지를 제어하기 어려우므로 현실적으로 불가능하다.

신재생에너지를 제어하기 위해서 다음과 같은 방법이 사용되고 있다. 첫 번째는 전력계통에서 기존 화력발전소는 기동을 유지하기 위해서 일정 수준 이상으로 출력을 유지해야 하는 최소 발전량이 있으며 이는 발전기의 유형에 따라 달라지는데 정지된 화력발전소를 다시 기동하기 위해서는 몇 시간 이상이 걸리기 때문에 전력계통에서 기동을 유지하려는 화력발전소에 대해서는 최소 발전량 이상으로 출력을 유지해 주어야 하므로 풍력발전기의 전력망 수용량을 제한할 수 있다. 두 번째는 풍력발전기 출력의 변동성에 의한 것으로 전력계통의 운영에서는 이미 전력수요의 변동성에 대비해 이를 빠르게 보상하기 위한 발전기의 증감발 용량을 준비해두고 있으나 풍력발전기가 전력망에 도입되면 이러한 전력계통의 변동성이 증가되기 때문에 전력계통에서 요구되는 증감발량이 증가될 것이다. 하지만 전력계통에서 기존 화력발전소들이 제공할 수 있는 증감발량이 제한적일 수밖에 없기 때문에 풍력발전의 전력망 수용량을 제한할 수 있다. 세 번째는 풍력발전의 불확실성에 기인하는 것으로 바람 자원의 특성상 풍력발전의 출력에 대한 예측에는 오차가 상당부분 있을 수밖에 없으므로 전력계통에서는 이를 백업할 수 있는 발전용량을 대기시켜야 하지만 전력계통에서 유한 자원인 발전기들을 사용해야 하므로 이로 인해 풍력

발전의 전력망 수용량을 제한할 수 있다. 마지막으로 동적수용한계는 전력계통의 안정도에 관한 것으로 전력계통이 동기 화력발전기들을 기반으로 수많은 설비들이 하나의 시스템으로서 전력수요를 공급하기 때문에 전력계통에 임의의 고장이 발생되었을 때 이를 극복하고 시스템의 성능을 유지해 갈 수 있는지, 즉 안정도가 확보되는지가 가장 중요하며 이를 유지하는 중요한 설비가 바로 기존의 동기 화력발전기이다.

신재생에너지원의 도입이 활발히 진행되더라도 당분간은 화석연료에 의한 동기 발전기들이 전력계통에서 상당부분의 전력을 계속 공급하게 될 것이며, 전력계통의 목적이 양질의 전기에너지를 안정적으로 공급하는 것이므로 신재생에너지원의 전력계통 수용률을 크게 증대하기 위해서는 신재생에너지원의 수용률이 높은 상태에서도 전력계통의 신뢰도를 유지할 수 있는 제반기술이 담보되어야 할 것이다. 따라서 전력계통이 신재생에너지원을 수용하는데 한계가 있을 것이다.

전술한 여러 가지 한계가 존재한다고 하더라도 신재생에너지의 도입은 이제 더 이상 선택의 문제가 아니며 최근 관련 기술들의 눈부신 성장으로 인해 기술적 경쟁력을 갖추기 시작함으로써 신재생에너지원의 활발한 계통연계가 예상되고 연계용량 또한 더욱 대용량화 될 것이다.

2.5.2 신재생에너지

2.5.2.1 풍력에너지

신재생에너지에서 가장 대두되고 있는 분야인 풍력에너지는 풍력을 이용하는 에너지, 즉 바람에너지를 변환시켜 전기를 생산하는 발전 기술로 풍력이 가진 에너지를 흡수하여 변환하는 장치이다.

풍력발전기를 구성하는 부분으로는 첫 번째로 기계장치부가 있는데, 여기에는 바람을 받아 회전력을 만드는 회전날개와 회전축이 있다. 회전축에는 회전자와 이를 적정 속도로 유지해주거나 변환시켜주는 증속기, 기동-제동 및 운용 효율성 향상을 위한 브레이크, Pitching & Yawing System 등의 제어장치 부문으로 구성된다. 두 번째로 전기장치가 있는데, 이것은 발전기 및 기타 안정된 전력을 공급하도록 하는 전력안정화 장치로 구성되어 있다. 세 번째로 제어장치부가 있는데 풍력발전기가 무인 운전이 가능하도록 설정하고 운전하는 컨트롤 시스템 및 Yawing & Pitching 컨트롤러와 원격지 제어, 지상에서 운전이 가능한지 불가능한지 상태를 판별하게 하는 모니터링 시스템으로 구성되어 있다. 여기서 Yaw 컨트롤이란 바람 방향을 향하도록 블레이드를 방향조절하게 하는 것이고, Pitch 컨트롤이란 날개의 경사각 조절로 출력을 능동제어시키는 것이다. Stall 컨트롤은 한계풍속 이상이 되었을 때 양력이 회전날개에 작용하지 못하도록 날개의 공기 역학적 형상에 의한 제어이다.

구조상의 분류로 나누자면 회전축 방향을 고려한 수평축 풍력시스템에는 프로펠러형이 보급 및 개발되고 있으며 수직축 풍력시스템에는 다리우스형, 사보니우스형이 보급되고 있다. 운전방식으로 나누면 정속운전은 Geared형이고 가변속운전은 Gearless형이다. 출력제어방식에는 Pitch 컨트롤과 Stall 컨트롤이 있다. 전력사용방식은 계통연계(유도발전기, 동기발전기)와 독립전원(동기발전기, 직류발전기)으로 사용할 수 있는 이점이 있다.

풍력발전기를 회전축 방향에 따라 구분을 하면 수직축은 바람의 방향과 관계없이 사막이나 평원에 많이 설치하여 이용가능하지만 자재비가 매우 비싸고 수평축 풍차에 비해 효율이 상당히 떨어진다. 수평축은 간단한 구조로 이루어져 있어 설치

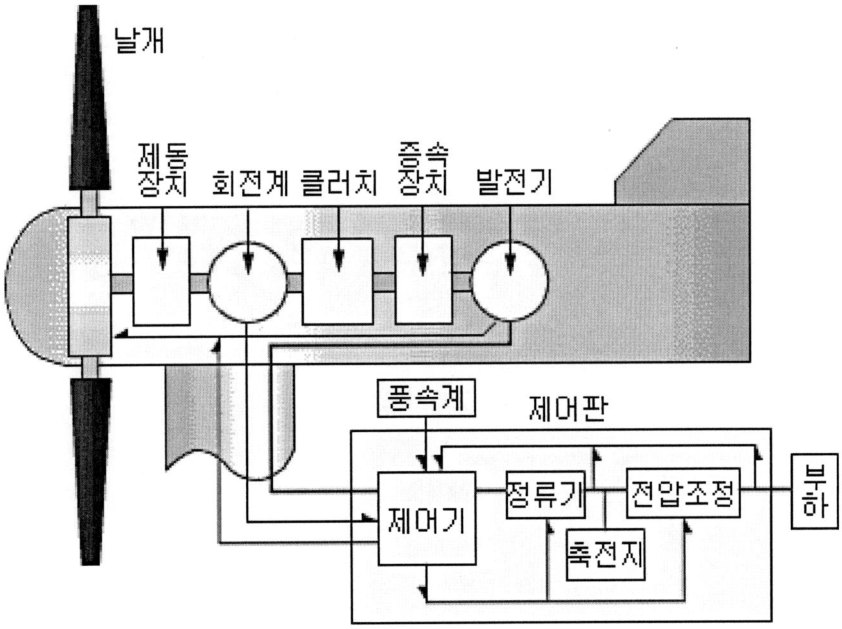

그림 2.33 풍력발전기의 구조

하기가 편리하지만 바람의 방향에 영향을 많이 받으므로 그만큼 발전량이나 환경에 제약을 많이 받게 된다. 풍력에너지를 사용하는 풍력발전기는 향후 요소기술 개발과 시스템 개발이 계속 추진 중이다.

2.5.2.2 태양광에너지

신재생에너지라고 하면 가장 쉽게 떠올릴 수 있는 태양광에너지는 태양광발전, 즉 빛에너지를 변환시켜 전기를 생산하는 발전기술이다. 정확히 설명하면 햇빛을 받으면 생기는 광전효과에 의해 전기를 발생시키는 태양전지를 이용한 발전방식이다. 태양광 발전시스템은 태양전지로 구성된 모듈과 축전지 및 전력변환장치로 구성된다.

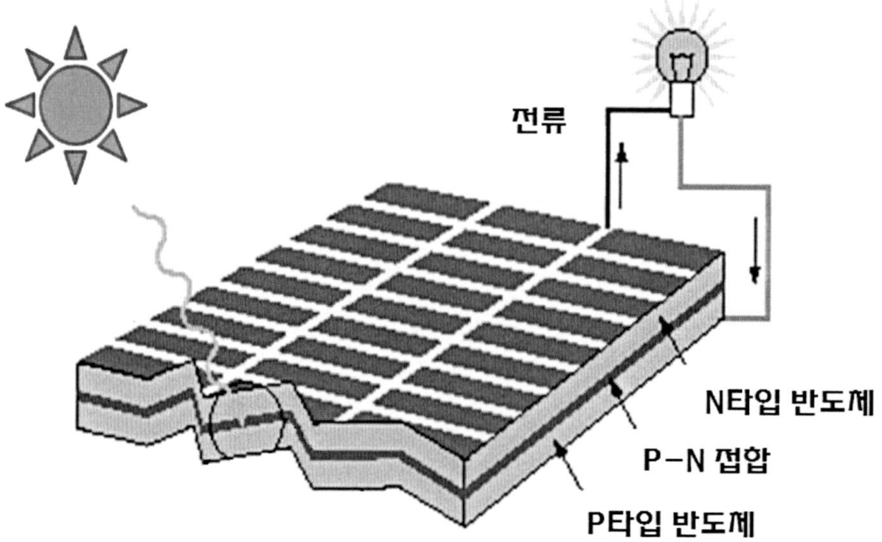

그림 2.34 태양광모듈의 개념도

그림 2.34는 태양전지에서 가장 중요한 태양광모듈을 나타낸다. 태양광모듈은 직접적으로 태양에너지를 전기에너지로 변환하는 부분이다. 이러한 변환 방식은 금속과 반도체의 접촉면 또는 반도체의 p-n접합에 빛을 받으면 광전효과에 의해 전기가 발생되는 방식이다. 금속과 반도체의 접촉을 이용한 것으로는 셀렌광전지, 아황산구리 광전지가 있고, 반도체 p-n접합을 사용한 것으로는 태양전지로 이용되고 있는 실리콘광전지가 있다.

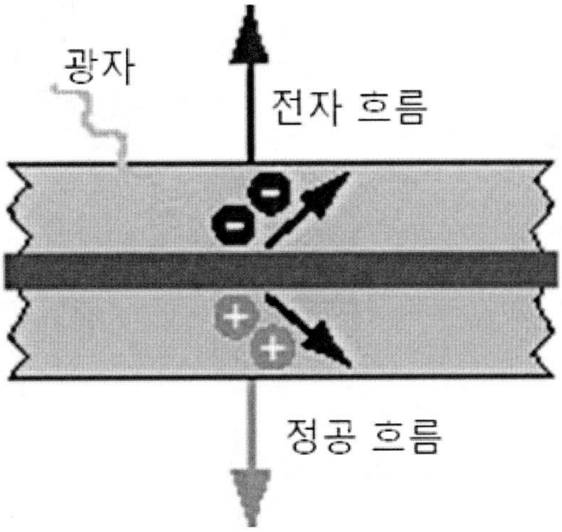

그림 2.35 p-n접합

태양전지는 실리콘으로 대표되는 반도체이며 반도체기술의 발달과 반도체 특성에 의해 자연스럽게 개발되었다. 전기적 성질이 다른 n형 반도체와 p형 반도체를 접합시킨 구조를 가지고 있으며 2개의 반도체의 접합부분을 p-n접합이라 한다. 태양전지에 태양빛이 닿으면 빛은 태양전지 속으로 들어가고, 흡수된 태양빛이 가지고 있는 에너지에 의해 반도체 내에서 정공과 전자의 전기를 가지는 입자가 발생하여 자유롭게 태양전지 속을 움직이게 된다. 전자는 n형 반도체로, 정공은 p형 반도체로 집합하게 되어 전위차가 발생한 상태에서 앞면과 뒷면에 붙인 전극에 부하를 연결하면 전류가 흐르게 되는데 이렇게 되는 것이 태양광발전의 원리이다.

태양광발전의 결과물을 시스템에 적용하는 경우 계통연계를 하는 경우나 축전지를 이용해 태양전지로 쓰는 경우가 있다.

2.5.3 마이크로그리드

그림 2.36과 같이 마이크로그리드는 일반적으로 다수의 소규모 분산전원과 부하의 집합체로서 정보통신기술(IT)을 이용하여 일괄적으로 제어 및 관리되며 기존의 전원과 연계 혹은 독립 운전이 가능한 전력공급시스템으로 정의된다. 기술적으로는 배전망, 통신, 분산전원 및 제어기술이 통합된 미래혁신적인 공급기술이며 신재생에너지를 포함한 분산전원이 연계된 배전계통의 운영 최적화를 위한 대안기술이

라 할 수 있다. 마이크로그리드를 운용하는 목적은 신재생에너지의 대규모 도입, 지역적인 혹은 독립적인 에너지공급체제 구현, 전력품질의 향상 등이다. 하지만 구성하는 에너지원이나 저장장치 혹은 운용기기의 기능이 달라질 수 있다.

마이크로그리드라 정의할 수 있는 시스템 구성에 있어서는 그림 2.36과 같은 구성 요소 혹은 기기들이 포함될 수 있다. 먼저 분산전원(DG: Distributed Generation)이 마이크로그리드에서 가장 중요한 구성요소이다. 전력 및 열에너지 공급원으로서 태양광, 풍력, 소수력 등 신재생에너지전원이 포함될 수 있으며 열병합 발전원으로서 연료전지 및 가스터빈, 가스엔진 등이 사용될 수 있다.

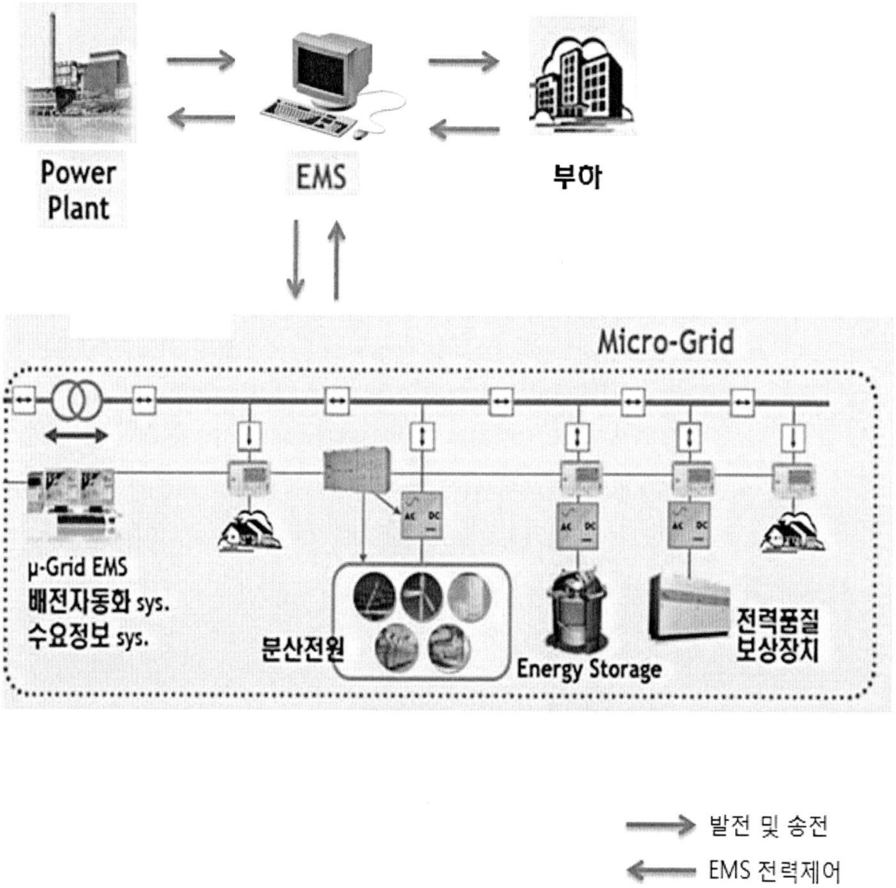

출처 : 2010 스마트그리드 국가 로드맵

그림 2.36 마이크로그리드 구성도

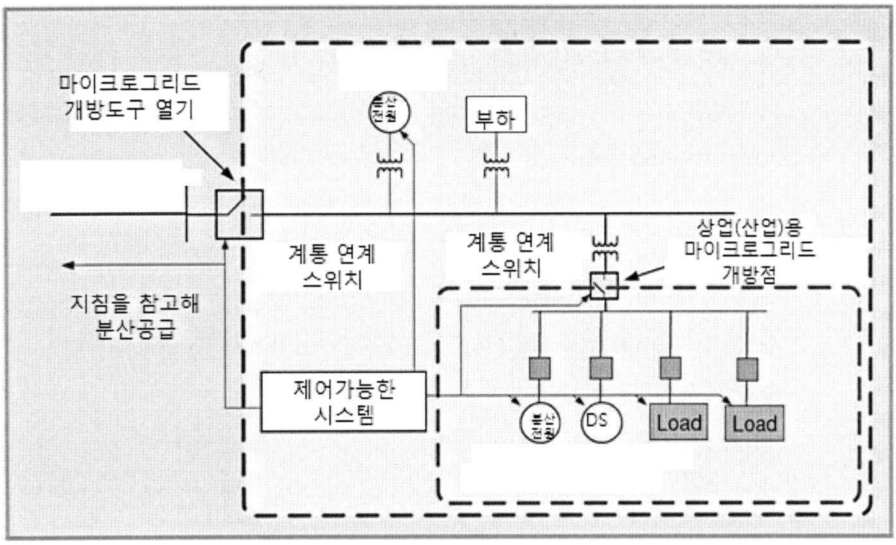

그림 2.37 기본적인 마이크로그리드의 구성 기기

마이크로그리드의 전력저장은 분산에너지 저장장치(distributed storage)를 사용하는데, 열저장장치로서 축열기가 있으며, 축전지, 슈퍼캐패시터, 플라이휠, 초전도에너지 저장장치(SMES: Superconducting Magnetic Energy Storage) 등이 있다. 특히 전력 저장장치는 전력품질 보상기기들과 결합하여 전력의 수급균형뿐만 아니라 전압강하, 정전 등에 대한 전력품질의 제고를 위해 활용될 수 있다.

마이크로그리드의 제어장치들로서는 일반적으로 부하제어장치, 계통연계 보호장치, 연계스위치, 에너지관리시스템, 게이트웨이장치 등이 포함된다. 부하제어장치는 전력가격이나 수요반응에 대응하여 부하를 차단하거나 가변 가능한 부하를 제어하는 장치로서 별도의 장치를 사용하거나 혹은 마이크로그리드 제어시스템의 부가 기능으로 구현될 수 있다. 계통연계 스위치는 통합형 혹은 개별 기기 구성형으로 구분할 수 있는데 마이크로그리드를 전력계통에 연계운전하기 위한 보호 기능과 독립운전으로의 전환 및 재연계용으로 사용된다.

에너지관리시스템(EMS: energy management system)은 마이크로그리드 시스템 구성 기기의 핵심기기 혹은 시스템으로서 분산전원, 분산저장장치, 보호기기, 전력품질보상기기 등 총괄적으로 기기를 IT와 통신으로 통합하여 관리, 제어하는 기능을 하는 것이다. 각각의 구성 기기들은 고유의 통신방식과 프로토콜을 가지며 현재 표준화가 되어 있지 않기 때문에 게이트웨이를 통하여 EMS로 연계된다.

마이크로그리드는 운전 목적이나 적용 대상에 따라 다양하게 시스템이 구성될 수 있으며 현재도 시스템의 기능과 구성 방식 등이 개발 중에 있으므로 일반화하기가 어렵다. 그러나 단독적으로 사용되는 신재생 혹은 에너지저장용 PCS(Power Conditioning System)는 에너지원으로서 가지는 에너지원제어, 전력변환, 계통연계, 전력품질, 계통보호 등의 일반적인 기능 외에 마이크로그리드용 PCS로서 보유해야 하는 부가적인 기능이 없기 때문에 그대로 적용할 경우 마이크로그리드로서의 기능을 충분히 할 수 없는 한계가 있다. 분산전원 혹은 분산저장용 PCS가 마이크로그리드용으로 적용되기 위해서는 마이크로그리드 EMS와 실시간 통신을 통해 제어될 수 있어야 하며, 마이크로그리드 시스템의 전체적인 제어 및 관리에 따라 PCS가 실시간으로 적절한 운전을 할 수 있어야 한다. 마이크로그리드에서 요구되는 PCS의 기능적 특징들은 마이크로그리드의 상태에 따른 운전 모드의 변경, 급전지령(power dispatch)에 의한 운전 기능 및 출력제한 기능, 단독운전(island operation) 상태에서의 유효전력-무효전력 드룹(droop) 제어 기능이 있다.

이 항목을 구현시키기 위해서는 필수적인 요소가 마이크로그리드 EMS 통신 연계 기능이다. 마이크로그리드는 운용 목적을 위하여 시스템 내에 있는 분산자원뿐만 아니라 부하까지도 감시와 제어가 되어야 하며 필요에 따라서는 출력의 제한이나 운전 모드의 변경 등 요구되는 기능들이 구비되어야 한다. 태양광이나 풍력발전용 PCS는 일사량과 풍속 조건에 따라 최대전력점 추종제어(MPPT: Maximum Power Point Tracking)를 하도록 설계되며, 초기 설정을 한 후에는 운전 시 보통 추가적인 설정과 조작이 불필요하다. 그러나 마이크로그리드용 PCS는 운전 조건이나 상태에 따라 출력의 제한, 전압 및 주파수 유지를 위한 유효/무효전력의 출력 등 기존의 PCS에서는 없는 기능이 필요하게 된다. 그리고 급전지령(power dispatch) 기능도 필수적인 요소이다. 마이크로그리드에서 유효전력 급전은 특정한 조건하에서 신재생에너지전원의 출력을 제한하거나 혹은 제어가능한 분산전원에 출력의 감발 등의 용도로 사용될 수 있다. 무효전력의 급전은 분산전원이 연계된 국지적인 배전선에서 전압변동을 억제하기 위한 수단으로 사용 가능하다. 대부분의 PCS는 피상전력이 정격용량으로 제한되어 있기 때문에 유효전력의 출력상태에 따라 무효전력을 출력할 수 있는 한계가 정해진다. 그러나 이러한 제한된 조건에서도 전류정격 이하의 여유분 전류 내에서는 무효전력을 방출 또는 흡수할 수 있는 기능을 PCS가 가질 수 있다.

다음으로 드룹(droop) 특성을 이용한 전압 및 주파수 제어가 가능해야 한다. 여기서 드룹이란 여러 대의 발전기를 병렬연결시켰을 때 혹은 동시 가동시켰을 때 전압이나 주파수 등 발전기마다 다른 운전요소를 맞춰주는 역할을 한다. 신재생에너지에서 주파수로는 유효전력 드룹이 가능한데, 이것은 전력계통에 정전이나 전력품질의 저하가 발생할 경우, STS/IED의 기능에 의해 마이크로그리드는 계통연계운전에서 단독운전으로 전환되며 마이크로그리드 내 전압 및 주파수의 유지가 필요하게 된다. 부하 변동이나 신재생에너지와 같은 규칙적이지 않고 제어 불가능한 분산전원의 출력변동에 대응하여 제어 가능한 분산전원이나 분산저장장치를 이용하여 독립계통의 수급균형을 유지해야 한다.

정상상태에서는 통신망을 통한 제어가능한 분산자원의 급전지령에 의해 발전량을 재분배할 수 있지만 과도적인 상태에서는 이러한 통신망에 의존할 수 없기 때문에 드룹 운전을 이용하여 전압과 주파수를 유지하게 된다. 각 분산전원간 출력 배분은 주파수-유효전력 평면에서 (-) 기울기의 드룹이 된다. 마이크로그리드가 계통연계운전 상태에서는 잉여 혹은 부족 전력이 계통으로부터 유출 혹은 유입되지만 단독운전으로 전환되면 이 유입전력량에 따라 시스템 주파수가 증가 혹은 감소하게 되며 이에 대응하는 주파수-유효전력 드룹 제어가 필요하다.

드룹의 두 번째 방법으로 전압-무효전력 드룹이 있는데 이것은 마이크로그리드 내 다수의 분산전원이 설치될 경우 국지적인 신뢰도나 안정도를 위해 전압제어가 필요하게 된다. 국지적인 전압제어 없이 대규모로 분산전원들이 도입될 경우, 전압과 무효전력의 난조를 초래할 수 있다. 또한 전압제어는 분산전원들 상호간에 큰 순환전류가 흐르는 것을 방지할 수 있다. 특히 단독운전 모드에서 작은 전압 설정치 오차가 큰 순환전류를 흐르게 할 수 있으며 이를 방지하기 위해서 전압-무효전력 드룹제어 기능을 보유해야 한다. 마지막으로 출력 제한 기능이 가능해야 한다. 마이크로그리드 시스템의 단독운전 모드에서 부하에 비해 신재생에너지전원의 발전량이 크고, 충분한 에너지저장장치가 없는 경우에는 신재생에너지전원의 MPPT 제어에 의한 최대출력점 이하로 출력을 제한하는 기능을 가져야 한다.

마이크로그리드에는 규칙적이지 않은 출력 특성의 신재생에너지원 도입에 따른 수급균형이나 대규모 도입에 따른 전압변동억제 등 전력품질 향상용으로 적용하기 위한 축전지 에너지 저장장치(BESS: Battery Energy Storage System)가 있다. PCS의 구성을 살펴보면 태양광, 풍력, 축전지용 PCS의 기본 구성도는 그림 2.38과 같다. 마이크로그리드용 PCS는 일반적인 PCS와는 하드웨어적인 차이점은 거의 없고 기능적인 차이만 있다.

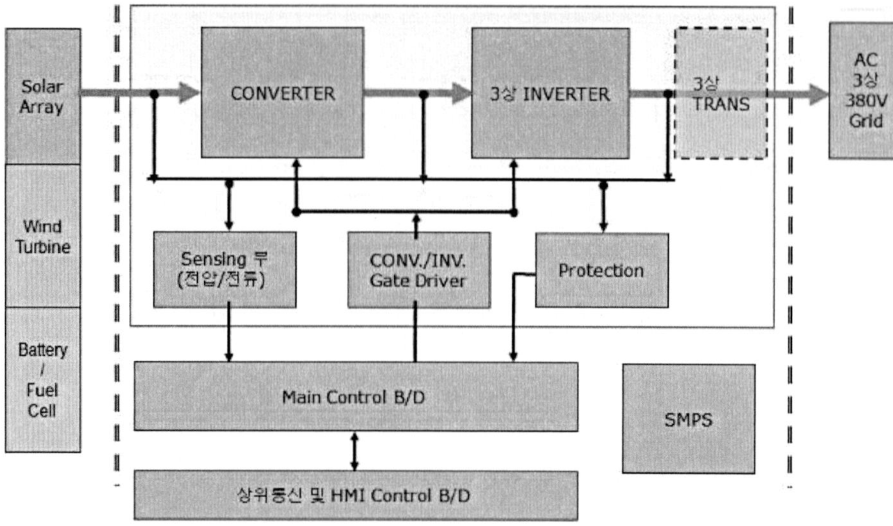

출처 : 한국전기연구원

그림 2.38 신재생에너지 및 축전지용 PCS의 기본 구성도

그림 2.38의 구성도를 보면 알 수 있듯이 좌측에는 축전지를 직병렬하여 직접 연결하거나 혹은 양방향 DC/DC 컨버터를 거쳐서 축전지를 연결할 수 있다. 마이크로그리드 계통과 접속하기 위해서는 통상의 계통연계형 인버터가 설치된다. 출력단의 L-C 필터, 전압 및 전류의 검출에 의한 위상 검출(PLL: Phase-Locked Loop), 양방향 전류제어 등 계통연계 인버터의 기본 기능은 동일하다. 차이점은 계통연계 운전 모드일 때 EMS로부터 유효전력과 무효전력 명령을 통신이나 다른 수단으로 받아서 축전지가 보상해야 할 유효전력과 무효전력을 독립적으로 제어함으로써 계통연계점에서 조류제어나 Peak-shaving, 전압 조정 등의 목적으로 사용될 수 있다.

독립운전 시 마이크로그리드 내에 가스엔진 구동 동기발전기 같은 전압원의 유무에 따라 다른 형태로 운전될 수 있다. 특히 독립운전 시 전압원이 없는 경우 시스템의 주파수와 전압을 유지하기 위한 기준 전압과 주파수를 축전지용 PCS가 제공할 수 있다. 이때 PCS는 계통연계형에서의 전류제어 모드에서 전압제어 모드로 전환하여 마스터(master)로 동작함으로써 다른 분산전원들이 운전모드 변경이나 제어 변경 없이 시스템 수급균형을 맞출 수 있게 된다.

PCS를 구성하는 장치는 정지형 절체 스위치(STS: Static Transfer Switch)와 지능형 보호계전기(IED: Intelligent Electronic Device)가 있는데, 마이크로그리드가

1점에서 전력계통에 접속되는 기능을 구현한다. 태양광, 풍력, 연료전지 등 다양한 분산전원으로 구성된 마이크로그리드는 통상 기존 상용전력계통과 연계 운전하는데 이는 설비투자에 대한 경제성과 전력의 신뢰도에 기인한다. 상용 전력계통은 지락 등 사고에 의한 정전이 발생할 수 있으며, 기존 계통연계의 단독운전방지 규정은 정전 시 연계운전 중인 분산전원의 운전정지를 요구하는데 이는 안전과 유지보수 편의성 등의 이유 때문이다.

따라서 이러한 정전이나 전압강하 같은 전력품질 저하 상황에서 마이크로그리드는 보유하고 있는 분산자원을 활용하지 못하고 운전을 정지해야 하는 문제가 발생하게 된다. 마이크로그리드 내 분산자원을 보다 효과적으로 활용하기 위해서는 상용 전력계통의 안정적인 운전을 방해하지 않으면서도 마이크로그리드 내의 중요부하를 지속적으로 유지시키는 것이 중요하다.

그림 2.39는 STD/IED의 제어 구성 블록도를 보여주는데, 크게 보면 싸이리스터 스위치부, IED부 및 외부 인터페이스부로 나눌 수 있다. 싸이리스터 스위치부는 스위치, 냉각장치, 게이트 구동부, 서지 흡수기, 위상검출회로 등으로 구성되며, IED부는 검출된 전압, 전류로부터 전력품질 분석, 연산 및 보호 알고리즘 구현을 수행하며 스위치를 포함한 보조기기 및 외부기기를 제어하기 위한 입출력과 통신을 담당한다. 외부 인터페이스부는 스위치 양단의 전압과 전류의 검출을 위한 것이다.

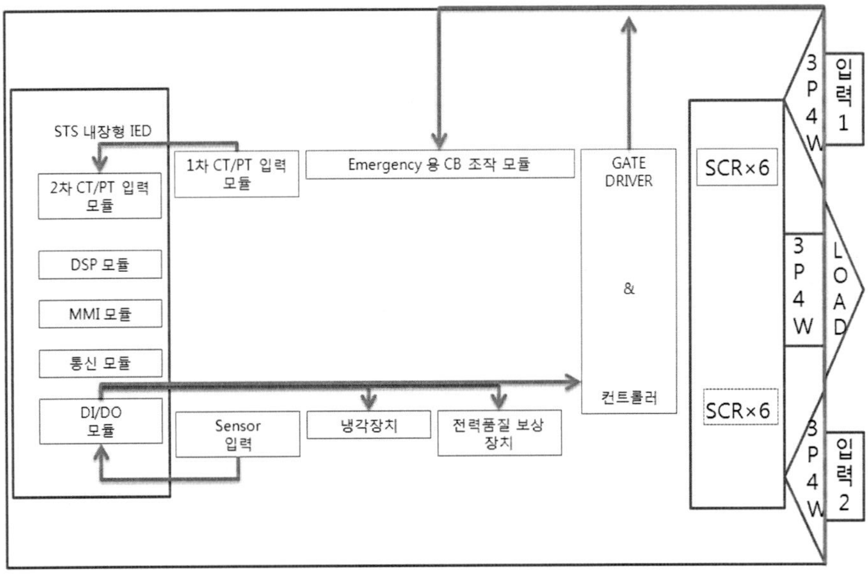

그림 2.39 STD/IED 제어 구성 블록도

STD/IED의 첫 번째 기능으로는 계통 보호 기능이 있다. 계통 보호 요소로는 전류 요소 등의 계전 알고리즘과 단독운전 검출 알고리즘을 적용하며, 동기 투입을 위한 동기 검출 기능을 가진다. 두 번째 기능으로는 계측 요소가 있다. 이것은 동기 검출을 위해 상용전원 측 R상의 전압과 주파수/위상을 마이크로그리드측 3상전압과 주파수/위상을 계측한다. 세 번째 기능으로는 품질 요소이다. 전력품질 요소로는 순간 정전, Sag/Swell, 15차까지의 전류 고조파를 검출하는 기능을 가진다. 전압의 변동 시간 및 크기에 따라 Sag/Swell, 순간 정전, 영구 정전 등으로 분류하여 검출한다. 여기서 필수기능인 통신은 Ethernet 기반의 Modbus Protocol을 적용하며 게이트웨이와 정합하여 계측 데이터를 마이크로그리드 운영 시스템(EMS)으로 보내고, 계통 차단/투입에 대한 마이크로그리드 운영 시스템의 제어 명령을 수행한다.

STD/IED의 제어의 개념으로 게이트웨이(Gateway)가 있는데 분산자원(DER: Distributed Energy Resources)의 기술진보와 보급 확대에 따라 기존 전력 인프라와의 통합은 기술적인 도전뿐만 아니라 국가적 차원에서 경제, 사회, 환경적인 편익을 제공할 수 있는 것으로 인식되고 있다. 마이크로그리드도 이러한 기존 전력망과의 통합을 통해 대량 보급을 위한 기술적인 기반의 제공과 수용가 편익의 극대화를 도모하는 기술이라 할 수 있다. 그러나 이러한 분산자원의 감시와 제어를 위해서 어떠한 통신 표준과 프로토콜을 적용할지에 대한 오랜 이슈에 직면하고 있다.

서로 다른 통신 기술들의 적용에 따른 구현 및 유지보수 비용 증가 등 어려움들은 통신 및 제어 인터페이스의 표준화를 통해서 극복될 수 있으며 이를 통하여 접속의 단순화, 설치 및 유지보수 비용의 감소, 운전 신뢰도의 향상 등을 도모할 수 있다.

마이크로그리드가 제공할 수 있는 효용 중 하나는 내부의 분산자원과 보상장치들을 이용하여 중요 혹은 민감 부하에 대한 전력품질을 향상시킬 수 있다는 것이다. 여기에는 무정전화를 포함한 전력 신뢰도의 제고와 다양한 품질의 전력을 공급하는 것도 포함되며 직류 서비스도 여기에 해당된다.

2.5.4 전력품질 안정화 기술

현재 신재생에너지의 개발 열풍과 함께 정부 계획으로 풍력과 태양광 등 신재생에너지의 확대보급을 목표로 함에 따라 대규모 투자가 이루어지고 있다. 그러나 신재생에너지원의 공급에 따라 전력계통이 불안정해진다. 이를 고려하여 신재생에너지원의 보급 확대를 증대시키기 위해서는 우선적으로 신재생에너지원들의 증가로 인한 기존의 전력품질을 저해하는 요소를 최소화하며, 발전원의 출력안정화를 필수적으로 이루고 유지해야 한다. 신재생에너지는 출력 예측이 어렵고 심한 출력변동을 가진 에너지이기 때문에 연계계통의 안정적 운영 및 전력품질에 악영향을 미칠 가능성에 대한 우려가 대두되고 있다.

우리나라의 기존 전력계통의 전력품질은 상당히 우수한 편이다. 여기서 전력품질이라고 하면, 전력회사 측면에서는 전력 공급의 안정성이다. 즉 전력공급이 얼마나 중단 없이 지속될 수 있는가에 대한 신뢰도의 개념이지만, 전력품질은 실제로 사용하는 수용가 중심에서 평가되어야 하고 수용가에 공급되는 전력의 상태로 평가되어야 한다. 전력품질의 정도를 나타내는 평가 및 관심 지표로 전압 유지율, 주파수 유지율, 정전횟수(시간) 등이 사용되어 왔으나, 최근 마이크로프로세서 기반 제어장치나 전력전자 기기가 내재되어 있어서 공급 전력 상태에 민감한 전력부하의 증가에 따라, 전압 저하, 전압 상승, 순간 정전, 고조파, 저역률, 전압 변동, 스위칭 과도현상, 전압 불평형, 모터기동 전류, 기타 전기 노이즈 등과 같이 다양한 전력품질 평가지표 및 현상에 대한 검토가 이루어지고 있다.

하지만 가변적인 신재생에너지원 및 필수불가결한 전력전자 소자의 스위칭 특성상, 부가적인 보상장치가 필요하다. 기존의 전력품질 보상장치를 각각 하나씩 나열해 보자면 캐패시터/리액터 스위칭 기반의 무효전력 보상장치, ESS(에너지 저장장치) 기반 유효전력 보상, 수동 전기소자 사용 고조파 필터 등 널리 사용되고 있는 기존 전력품질 보상 장치가 있다. 여기에 추가적으로 신재생 가변 전력 에너지 확대에 따른 보다 동적이고 다양한 전력품질 현상에 대한 대책으로 다양한 형태의 전력 전자 기반 보상장치가 나오고 있다.

전력품질의 저하는 2011년 9월 15일에 일어난 대정전 사태를 통해 산업 혹은 상업에 큰 영향을 끼칠 수 있음을 경험했다. 산업에서의 피해는 반도체 생산 설비의 오작동 혹은 중단에 따른 막대한 생산 차질 및 자산 손실 발생 외에 병원 응급실 기기의 정지 및 오작동에 의한 인명의 손실도 야기할 수 있는 등 매우 광범위하고 다양한 피해를 가져온다. 이러한 현상을 방지하기 위해 신재생에너지 계통연계 시 전력품질 안정화 장치가 필요하다.

가장 대중화 되어 있는 전력품질 안정화장치 세 가지를 보면, 첫 번째는 DVR (Dynamic Voltage Restorer)로서 대용량 부하의 투입이나 인접선로의 사고로 발생하는 전압의 순간적인 급강하 또는 급상승으로부터 민감한 부하를 보호하여 수용가의 전력품질을 개선시키는 장치이다. 여기서 DVR의 구성요소를 자세히 들여다보면 캐패시터 뱅크, 수동필터, 전압원 컨버터부, 직렬 리액터, 제어 및 구동회로로 구성되어 있다. DVR은 배전선로에 직렬로 투입되어 선로 전압변동에 대하여 수밀리세컨드 내에 전압보상을 행할 수 있다. 또한 고조파 왜곡에 대해서는 이에 해당하는 만큼의 크기와 위상을 가지는 전압을 투입함으로써 전압 고조파를 상쇄시킬 수가 있으며 순간정전, 순간전압 상승, 순간전압 강하, 역률제어, 고조파 왜곡을 방지할 수 있다.

두 번째로 SVC(Static Var Compensator)가 있다. 전력공급 시 부하에 유효전력을 전달하는 과정에서 무효전력은 불필요한 손실을 발생시키기 때문에 전력공급에서 수송효율을 떨어뜨려 송전능력을 제한시킨다. 이 무효전력을 보상하기 위해 싸이리스터를 고속 스위치로 사용하고 TCR(Thyristor Controlled Reactor) 또는 TSC(Thyristor Switched Capacitor)의 구조를 가지는 SVC를 선로에 병렬로 연결하여 전력계통의 무효전력을 빠르고 정확하게 연속적으로 보상하여 전압 불안정을 해소하고 전력품질 전체를 향상시킨다. 전력계통에서 전압은 무효전력의 과부족에 따라 변화되는데 무효전력의 소비는 주로 소비자와 송전계통에서 이루어지고, 생산은 발전기와 송전계통에서 이루어진다.

계통전압을 유지하기 위해 발전기와 여러 형태의 송전설비가 이용되는데 무효전력을 계통에 공급하면 전압은 상승하고 반대로 이를 흡수하면 전압이 낮아지게 된다. 이중에서 리액터는 전압이 높을 경우 무효전력을 흡수하며, 커패시터는 전압이 낮을 경우 커패시터에 충전된 무효전력을 방출 및 공급함으로써 전압을 상승시키는 역할을 한다.

기존에 사용하던 분로리액터(shunt reactor)와 커패시터(capacitor)의 스위칭은 전압과 전류의 과도현상과 함께 갑작스러운 전압변동을 유발하는 단점이 있다. 이에 반해 그림 2.40과 같이 SVC는 종래의 커패시터 및 리액터를 고속스위칭 소자(thyristor)와 결합한 것이며 지상, 진상 무효전력의 연속적인 조정이 가능하며 전압변동에 대해 매우 빠른 반응을 보이기 때문에 전압 불안정을 완화시키기 위해 적용된다.

송전계통에서 전압안정도, 과도안정도, 제동문제는 전압동요에 의해 일어나므로 전압이 변동되는 지점에 SVC를 설치하면 불안정이 감소된다.

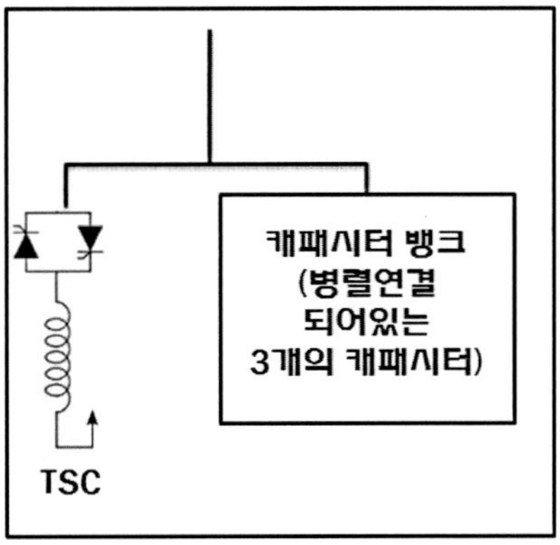

그림 2.40 SVC 구성도

세 번째로는 UPS(Uninterruptible Power Supply, 무정전전원공급장치)가 있다. 이것은 상용전원에서 발생할 수 있는 정전, 주파수 및 전압 변동 등을 보완하기 위해 방송국 및 병원, 산업체 등 전원의 안정적인 공급을 필요로 하는 곳에서 사용되는 장비이다. 상용전원 공급 시 계통전력을 UPS에 별도로 부착된 비상배터리에 전원을 저장해 두고 상용전원 이상 발생시 입력전원의 차단과 동시에 비상 배터리에서 일정시간 전원을 공급해 주는 기능을 한다. UPS 내에는 전압 및 전류를 감지하여 DC 전압 및 전류를 비례적분 제어함으로써 부하의 변화에 따라 SCR의 위상각을 변화시켜 안정된 전압을 부하측에 공급하는 정류기와 충전기가 설치되어 있다.

또한 설치된 인버터(inverter)는 정류기에서 정류된 DC 전압을 받아서 다시 AC 전압으로 변형, IGBT 전력소자에 고주파로 스위칭하여 PWM파를 출력하면 필터에서 고주파 성분을 차단하고 60Hz의 상용정현파를 출력한다. 끝으로 절체부(static bypass switch)는 정류기 및 인버터의 장애로 인하여 정류기 및 축전기가 제 역할을 못할 경우 인버터가 기동하지 못할 때 출력측 전원을 안정적으로 공급하기 위한 역할을 한다.

2.6 지능형 전력서비스

지능형 전력서비스 기술이란 에너지 절감이 가능한 다양한 전기요금제도를 개발하고 소비자의 수요 충족을 통해 소비자 전력거래 시스템을 구축하여 전력망의 효용을 증대시키는 한편, 수요반응 및 전력 거래가 가능한 실시간 지능형 전력거래 등 다양한 사업을 가능하게 하는 기술이다. 지능형 전력서비스 기술은 그림 2.41과 같이 구성되어 있고 표 2.4는 전력거래 시장의 주요 변화 내용을 정리한 것이다.

표 2.4 스마트그리드에 의한 변화

구분	기존 환경	지능형 전력망 환경
전력 시장	발전사 위주 시장참여자 정보제공의 제한 소비자 참여불가	다양한 형태로 시장참여자 통합/성숙된 도/소매 시장 능동적 소비자 참여

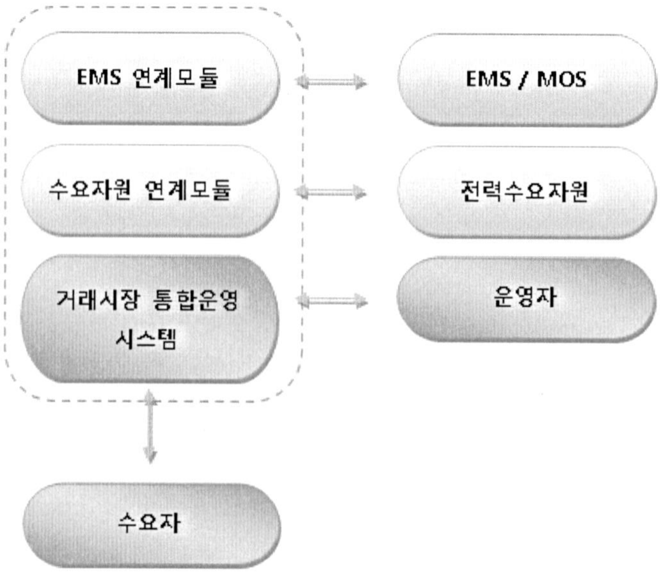

출처: 한국스마트그리드사업단, http://www.smartgrid.or.kr

그림 2.41 지능형 전력서비스 구성 요소

이러한 지능형 서비스 기술은 지능형 요금제 기술, 지능형 수요반응 기술, 지능형 전력거래 기술로 구성되어 있다. 그림 2.42는 지능형 전력서비스 핵심 기술에 대한 내용이다.

지능형 요금제 기술, 즉 실시간 요금제(RTP: Real-Time Pricing) 기술은 높은 수요 및 비싼 가격시간대의 부하를 삭감하고 낮은 수요 및 싼 가격시간대에서 수요를 증가시키기 위해 전력의 수급상황에 따라 전력요금 단가가 실시간으로 변동하게 되고 이러한 요금정보를 소비자에게 전달하여 전력수요의 가격반응을 유도하는 기술이다. 이러한 실시간 요금제의 장점으로는 소비자가 실시간으로 전기요금을 알 수 있어서 비싼 가격시간대에서는 전력 소모가 큰 전력기기 사용을 멈추는 등 에너지를 절약할 수 있다. 그림 2.43과 같이 전날의 전력시장 가격을 기준으로 다음날 실시간 전기요금 단가를 산정하고, 전력수요자에게 실시간으로 공지하고 운영하게 된다.

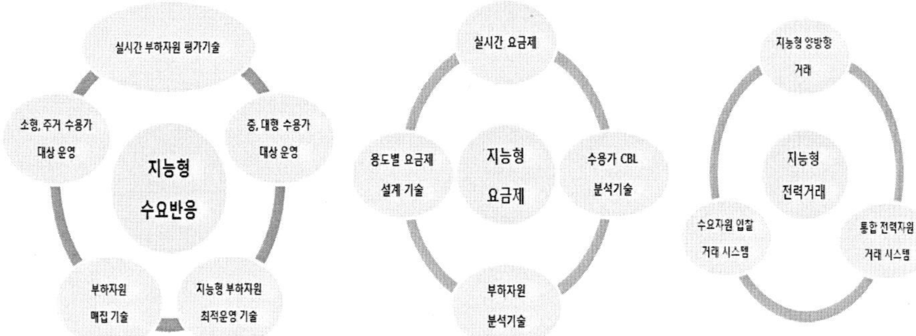

그림 2.42 지능형 전력서비스 핵심 기술

실시간 요금은 단가 적용주기에 따라 TOU(Time Of Use)와 RTP로 구분되며 현행요금 적용 여부에 따라 1부 요금제와 2부 요금제로 구분할 수 있다. 수요자는 수요반응(DR) 자원의 많고 적음과 수요반응 접근성 등 전력소비와 관련된 자신의 상황에 따라 가격변동 주기가 다른 다양한 실시간 요금을 선택할 수 있다. 소규모 수용가에서는 15분마다 일어나는 가격변화에 일일이 반응하는 것이 물리적으로 거의 불가능하며 대용량 빌딩, 공장 등은 자체 수요관리시스템을 갖추고 있기 때문에 적용주기가 짧은 요금제를 선택할 때 전기요금을 절감할 가능성이 더 클 것이다. 그리하여 실증단지에서는 수요자의 실시간 요금에 대한 인지도, 부하특성, 수요반응 자원의 크기 등에 따라 실시간 요금 주기를 다양하게 적용하며 이때 적용되는 주기는 크게 TOU와 RTP로 구분된다.

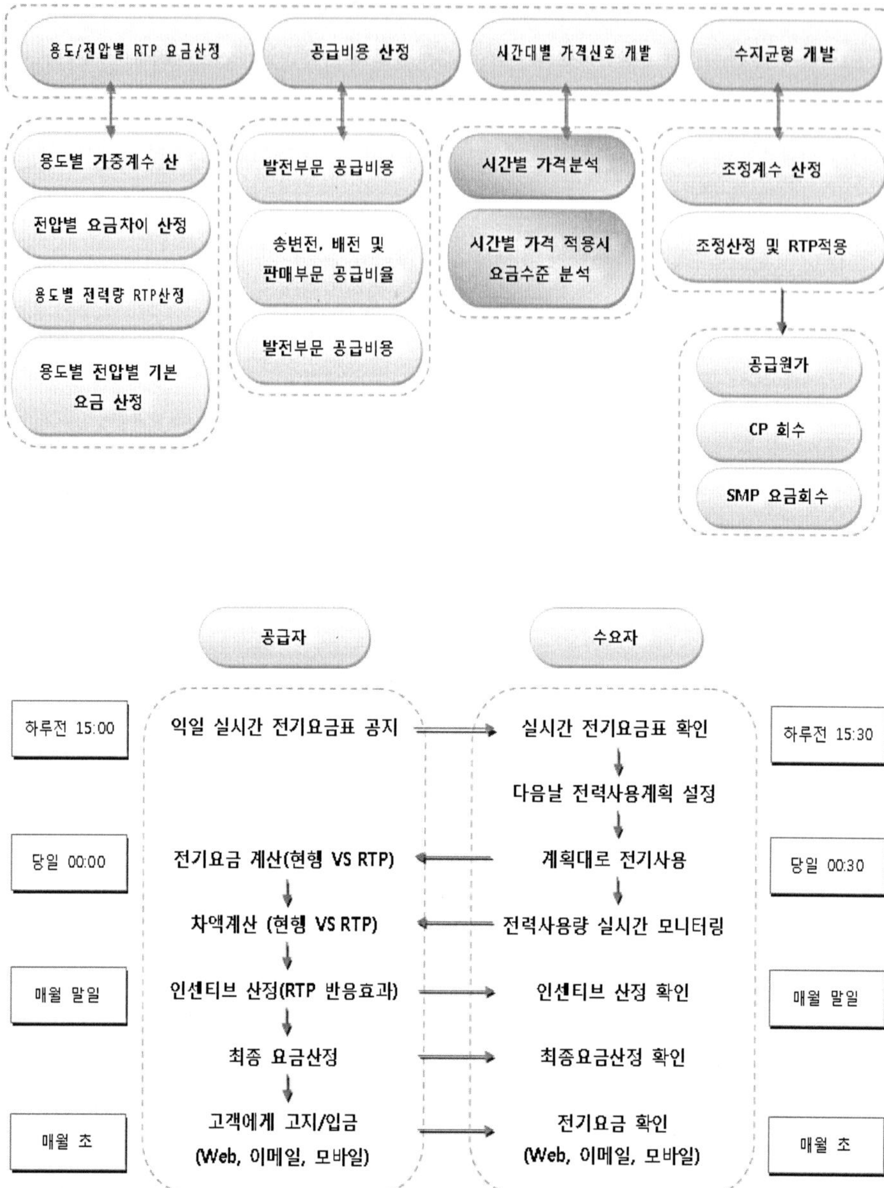

그림 2.43 실시간 요금제의 설계 및 운용절차

TOU는 시간대 구분기준과 시간대별 가격 차등은 현행 계절별, 시간대별 요금제와 동일하게 적용하나 각 시간대별 요금단가는 시장가격에 따라 매일 다르게 적용하는 요금체계를 말한다. 즉 최대 부하, 중간부하, 경부하의 시간대에서 최대 부하

의 요금단가가 가장 비싸며 그다음이 중간부하이고 마지막으로 경부하의 요금단가 순으로 동일하나 현행 계시별 요금제가 한 번 정해지면 변동이 없는 고정형 요금제인데 반하여 실시간 요금제의 TOU는 시장 한계가격을 반영하여 매일매일 시간대별 단가를 다르게 적용한다. 시간대별 요금 단가는 시장의 한계가격을 반영하여 매일매일 다르게 적용되며 이는 시장가격의 변동성을 요금에 반영함과 동시에 기존 요금 구분 체계를 그대로 유지하여 주택용 등 소규모 수용자의 새로운 요금제도에 대해 쉽게 이해하고 접근하여 자발적 수요반응을 이끌어 낼 수 있도록 개발된 것이다.

RTP는 실시간요금 주기(15분, 1시간)별로 요금단가를 다르게 적용하여 수요자의 수요반응을 극대화하는 요금제로 일반적으로 우리가 생각하는 실시간 요금제의 전형적인 모습이며 주로 고압(계약전력 100kW) 이상 대용량 고객에 적용된다. 매 15분 또는 1시간마다 요금단가가 변동되기 때문에 고객은 현행요금과 비교하여 전기요금 변동의 부담이 클 수 있지만 가격변동에 대하여 적극적 수요반응을 할 경우 많은 전기요금을 절약할 수 있다.

실시간 요금의 또 다른 구분은 1부 요금제와 2부 요금제이다. 1부 요금제는 사용량 전체에 대하여 실시간 요금을 적용하는 것이며, 2부 요금제는 사용량의 일정부분은 현행 요금을 적용하고 나머지 부분에 대하여 실시간 요금을 적용하는 요금체계이다.

2부 요금제를 시행하는 이유는 실시간 요금제 시행 시 발생할 수 있는 수요자와 공급자의 요금변동 부담을 최소화하기 위하여 사용량의 일정부분을 현행 요금으로 계산한다. 즉 실시간 요금제는 요금단가가 계속 변동되고 변동폭이 크기 때문에 수요자측에서는 월간 전기요금에 대한 불확실성이 증가하게 되고 공급자측 입장에서도 필요 수입액을 산정하기에 어려움이 존재한다. 또한 1인 가구, 독거노인 등 수요자원이 거의 없는 수요자는 실시간 요금제가 도입될 경우 전기요금이 저렴한 시간대로 옮길 수요자원 자체가 매우 부족하기 때문에 현행 대비 2배 이상 높은 전기요금을 부담하는 결과가 초래될 수 있다. 이러한 전기요금 부담과 소외계층의 전기요금 부담 증가를 최소화하기 위하여 설계된 요금구조가 2부 요금제이다.

2부 요금제는 수요자마다 고유한 전력사용 패턴이 반영된 기준부하(CBL: Customer Baseline Load)를 설정하고 수요자의 수요자원 정도에 따라 기준부하의 0%~80% 범위 내에서 현행 요금적용 비율을 수요자와 공급자가 협의하여 결정한다. 즉 수요자원이 많은 수요자는 CBL 적용범위를 낮게 설정하여 요금 절감을 도모하고 수요자원이 적은 수요자는 CBL 적용범위를 높게 설정하여 요금적용의 안정성을 가질 수 있는 요금체계로 수요자의 상황에 맞게 현행요금에 대한 적용비율을 자유롭게 선택할 수 있어 실시간 요금제 적용에 따른 요금 부담을 최소화할 수 있다. 그리고 국내 연구 및 추진현황으로는 실시간 요금제를 스마트그리드 구현을 위한 핵심요소 중 하나로 간주하고 현재 제주도를 실증단지로 지정하고 시범 적용 중이다.

수요반응이란 전력계통에서 발전기 용량의 제약으로 예비력의 부족 또는 가격이 급등할 경우 수요자 스스로가 실시간으로 공급된 정보를 통하여 전력사용을 감축하여 가격 및 계통운영의 안정성을 확보하는 것을 의미한다. 즉, 지능형 수요반응 기술은 전력가격 및 시스템 상황에 반응하여 수요자가 전력소비를 조정하도록 유도하여 시스템의 신뢰도 향상과 비용 절감을 추구하는 기술이다. 수요반응을 통해 수요자는 시장에 직·간접적으로 참여함으로써 발전사업자의 시장지배력에 효과적으로 대처할 수 있고, 계통운영자는 전력시장 및 전력계통의 안정성과 신뢰도를 향상시킬 수 있으며, 나아가 전력산업의 효율적인 투자와 운영을 도모할 수 있다. 전력거래소는 기존의 수요반응을 상시 운영함으로써 운영기간의 한계를 뛰어넘고, 기존의 제한적인 수요반응을 IT 기술을 활용하여 시스템적이고 효율적인, 그리고 수요자 편의성을 극대화한 상시 수요반응 시장을 구축하고 있다.

선진국의 경우 전력시장에서 수요자의 참여 및 국가간 거래가 활발하나 국내 전력거래 기술은 단방향, 발전자원 중심의 전력거래 기술을 활용 중이다. 다만, 지능형 전력거래 및 서비스 모델 관련된 기술은 미약하며, 전력재판매 관련제도 부재로 전력시장 및 서비스의 다양성이 부족한 실정이다.

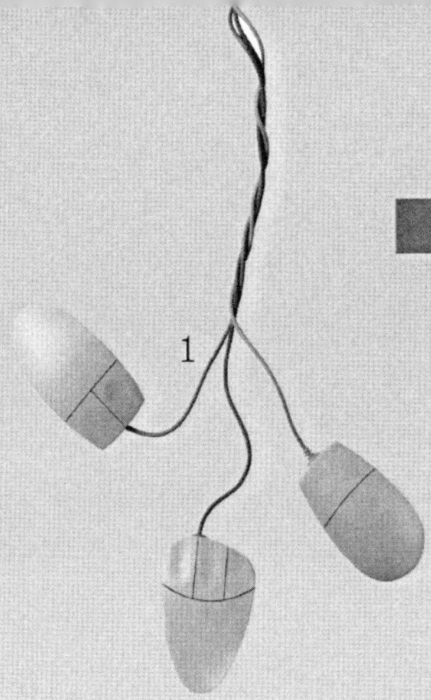

CHAPTER 03

전력망 계측 시스템

3.1 Agilent VEE의 개요

Agilent VEE(Visaul Engineering Environment)는 Agilent Technologies사에서 개발 및 판매하고 있는 그래픽 데이터흐름(dataflow) 프로그래밍 소프트웨어 개발 환경으로서 자동화된 테스트, 계측, 데이터 해석 및 리포트 작성을 수행할 수 있다. Agilent VEE의 사용자 함수들은 다른 범용 프로그래밍 언어인 Visual Basic, C/C++, Visual C#, .NET에서 호출될 수 있으며, 내장된 MATLAB 신호처리 툴박스를 통해 2500여 개의 MATLAB 분석 및 시각화 함수를 사용할 수 있다. 이러한 범용성과 확장성, 편리성 때문에 본 교재에서는 전력 신호 계측을 위해 Agilent VEE를 소프트웨어로 채택했다.

3.1.2 Agilent VEE를 습득하는 이유

1) 프로그래밍의 생산성을 놀라울 정도로 향상시킨다. 보고에 따르면 범용 언어 개발시간의 80% 정도를 단축시킬 수 있다.
2) ActiveX 오토메이션과 컨트롤들을 사용함으로써 MS사의 Excel, Word 등으로 분석된 결과물을 만들 수도 있고, Access를 이용해서 실행 결과를 추후 사용할 것에 대비하여 저장할 수 있다.
3) 코딩의 유연성 때문에 큰 제어 프로그램을 쉽게 만들고 컴파일할 수 있다.
4) 텍스트 기반 언어인 C/C++, Visual Basic, Pascal, Fortran, HP BASIC으로 개발하는 것보다 힘이 적게 든다.
5) Windows 95, Windows NT, HP-UX 워크스테이션 등 여러 가지 운영체제에

서 사용될 수 있다.

6) GPIB, VXI, Serial, GPIO, PC Plug-in, LAN으로 연결된 장비를 제어하는 데 있어 유연성이 높다. 이러한 것들은 판넬 드라이버 또는 VXI plug&play 드라이버, 또는 다양한 공급자에 따른 장치 제어기를 Direct I/O라는 표준 입출력을 사용하여 제어할 수 있다.

7) 순서도를 작성하듯이 프로그래밍 할 수 있어 누구나 빠른 시간 내에 사용 가능하다.

3.2 Agilent VEE 기초 I(개발환경 사용)

시작하기 전에

- 클릭 – 마우스를 지시한 곳으로 옮겨서 왼쪽 버튼을 한 번 짧게 누르는 것을 의미한다.
- 더블 클릭 – 마우스를 지시한 곳으로 옮겨서 왼쪽 버튼을 빠르게 두 번 연달아 누르는 것을 의미한다.
- 드래그 – 마우스 왼쪽 버튼을 누른 채로 마우스를 이동하는 것을 말한다.
- 드롭 – 드래그 상태를 해지하는 것으로 마우스 왼쪽 버튼을 놓아주는 것을 말한다.

3.2.1 Agilent VEE 화면 살펴보기

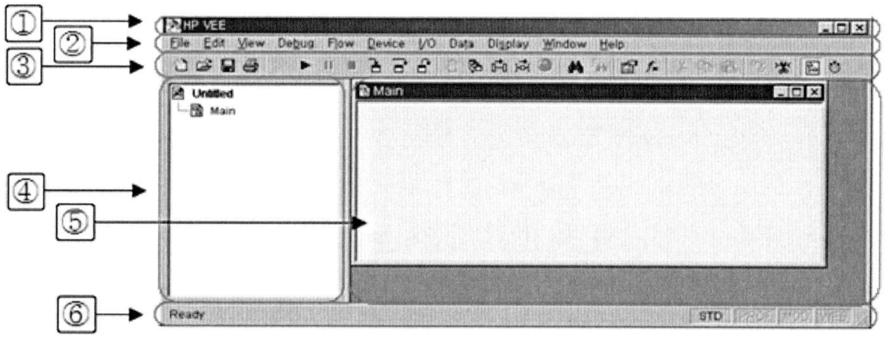

그림 3.1 Agilent VEE 기본화면

① 타이틀 바(Title Bar)
작성하는 프로그램의 제목이 나타난다.

② 메뉴 바(Menu Bar)
파일, 편집, 표시, 버그 수정, 흐름, 장치, 입출력, 데이터, 화면 출력, 창, 도움말의 항목이 있다.

③ 툴 바(Tool Bar)
각종 메뉴들을 아이콘 모양으로 표시한다.

④ 프로그램 탐색기(Program Explorer)
현재 작성하고 있는 프로그램의 변수, 객체, 함수 등을 표시한다.

⑤ 작업 공간(Work Area)
실제의 프로그램을 작성하는 곳이다.

⑥ 상태표시줄(Status Bar)
프로그램 작성환경의 상태를 표시하는 곳이다.

3.2.2 메뉴 구성 및 사용법

- File : 파일 입출력 및 Agilent-VEE 전체 속성 등을 지정
- Edit : 각 오브젝트의 복사, 삭제, 오려내기, 붙이기
- View : 변수, 프로그램 익스플로러, 툴바, 상태바 등을 표시할 것인지 선택
- Debug : 프로그램의 결함을 찾아내기 위한 오브젝트 단위의 실행 및 데이터 흐름과 실행 흐름을 애니메이트함
- Flow : 조건문, 반복문, 출력결합 등 실행 흐름에 관계된 메뉴
- Device : 사용자 오브젝트, 사용자 함수, 누적기, 카운터 등
- I/O : HP-IB(GP-IB)/직렬통신, 데이터파일 입출력, DDE(Dynamic Data Exchange)
- Data : 토글스위치, 상수, 슬라이더, 배열, 레코드 빌더 등에 관련된 메뉴
- Display : 문자/숫자 출력, 메타, 온도계, 각종 그래프 및 알람 표시

3.2.3 뷰 모드(View Mode)

VEE는 화면이 판넬화면과 상세화면 두 가지로 나누어지는데 프로그램 작업은

상세화면에서, 실행은 판넬화면에서 사용하도록 구성되어 있다. 이는 프로그램 작업이 이루어질 경우 각종 오브젝트와 함수, 연결선 등이 복잡하게 구성될 수 있으므로 입력 및 출력 오브젝트만 따로 표시하는 화면을 판넬화면이라고 한다.

(1) 상세화면(Detail View)

기능을 수행하기 위한 오브젝트를 서로 연결하여 프로그램을 구성하는 화면으로 이 상태에서 디버그 및 실행할 수 있다.

(2) 판넬화면(Panel View)

프로그램 구성이 복잡해지는 경우 보고자 하는 부분 모듈만 볼 수 있도록 별도로 화면 구성을 할 수 있는데 이를 판넬화면이라 한다.

(3) 판넬화면으로 오브젝트를 이송하는 방법

오브젝트의 타이틀 바를 클릭하여 그림자가 나타나게 한 다음 주메뉴의 Edit, 부메뉴의 Add To Panel을 선택하거나 작업 바탕화면에서 오른쪽 버튼을 클릭하여 Add To Panel을 선택한다.

3.2.4 오브젝트(Object) 사용법

오브젝트란 VEE에서 프로그램을 작성하는 기본단위를 말하며, 두 가지의 상태를 가지는데 하나는 열려진 상태이고 다른 하나는 아이콘화 된 상태이다. 그림 3.2는 오브젝트의 상태를 변환하는 방법을 보인다.

(1) 오브젝트를 사용한 프로그래밍

그림 3.3은 Agilent VEE로 작성한 오브젝트 프로그래밍의 예를 나타낸다. 전체적으로 5개의 오브젝트가 사용되었고 각 오브젝트를 불러들이는 방법과 간략한 동작을 설명하면 다음과 같다.

① Flow ⇒ <u>Start</u>

② Flow ⇒ Repeat ⇒ <u>Until Break</u>

③ Data ⇒ Continuous ⇒ <u>Real Slider</u>

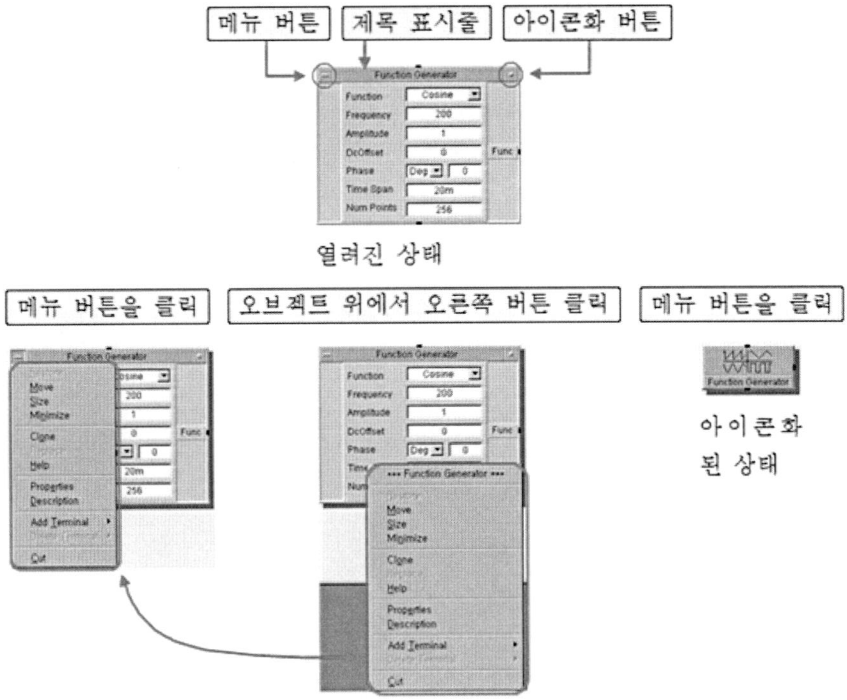

그림 3.2 오브젝트의 모습

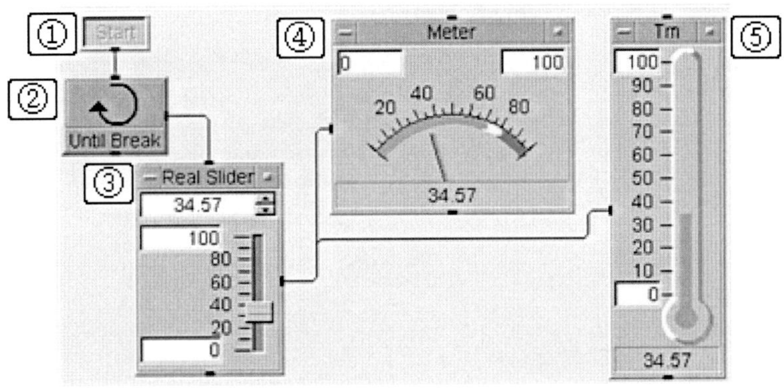

그림 3.3 오브젝트 사용 예

④ Display ⇒ Indicator ⇒ Meter

⑤ Display ⇒ Indicator ⇒ Thermometer

그림 3.3에서 Real Slider가 Until break에 동작신호(Sequence)가 걸려 있으므로 기능을 무한히 반복한다. 이런 경우 Meter와 Thermometer 오브젝트는 연속적인 데이터 입력이 발생하므로 별도의 동작신호를 주지 않더라도 연속 실행이 된다. 오브젝트는 각각 독립된 기능을 수행하며 코드와 데이터를 포함하고 있다. 또한 별도의 속성을 부여하지 않는 한 최종 데이터 값을 그대로 유지한다.

오브젝트끼리 조합하여 새로운 Logic을 구성할 수 있으며 오브젝트의 왼쪽의 단자는 입력 단자, 우측의 단자는 출력 단자가 된다. 상단은 동작신호의 입력, 하단은 출력이다. 동작신호는 다른 오브젝트의 데이터 출력 또는 동작신호 출력에서 받을 수 있다. 동작신호 입력이 없더라도 타 오브젝트로부터 받은 데이터가 충족되면 실행된다. 입력이 하나도 없을 경우에는 우선적으로 자동 실행된다. 이는 Start 오브젝트가 필요 없을 수 있다는 것을 의미한다. 각 오브젝트의 연결은 마우스로 임의의 단자에서 클릭하면 단자 주위에 작은 사각형이 나타난다. 다시 임의의 지점으로 마우스로 다가가면 접속 가능한 단자는 사각형으로 나타난다. 원하는 단자 지점에서 마우스 버튼을 놓으면 오브젝트가 연결된다.

(2) 각 부위별 명칭

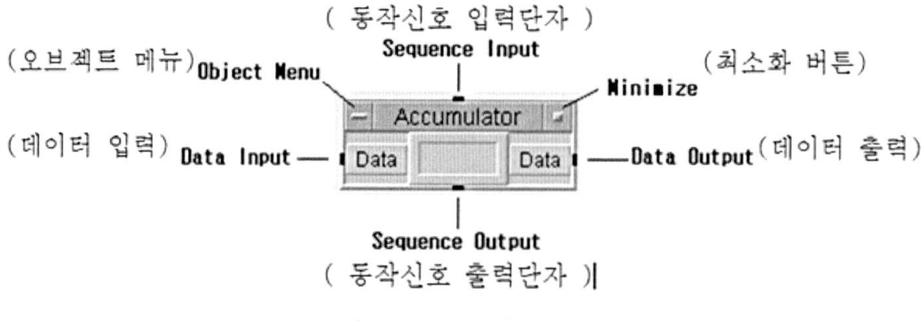

그림 3.4 오브젝트의 명칭

(3) 오브젝트 형성

Meter 오브젝트를 생성하는 법을 예를 들어 설명한다. 주메뉴의 Display, 부메뉴의 Indicator에서 Meter를 선택한다.

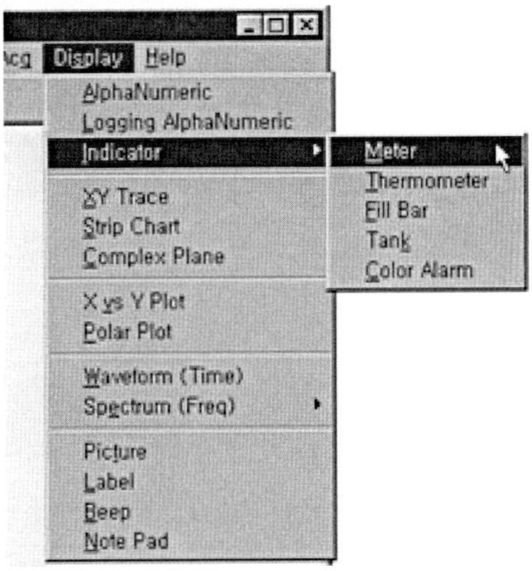

그림 3.5 Meter 오브젝트의 사용

사각형이 나타나면 원하는 위치로 마우스로 이동한다. 이때 마우스 왼쪽 버튼을 누른 채로 이동해야 하고, 마우스를 놓으면 아래의 오브젝트가 나타난다.

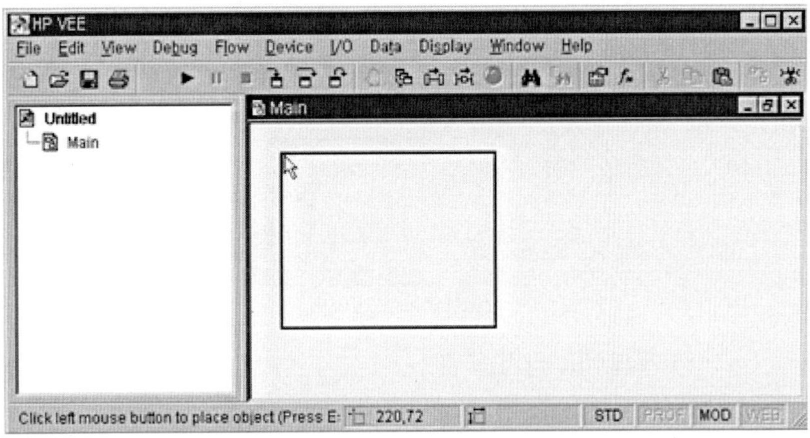

그림 3.6 Meter 오브젝트의 화면

(4) 오브젝트 속성

오브젝트의 타이틀 바에서 더블 클릭하거나 마우스 오른쪽 버튼을 클릭하여 아래 메뉴에서 Properties를 선택한다. Properties 창에서 입·출력단 터미널 표시 유무, 색상, 글씨체, 범위 등을 설정할 수 있으며 속성은 각 오브젝트마다 다르다.

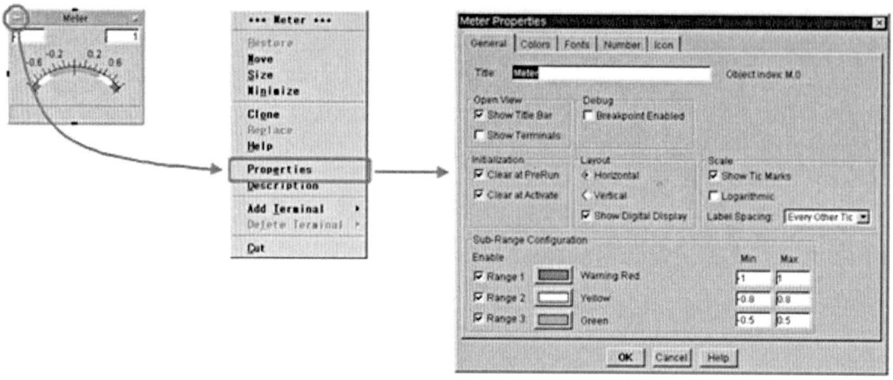

그림 3.7 오브젝트의 속성

(5) 오브젝트 이동

각 오브젝트의 타이틀 바를 클릭한 상태(마우스 왼쪽 버튼을 누른 채로)로 원하는 위치로 이동하고 마우스 버튼을 놓는다.

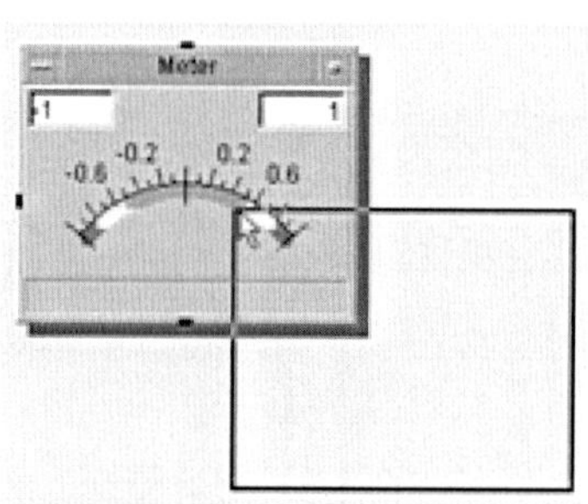

그림 3.8 오브젝트의 이동

(6) 오브젝트 크기 조정

오브젝트의 타이틀 바에서 오른쪽 마우스로 클릭하면 그림 3.9와 같이 메뉴가 나타난다.

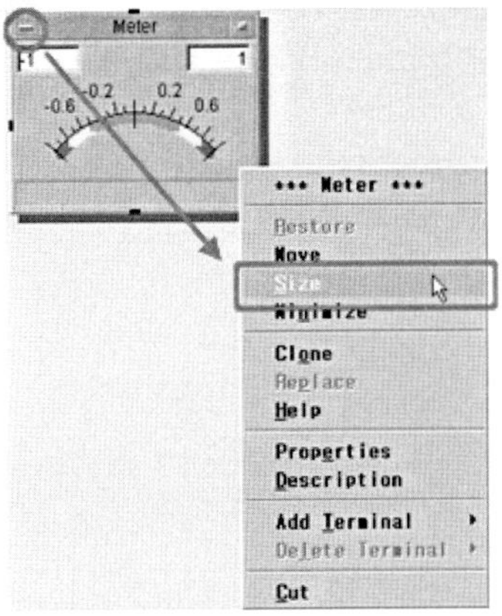

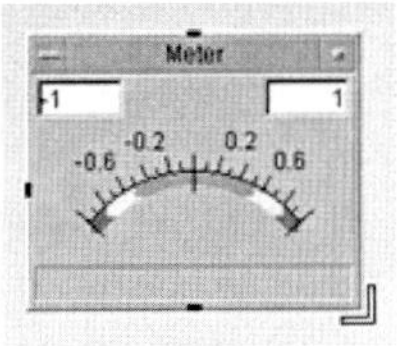

그림 3.9 오브젝트의 크기 조정

메뉴에서 Size를 선택하면 오브젝트의 우측 하단에 크기 조정 아이콘이 나타나고 이를 끌어서 놓기(Drag & Drop)한다. 또는 마우스 커서를 오브젝트의 우측 하단에 접근시키면 크기 조정 아이콘으로 자동 전환된다.

(7) 오브젝트 삭제

오브젝트의 타이틀 바에서 마우스 오른쪽 버튼을 클릭하면 다음과 같이 오브젝트 메뉴가 나타난다. 여기서 Cut 메뉴를 선택하면 삭제된다. 삭제될 때 별도의 질문없이 바로 삭제되므로 주의해야 한다.

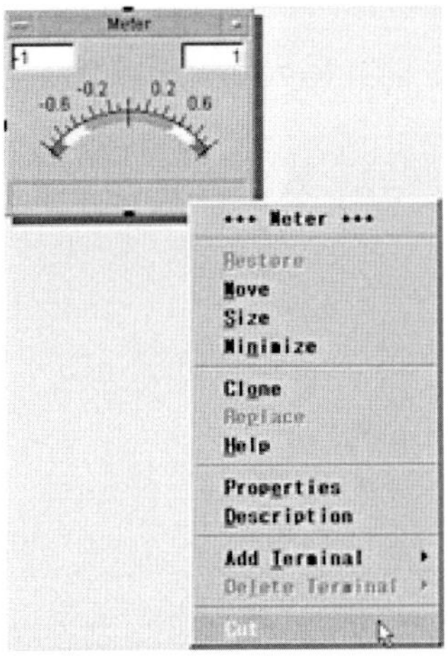

그림 3.10 오브젝트의 삭제

(8) 오브젝트 복사

오브젝트의 타이틀 바에서 마우스 오른쪽 버튼을 클릭하면 그림 3.11과 같이 오브젝트 메뉴가 나타난다. 이때 메뉴에서 Clone을 선택하면 동일한 오브젝트를 복제할 수 있다.

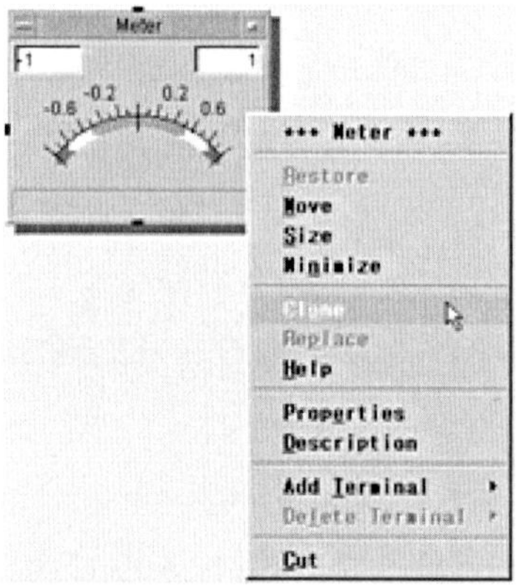

그림 3.11 오브젝트의 복사

3.2.5 간단한 신호 발생 프로그램 작성

(1) 프로그램의 개요

① 모의실험을 할 수 있는 기본 프로그램

② 신호발생기를 연결시켜 화면상에 그 파형을 출력

(2) 프로그램 작성 목적

① 메뉴선택의 방법 익히기

② 오브젝트 생성 방법 익히기

③ 파일 저장하기

④ 프로그램 실행하기

(3) 프로그램 작성 순서

Agilent VEE 프로그램을 시작시키고 화면의 구성을 살펴본다. 또한 메뉴바에서 하나의 오브젝트를 선택하여 작업공간에 놓는다.

① 바탕화면의 Agilent VEE 아이콘을 더블 클릭하여 Agilent VEE 프로그램을

시작한다.

② File ⇒ Save: 파일 이름을 '실습1'로 저장한다.

③ Device ⇒ Virtual Source ⇒ Function Generator 오브젝트를 작업공간에 배치한다.

④ Display ⇒ WaveForm(Time) 오브젝트를 작업공간에 배치하고 실행시켜 본다.

(4) 실습화면

① 바탕화면의 Agilent VEE 아이콘을 더블클릭하여 Agilent VEE 프로그램을 시작한다.

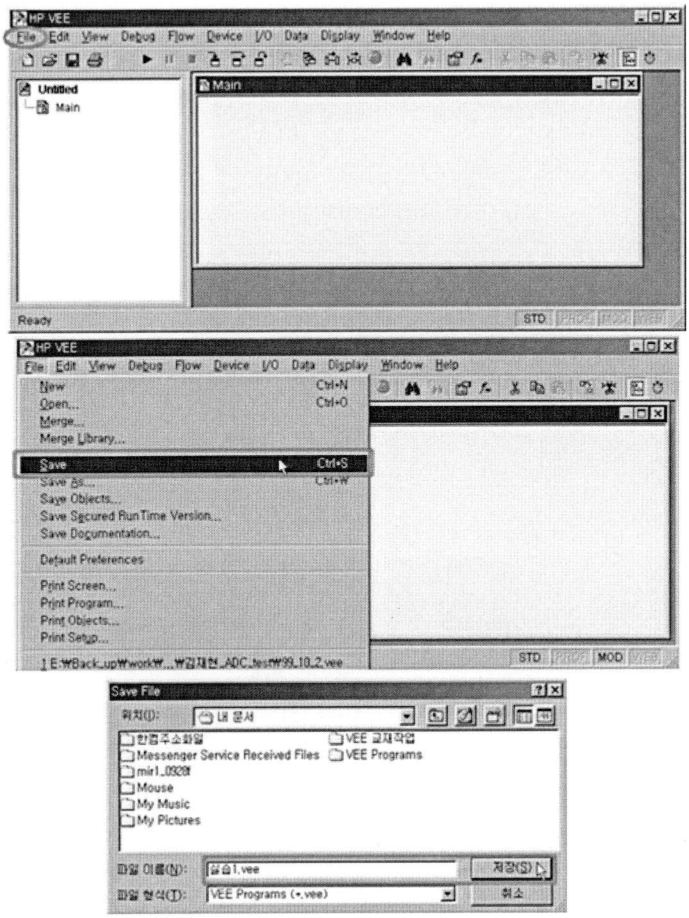

그림 3.12 오브젝트 저장

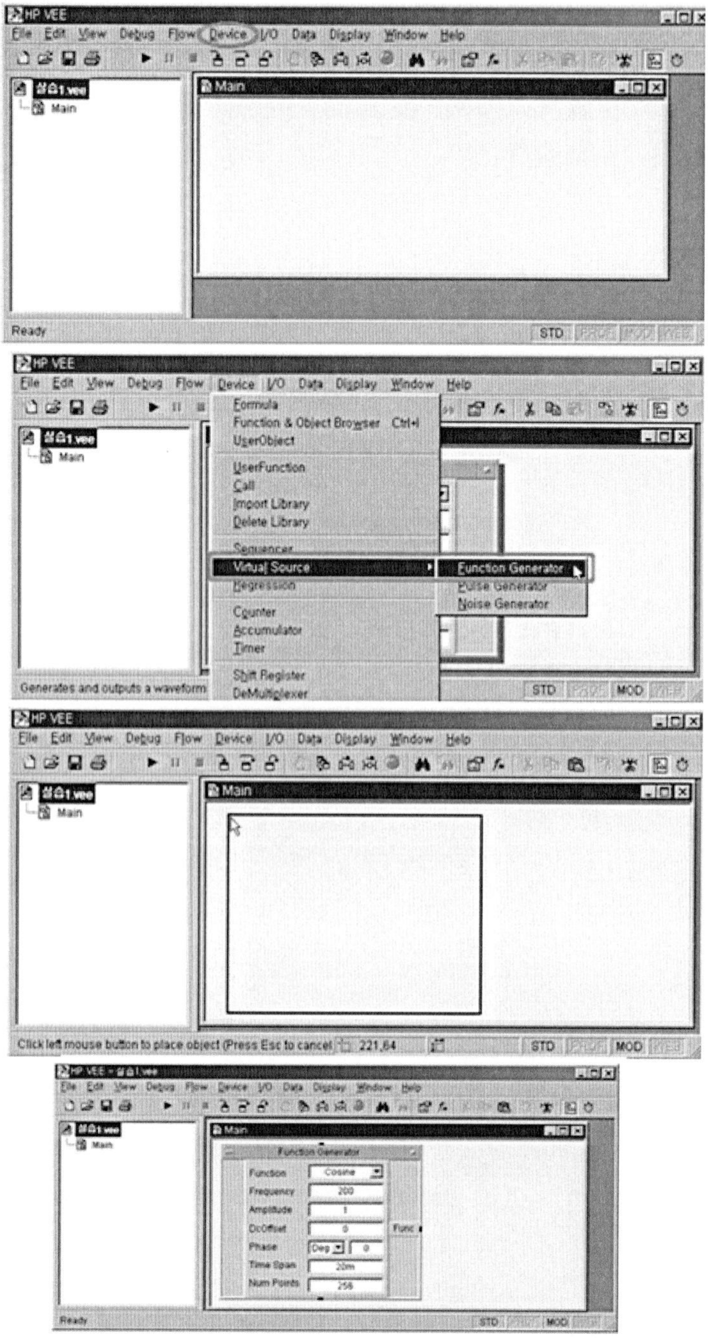

그림 3.13 Function Generator 오브젝트 생성 예제

② File ⇒ Save 후 파일 이름을 '실습1'로 저장한다. 그리고 타이틀바, 프로그램 탐색기의 변화를 살펴본다.

③ Device ⇒ Virtual Source ⇒ Function Generator 오브젝트를 작업공간에 배치한다.

④ Display ⇒ WaveForm (Time) 오브젝트를 작업공간에 배치하고 실행시켜 본다.

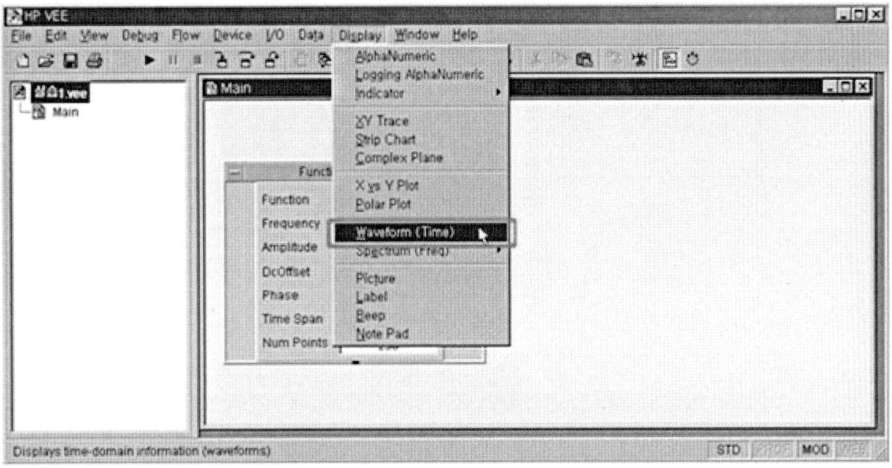

그림 3.14 WaveForm 오브젝트 생성

⑤ 다음 그림에 표시된 두 점을 연결한다.

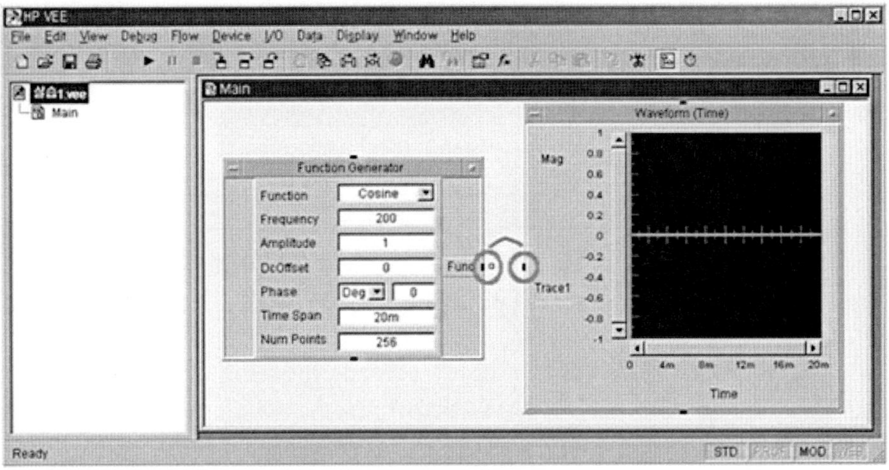

그림 3.15 오브젝트 연결

⑥ 작성된 프로그램을 실행(▶ 표시된 부분을 클릭)

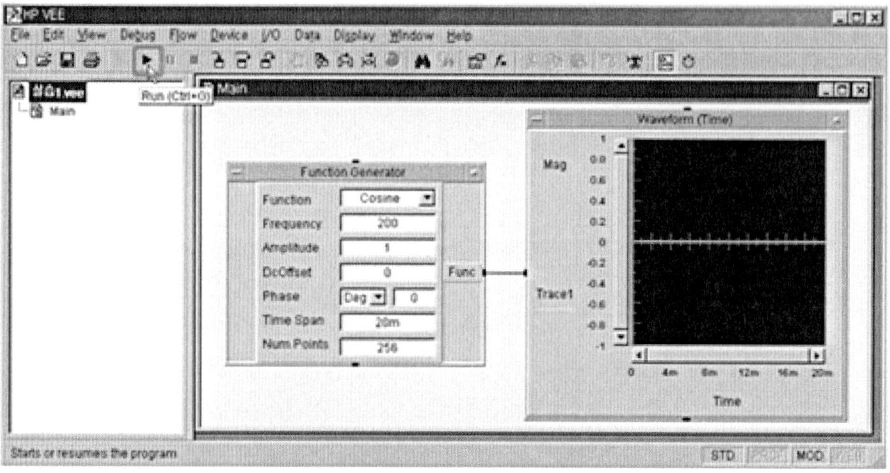

그림 3.16 프로그램 실행 아이콘

⑦ 실행된 화면

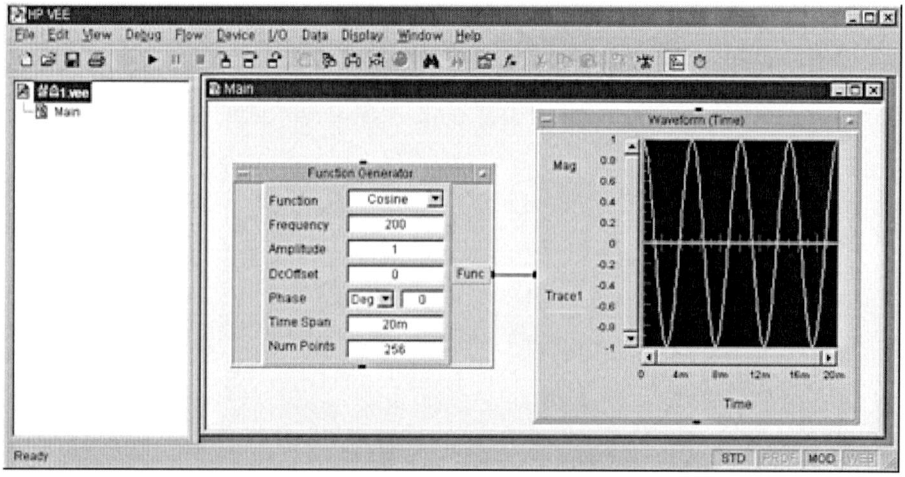

그림 3.17 프로그램 실행 결과

3.2.6 반복 실행

반복 실행하는 연산을 VEE로 코딩하는 방법에 대하여 알아보자. 반복 실행은 프로그램에서 가장 많이 쓰이는 부분으로서, 특히 윈도우즈 프로그래밍에서는 사용자의 입력을 기다릴 때나 값의 규칙적인 반복연산이 필요할 때 사용된다. 반복 실행에 관련된 오브젝트들의 특징은 데이터 출력단자에서 나오는 신호가 순서입력으로 많이 사용된다. 반복 실행의 종류 및 사용방법에 대하여 알아보자.

(1) For Count(회수 반복 실행)

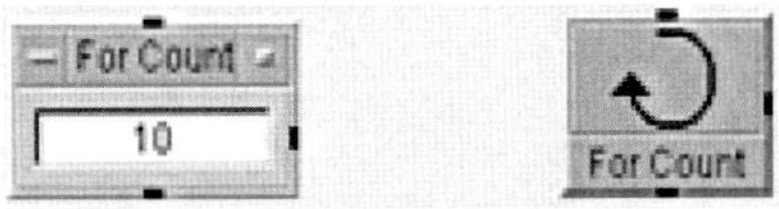

그림 3.18 For count 화면

반복 실행의 가장 기본적인 형태로서 반복할 횟수를 입력한다. 메뉴의 위치는 Flow ⇒ Repeat ⇒ For Count이다. 생성 시 기본적인 모습은 오픈되어 있는 그림 3.18의 왼쪽 모습에 해당되고 입력 필드에는 반복횟수를 기입할 수 있게 되어 있다. 간단한 예제 프로그램을 한 번 작성해 보자. 그리고 반복횟수를 달리한 프로그램의 결과를 확인하자.

1) 예제 For Count 반복문의 출력

- 프로그램의 개요

  For Count의 반복 실행 확인

- 프로그램의 작성 목적

  ① For Count를 사용하는 방법 익히기

  ② 확인 버튼의 사용법 익히기

  ③ Logging Alphanumeric의 사용으로 연속적인 자료의 관찰

- 메뉴의 위치

  ① Start 오브젝트: Flow ⇒ Start

  ② For Count 오브젝트: Flow ⇒ Repeat ⇒ For Count

  ③ Alphanumeric 오브젝트: Display ⇒ Alphanumeric

  ④ Confirm(OK) 오브젝트: Flow ⇒ Confirm(OK)

  ⑤ Logging Alphanumeric 오브젝트: Display =〉 Logging Alphanumeric

(2) For Range(반복 범위 및 증분 적용 시)

그림 3.19 For Range 화면

Form(시작값)에서 Thru(종료값)까지 Step(증분) 단위로 증가하면서 반복 실행한다. 이 오브젝트는 반복횟수에 상관없이 어디서부터 어디까지 증분이 일정할 때 사용한다. 예를 들어 0에서 50까지 4의 배수를 모두 더하는 프로그램을 작성할 때 사용한다고 생각하고 프로그램을 작성해보자.

- 프로그램의 개요

  For Range 반복실행의 확인

- 프로그램 작성 목적

  ① For Range를 사용하는 방법 익히기

  ② Accumulator(누산기)의 사용 방법 익히기

- 메뉴의 위치

  ① Start 오브젝트: Flow ⇒ Start

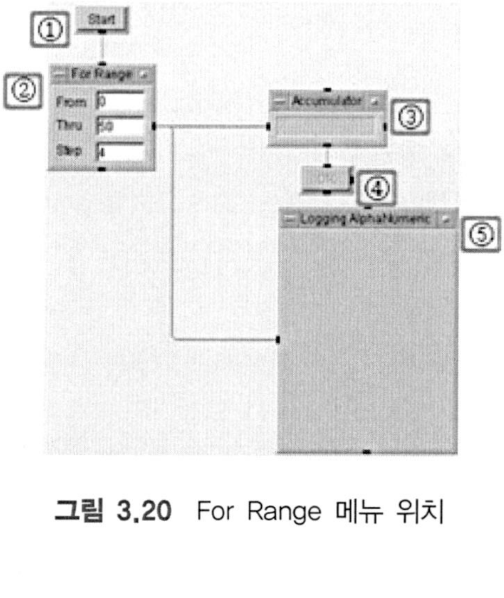

그림 3.20 For Range 메뉴 위치

② For Range 오브젝트: Flow ⇒ Repeat ⇒ For Range

③ Accumulator 오브젝트: Device ⇒ Accumulator

④ Confirm(OK) 오브젝트: Flow ⇒ Confirm(OK)

⑤ Logging Alphanumeric 오브젝트: Display ⇒ Logging Alphanumeric

(3) For LogRange(로그율 변화량 사용 시)

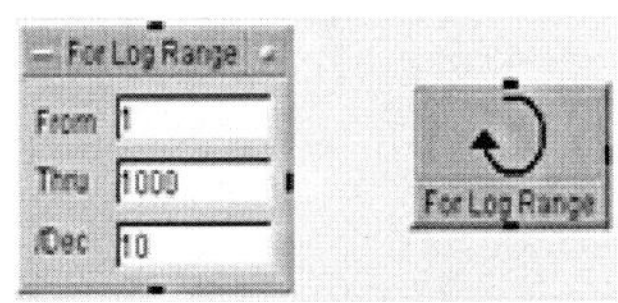

그림 3.21 For LogRange의 화면

From(시작값)에서 Thru(종료값)까지 /Dec(감쇄율) 단위로 증가하면서 반복실행을 한다. 이 오브젝트의 사용은 반복횟수에 상관없이 어디에서부터 어디까지 증분이 로그함수율로 변화할 때 사용한다. 간단한 예를 들어 이 제어문의 출력을 알아보도록 하자.

- 프로그램의 개요

  For LogRange 반복 실행의 확인

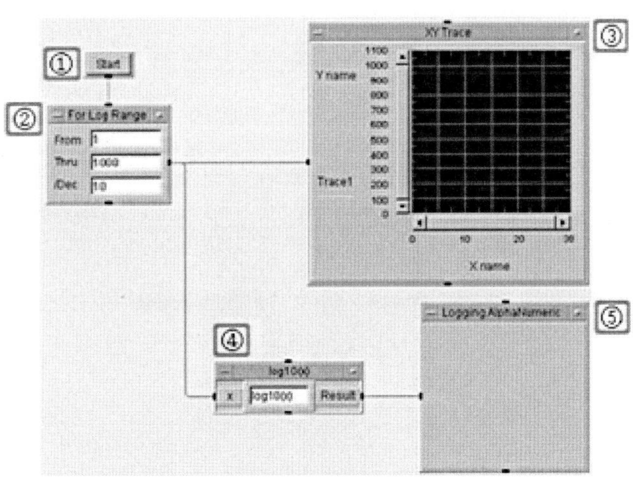

그림 3.22 For LogRange 메뉴 위치

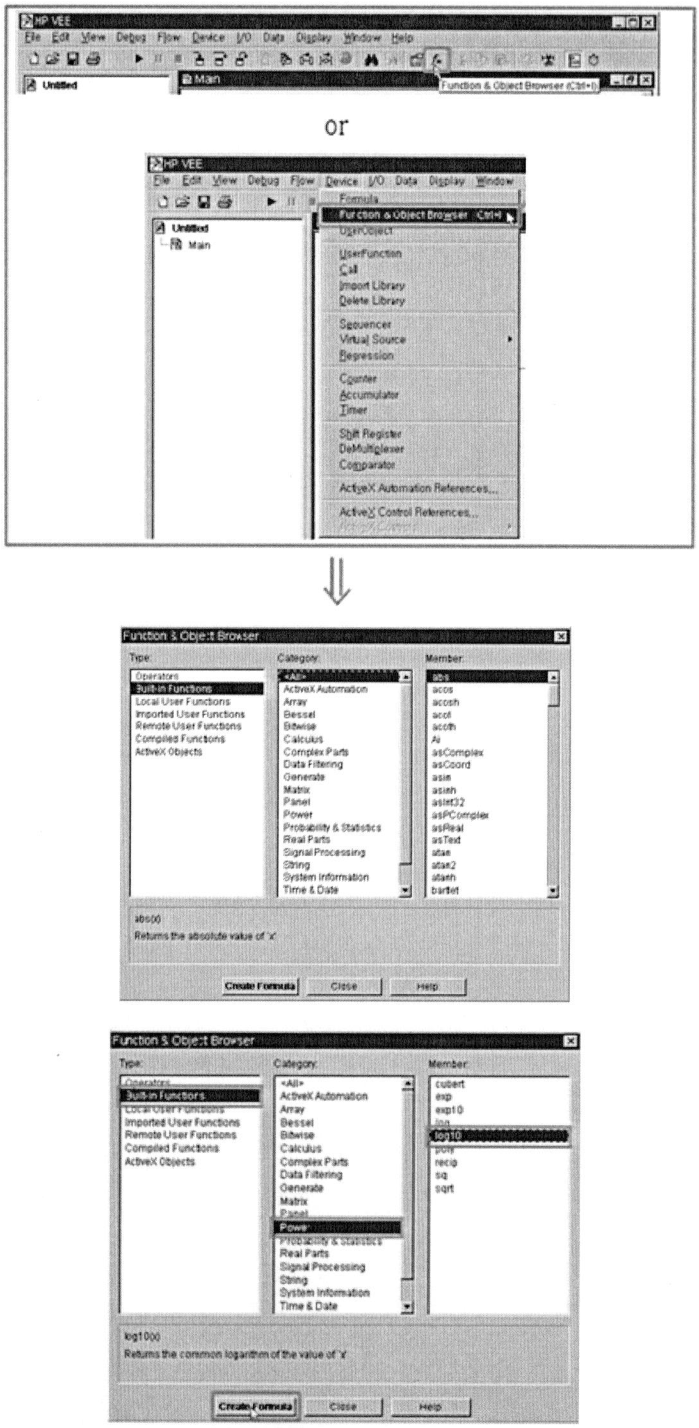

그림 3.23 Log10(x) 오브젝트 만드는 방법

- 프로그램 작성 목적
  ① For LogRange를 사용하는 방법 익히기
  ② XY Trace의 사용 방법 익히기
  ③ 수식함수의 사용 방법 익히기

- 메뉴의 위치
  ① Start 오브젝트: Flow ⇒ Start
  ② For LogRange 오브젝트: Flow ⇒ Repeat ⇒ For LogRange
  ③ XY Trace 오브젝트: Display ⇒ XY Trace
  ④ Log10(x) 오브젝트: 그림 3.23의 순서대로 하면 수식 오브젝트 생성 가능
  ⑤ Logging Alphanumeric 오브젝트: Display ⇒ Logging Alphanumeric

(4) Until Break(무한반복문)

그림 3.24 Until Break의 화면

Until Break(Break 오브젝트를 만날 때까지 반복) 오브젝트는 사용자의 명령을 계속 기다려야 하거나, 상태가 변하는 것을 지속적으로 관찰하고자 할 때 사용한다. 버튼이 1회 눌러질 때까지 대기하는 프로그램을 예로 들어보겠다.

- 프로그램의 개요
  Until Break 오브젝트를 사용한 반복실행의 확인

- 프로그램 작성 목적
  ① Until Break 오브젝트를 사용하는 방법 익히기
  ② 버튼의 사용 방법 익히기
  ③ 조건 오브젝트를 사용한 분기 실행
  ④ 메시지 박스의 사용 방법 익히기
  ⑤ Break와 next의 사용 방법 익히기

- 메뉴의 위치
  ① Start 오브젝트: Flow ⇒ Start
  ② Until Break 오브젝트: Flow ⇒ Repeat ⇒ Until Break
  ③ 버튼 오브젝트: Data ⇒ Toggle Control ⇒ Button, 오브젝트 메뉴를 띄워서 Add terminal 메뉴 클릭, Control Input을 선택하고 reset 단자 추가
  ④ If/Then/Else 오브젝트: Flow ⇒ If/Then/Else, 오브젝트 내 조건문을 앞 페이지의 예제처럼 수정
  ⑤ 메시지 박스 오브젝트: Data ⇒ Dialog Box ⇒ Message Box
  ⑥ Next 오브젝트: Flow ⇒ Repeat ⇒ Next
  ⑦ Break 오브젝트: Flow ⇒ Repeat ⇒ Break

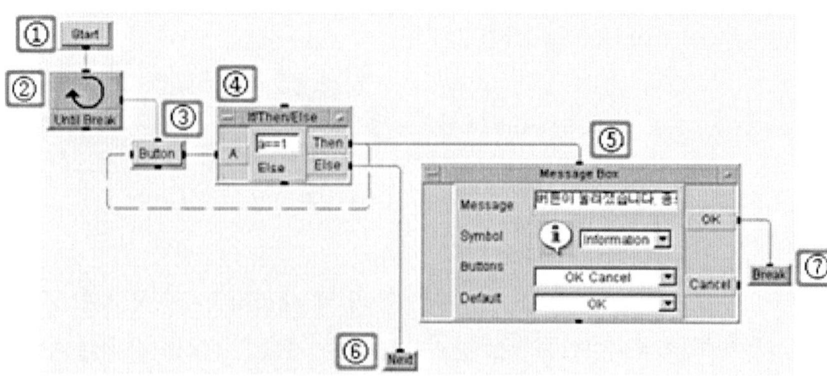

그림 3.25 Until Break 메뉴 위치

(5) On Cycle(일정시간 간격으로 반복)

그림 3.26 On Cycle의 화면

On Cycle 오브젝트는 일정시간 간격으로 어떤 작업을 반복하여 수행하고자 할 때 사용한다. 시간단위는 초(sec)이며, 반복되는 시간을 설정함으로써 프로그램 작성 시 편리하다. 이 오브젝트는 타이머와 같은 역할을 한다고 생각하면 된다. 초단위로 시스템의 시간을 읽는 예제를 작성해 본다.

- 프로그림의 개요

  On Cycle 오브젝트를 이용한 1초마다 시스템 시간 읽기

- 프로그램 작성 목적

  ① On Cycle 오브젝트를 사용하는 방법 익히기

  ② Exit UserObject, Exit Thread, Stop 오브젝트의 사용 방법 익히기

  ③ ConFirm(OK) button 오브젝트의 사용 방법 익히기

- 메뉴의 위치

  ① Start 오브젝트: Flow ⇒ Start

  ② On Cycle 오브젝트: Flow ⇒ Repeat ⇒ On Cycle

  ③ now() 오브젝트: Device ⇒ Function & Object Browser 또는

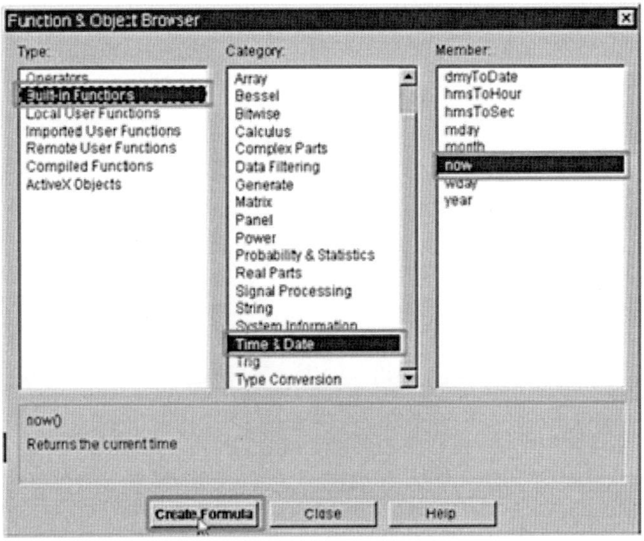

그림 3.27 now 오브젝트

  ④ Alphanumeric 오브젝트: Display ⇒ Alphanumeric 오브젝트 메뉴를 열고 Property를 선택하여 다음 그림과 같이 변경한다.

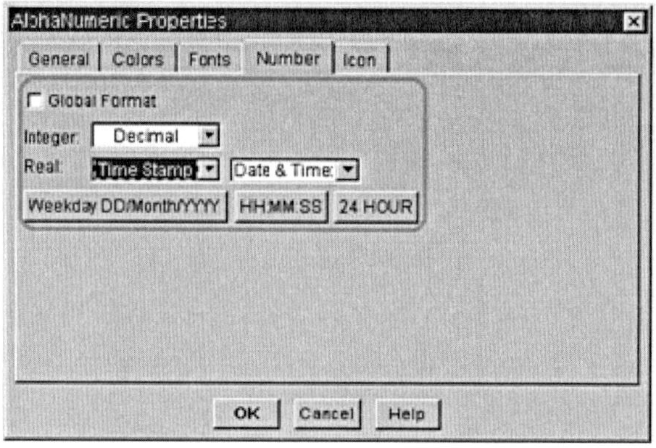

그림 3.28 Alphanumeric 오브젝트

⑤ Confirm(OK) 오브젝트: Flow ⇒ Confirm(OK)

⑥ Exit UserObject 오브젝트: Flow ⇒ Exit UserObject

⑦ Exit Thread 오브젝트: Flow ⇒ Exit Thread

⑧ Stop 오브젝트: Flow ⇒ Stop

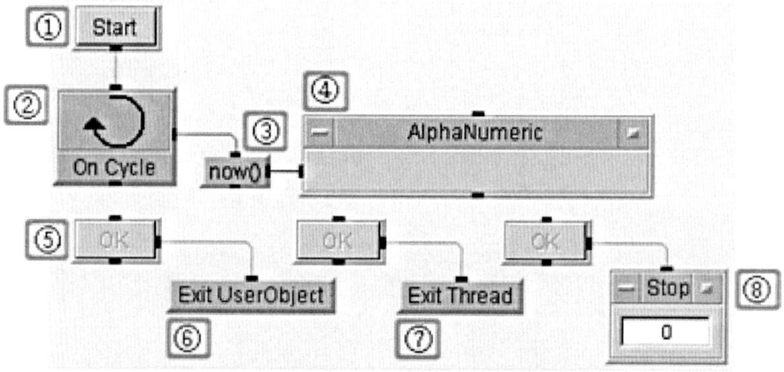

그림 3.29 On Cycle 메뉴 위치

3.3 Agilent VEE 기초 II

3.3.1 수식 오브젝트의 사용법

(1) 수식 오브젝트

많은 프로그램을 작성할 때 수식을 어떻게 적용시키는가에 따라서 프로그램 성능이 결정되곤 한다. 그리고 앞 절에서 반복문에 대해 이해하였듯이 반복문 또한 프로그램의 성능을 결정하는 중요한 요소가 된다. Agilent VEE에서는 배열을 기본 단위로 하는 오브젝트들이 마련되어 있다. 따라서 많은 데이터의 처리가 편리하다. 수식 오브젝트는 여러 가지 방법으로 생성시킬 수 있지만, 그 중에서도 가장 기본적인 방법이 Function & Object Browser라는 선택창을 통해 생성하는 것이다. 그림 3.30이 바로 수식 오브젝트 탐색기이다.

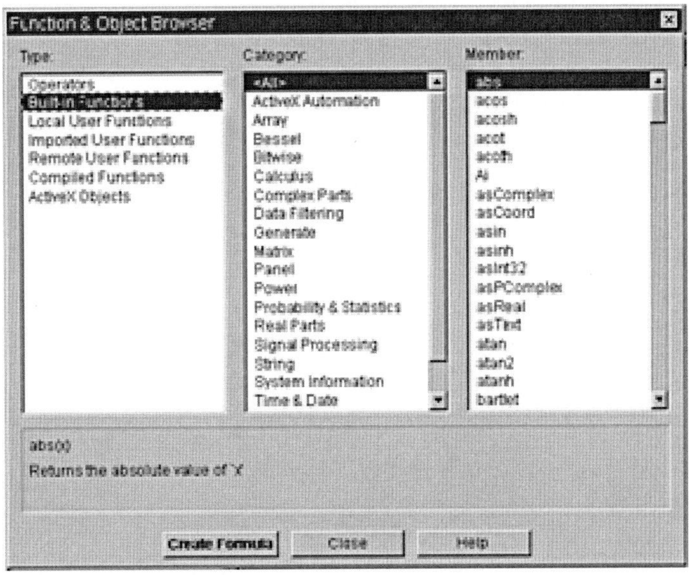

그림 3.30 수식 오브젝트 탐색기

메뉴에서 Device => Function & Object Browser를 선택하든지 또는 단축키를 사용하여 (Ctrl + I) 화면에 나타나게 할 수 있다. 구성을 살펴보면 네 부분으로 나누어지는데 왼쪽이 오브젝트의 타입별로 구분하는 곳이고 가운데가 오브젝트의 중간 분류가 되겠다. 오른쪽에 있는 부분은 각각의 수식을 선택할 수 있는 부분이다. 그리고 아래쪽이 각 수식 오브젝트에 대한 설명이 나타나는 부분으로서 오브젝트의 기능에 대한 설명이 나타난다. 위의 그림을 보면 타입에서는 Agilent에서 기본적으로 제공하는 함수, 중간 분류는 모든 것(All), 수식으로는 abs(x)라는 멤버를 선택하였다. 아래쪽에 abs(x)는 x의 절대값을 반환한다는 설명이 나타나고 Create formula 버튼을 사용하여 수식 오브젝트를 만들 수 있다.

(2) 분류 및 상세 설명

일단 왼쪽의 타입별 분류의 목록을 살펴보면 위에서부터 연산자, 내부 정의 함수들, 사용자 정의 함수들, 입수된(Imported) 사용자 함수들, 서버에서 받은(Remote) 사용자 함수들, 컴파일된 함수들, Active X 오브젝트의 순서이다. 이들 중 연산자와 내부정의 함수들은 항시 존재하는 것들이고 그 외의 목록은 특정한 조건 시, 예를 들면 컴파일된 사용자 함수를 불러들일 때 사용할 수 있다. 각각의 타입은 고급자 수준에서 다루기로 하고 연산자와 내부 정의 함수들에 대해서만 설명하도록 하겠다.

1) Operators(연산자)

① 〈ALL〉

② Arithmetic(산술): 사칙연산 및 산술에 관련된 함수들

③ Assignment(할당): 변수의 초기화 등의 각종 데이터에 값을 대입하는 함수들

④ Comparison(비교): 비교 조건을 주어 참(true)과 거짓(false)을 판단하는 함수들

⑤ Logical(논리): 참 거짓을 받아서 부울 연산(논리연산)을 수행하는 함수들

⑥ Miscellaneous(기타)

2) Built-in Function(내부 정의 함수)

① 〈ALL〉

② Active X Automation(Active X 자동화) : Active X 오브젝트 생성과 관련 정보 수집에 관련된 함수들

③ Array : 배열 연산에 관련된 함수들

④ Bessel : Bessel 함수들

⑤ Bitwise : 비트 연산에 관련된 함수들

⑥ Calculus : 미분 적분 관련 함수들

⑦ Complex Parts : 복소수 관련 함수들

⑧ Data Filtering : 데이터 필터링 관련 함수들

⑨ Generate : 테스터 신호 발생 관련 함수들

⑩ Matrix : 행렬 관련 함수들

⑪ Panel : 판넬(사용자 인터페이스 창) 관련 함수들

⑫ Power : 지수 관련 함수들

⑬ Probability & Statistics : 확률 통계관련 함수들

⑭ Real Parts : 실수(real number) 관련 함수들

⑮ Signal Processing : 신호처리 관련 함수들

⑯ String : 문자열 처리 관련 함수들

⑰ System Information : 시스템 정보 관련 함수들

⑱ Time & Date : 시각 및 날짜 관련 함수들

⑲ Trig : 삼각함수 관련 함수들

⑳ Type Conversion : 데이터 타입 변환 함수들

이상이 내부 정의 함수이다. 각 함수의 사용법 및 동작은 Help를 사용하여 이해할 수 있다.

3) 예제: 수식오브젝트를 사용하여 배열의 평균 및 표준편차 구하기

- 프로그램의 개요
  ① 수식오브젝트 사용법 익히기(평균 및 표준편차)
  ② 버튼을 이용한 실행 및 그래프 처리

- 프로그램 작성 목적
  ① 수식 오브젝트 탐색기를 사용한 프로그램 작성의 편리성 도모
  ② 버튼의 속성 설정을 통한 입력 트리거(사용자가 실행하고 싶을 때 실행하는 것) 만들기
  ③ ConFirm(OK) button 오브젝트의 사용을 통한 프로그램 종료 버튼 만들기

- 메뉴의 위치
  ① Until Break 오브젝트 : Flow ⇒ Repeat ⇒ Until Break
  ② 버튼 오브젝트 : Data ⇒ Toggle control ⇒ Button
  ③ If/then/Else 오브젝트 : Flow ⇒ If/Then/Else
  ④ Next 오브젝트 : Flow ⇒ Repeat ⇒ Next
  ⑤ Alloc Real(실수형 배열할당) 오브젝트: Data ⇒ Allocate Array ⇒ Real
  ⑥ Confirm(OK) 오브젝트 : Flow ⇒ Confirm(OK)
  ⑦ Stop 오브젝트 : Flow ⇒ Stop

⑧ XY Trace 오브젝트 : Display ⇒ XY Trace

⑨ mean() 오브젝트 : 수식 오브젝트 탐색기 이용(Device ⇒ Function & Object Browser or Ctrl+I)

⑩ sdev() 오브젝트 : 수식 오브젝트 탐색기 이용(Device ⇒ Function & Object Browser or Ctrl+I)

⑪ Alphanumeric 오브젝트 : Display ⇒ Alphanumeric

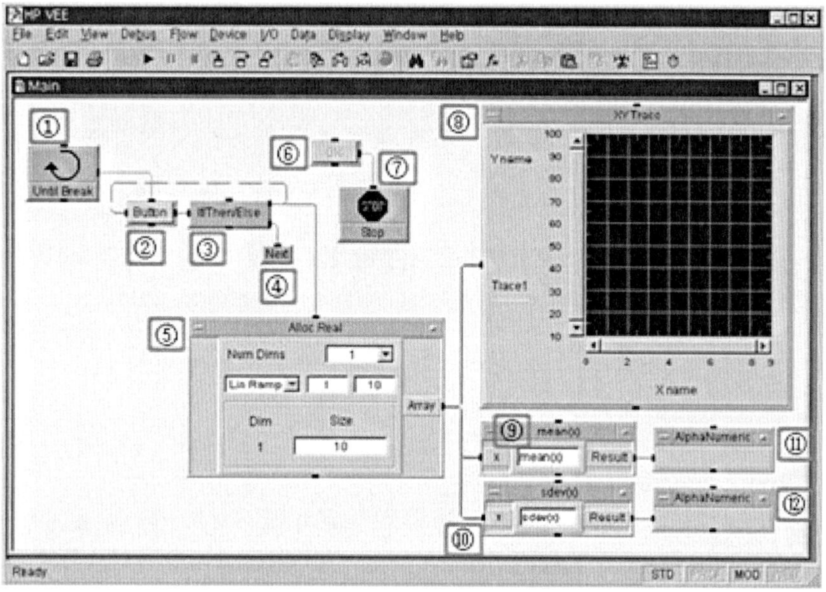

그림 3.31 예제의 메뉴 위치

4) 예제: 위 프로그램의 판넬(사용자 인터페이스 화면) 화면 만들기

- 프로그램의 개요

  사용자 입력화면 만들기

- 프로그램 작성 목적

  ①사용자 입력화면 작성 방법 익히기

  ② 속성 조절을 통한 다양한 모습 만들기

  ③ 판넬화면의 속성과 작업화면의 속성의 다른 점 이해하기

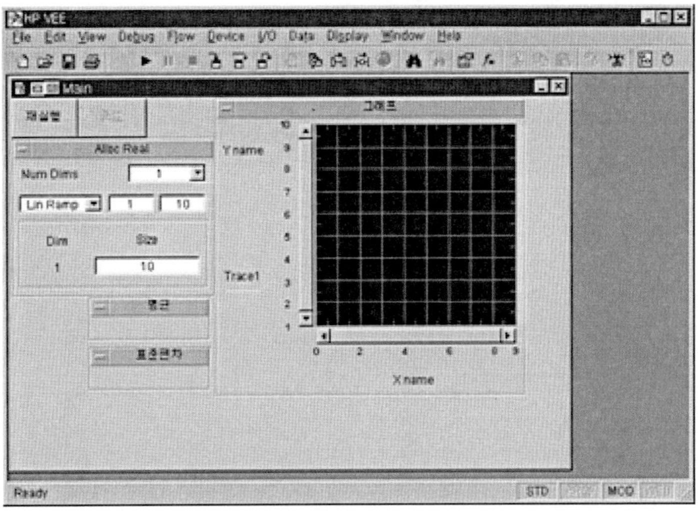

그림 3.32 예제의 사용자 입력화면 만들기

3.3.2 다른 언어와의 연계

Agilent VEE 의 특징 중 한 가지가 다른 언어와의 호환성이다. 다른 언어로 작성된 프로그램을 라이브러리화 하거나 Agilent VEE로 작성된 프로그램을 다시 부를 수 있는 개체로 만들어서 다시 이용함으로써 프로그램의 생산성을 극대화할 수 있다. 그리고 각각의 개발언어에 따른 장점들을 모아 사용함으로써 보다 효과적인 프로그램 생산이 가능하게 된다. Agilent VEE에서는 다른 언어와의 연계에 라이브러리 불러오기(Import library) 오브젝트를 사용한다. 메뉴의 위치는 Device ⇒ Import Library이고 여러 가지 항목들에 대한 설명을 그림 3.33을 보면서 하겠다.

불러올 라이브러리 형식 선택

- User Function: Agilent VEE로 제작된 사용자 함수를 불러올 수 있음
  ※ 사용자 함수: 여러 가지 오브젝트를 하나의 함수 형태로 묶은 것으로 동작 단위의 묶음으로 사용
- Compiled Function: 다른 언어 또는 Agilent VEE로 컴파일된 함수 사용
- Remote Function: 다른 컴퓨터의 라이브러리 공유 가능

이해를 돕기 위해 두 개의 수를 받아 들여서 그 사이의 난수를 10개 발생시켜 평균과 배열을 생성하는 사용자 함수의 예를 만들어 보자.

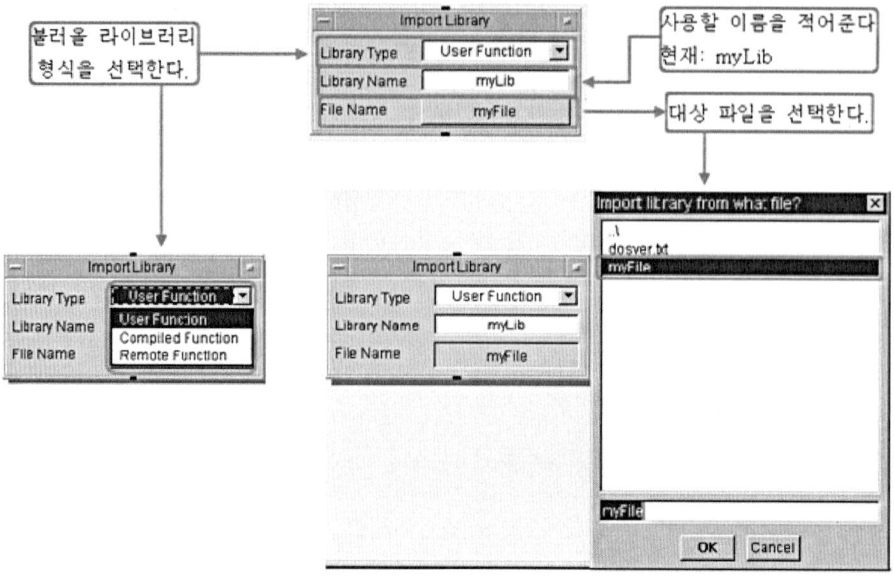

그림 3.33 다른 언어와의 연계 방법

(1) 예제: 두 개의 수를 받아서 그 구간의 난수 10개를 발생시킨 후 평균과 배열 생성

1) 주어진 그림과 동일한 프로그램을 작성한다.

2) 메뉴의 위치

① For Count: Flow ⇒ Repeat ⇒ For Count

② Random(High, Low): Device ⇒ Function & Object Browser ⇒ Random(High, Low)

③ Collector: Data ⇒ Collector

④ Integer : Data ⇒ Constant ⇒ Integer

⑤ Alphanumeric : Display ⇒ Alphanumeric

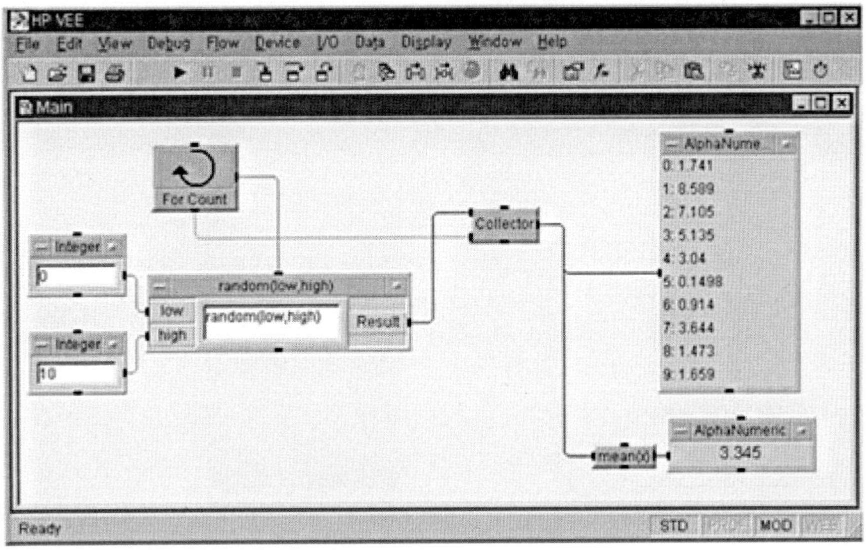

그림 3.34 예제의 메뉴 위치

3) 마우스를 Ctrl 키를 누른 채 마우스를 드래그하여 아래의 범위를 선택한다.

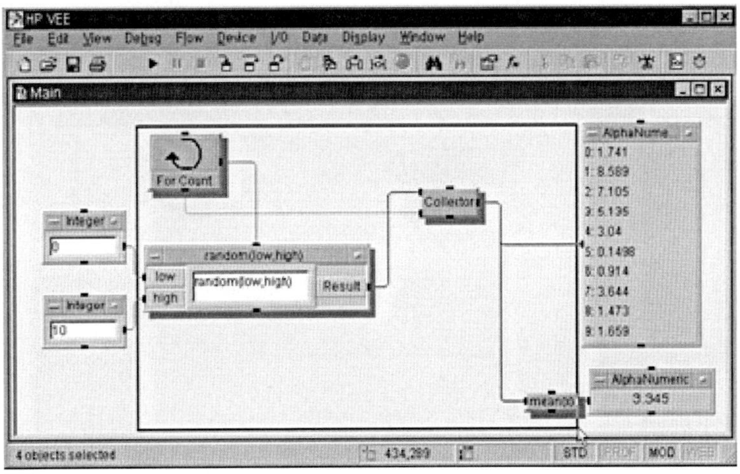

그림 3.35

4) 선택된 오브젝트들은 아래쪽에 그림자가 생긴다. 이제 클릭 상태를 해지하고 오른쪽 버튼을 클릭하면 다음과 같은 메뉴가 나타난다. 이 메뉴에서 Create UserFunction을 선택한다.

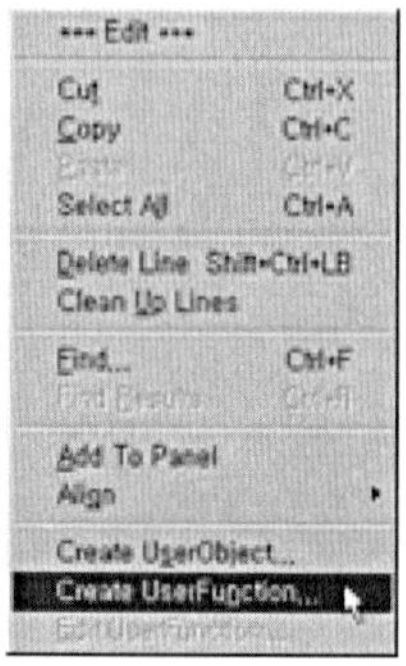

그림 3.36

5) 사용자 함수의 이름을 입력하는 대화창이 뜨면, 사용자 함수의 이름을 입력한다.

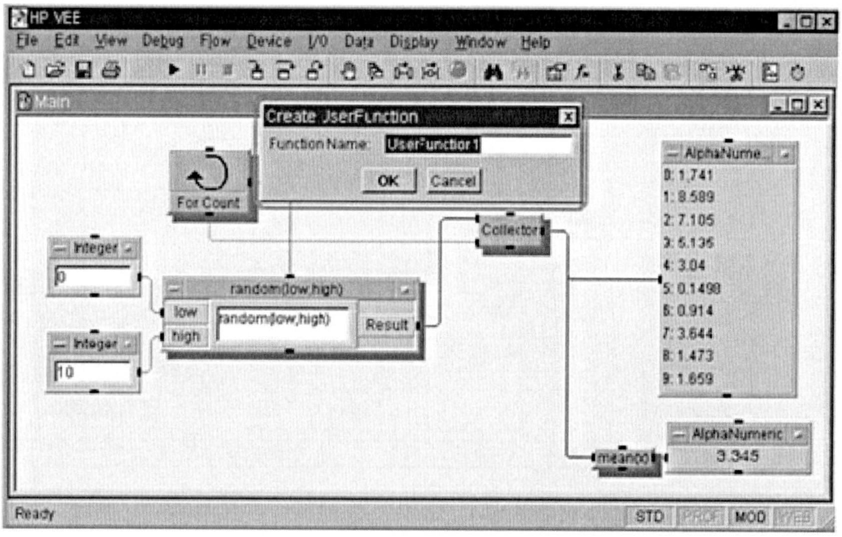

그림 3.37 사용자 함수 이름 변경

6) **다음과 같은 화면이 나타나면 사용자 함수를 완성한 것이다.**

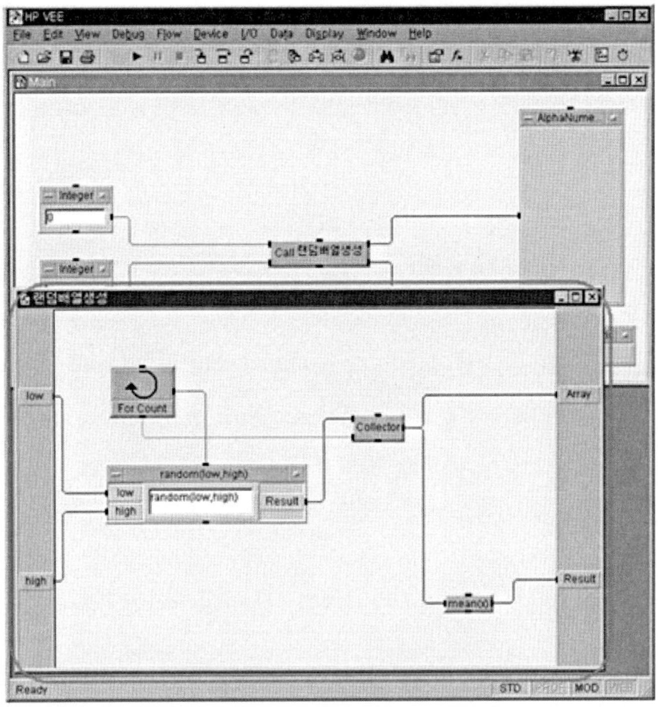

그림 3.38 사용자 함수 완성

예제와 같이 사용자 함수를 만들어 놓으면 이후에 호출해서 사용하기 쉽다. 그래서 라이브러리 읽어오기 오브젝트가 있는 것이다. 라이브러리를 잘 구축하여 놓으면 비교적 복잡한 프로그램 작성에 있어서 많은 도움이 된다. 그럼 원래의 목적으로 다시 돌아가서 사용자 함수로 만들어진 프로그램을 라이브러리화 해서 불러오는 프로그램을 작성해 보도록 하자. 위 프로그램을 저장하고 이름을 기억하자. 예제에선 import.vee로 c:₩vee 폴더에 저장하였다. 이제 새 프로그램을 작성하여 라이브러리 불러오기 예제를 작성하여 보자. 이번 예제는 모의 측정 데이터 생성을 하는 프로그램을 작성해 보도록 한다. 물론 모의 측정 데이터이므로 임의의 값은 제작한 라이브러리 파일을 참조하여 작성된 사용자 함수를 이용할 것이다.

7) **예제: 라이브러리 불러오기**

- 프로그램의 개요

  ① 사용자 함수를 불러들여 모의 측정 데이터를 생성하고 표시하기

② 프로퍼티 조작으로 자동실행 오브젝트 만들기

- 프로그램의 작성 목적
  ① 라이브러리 읽어오기
  ② 읽어온 라이브러리를 Function & Object Browser에서 만들어 쓰기
  ③ Label 오브젝트를 사용하여 사용자 화면 작성하기

- 메뉴의 위치
  ① Start 오브젝트: Flow ⇒ Start
  ② Import Library 오브젝트: Device ⇒ Import Library
  ※ 오브젝트의 메뉴 버튼을 클릭하여 메뉴에서 Load Lib 클릭
  ③ Integer Slider 오브젝트: Data ⇒ Continuous ⇒ Integer Slider
  ④ XY Trace 오브젝트: Display ⇒ XY Trace
  ⑤ Call 자료생성, 랜덤 배열생성 오브젝트: Device ⇒ Function & Object Browser ⇒ Imported UserFunction, 수식 오브젝트 탐색기 이용
  ⑥ Alphanumeric 오브젝트: Display ⇒ Alphanumeric

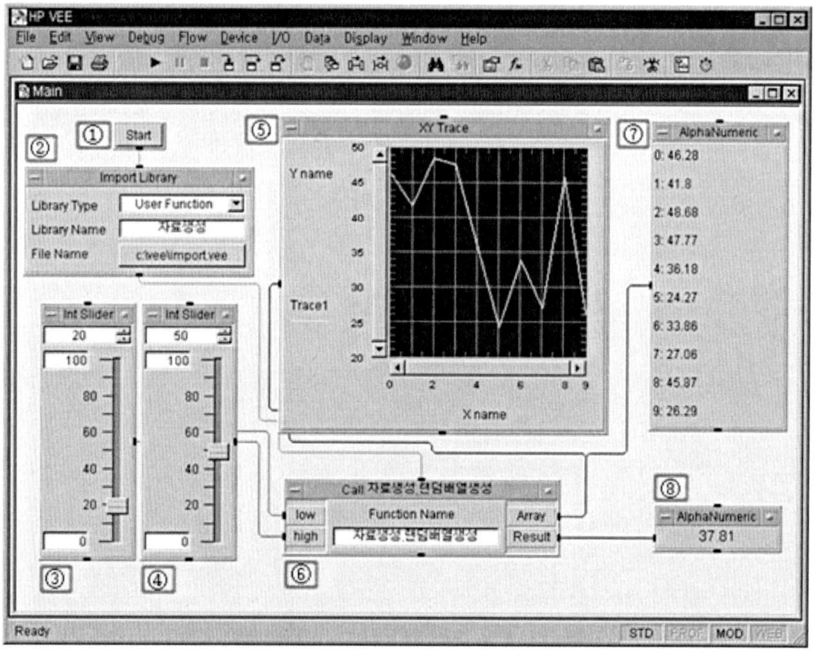

그림 3.39 라이브러리 불러오기 예제 메뉴 위치

프로그램은 다음과 같은 순서로 작성되었다.

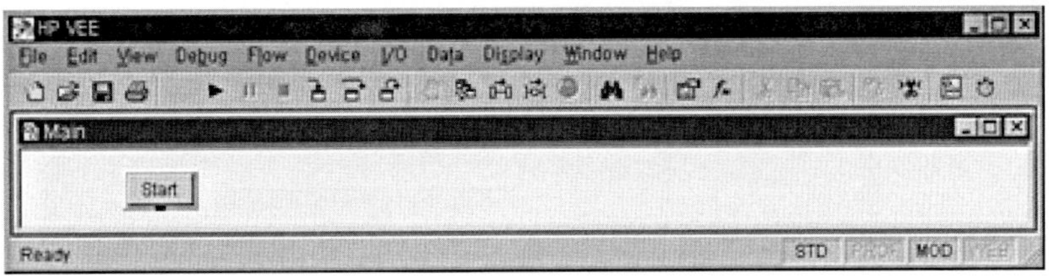

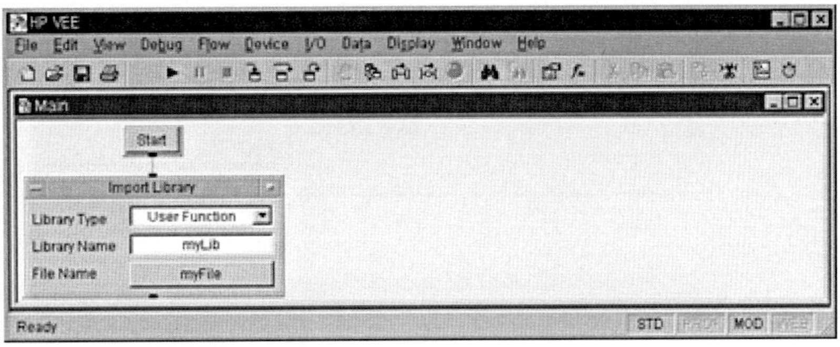

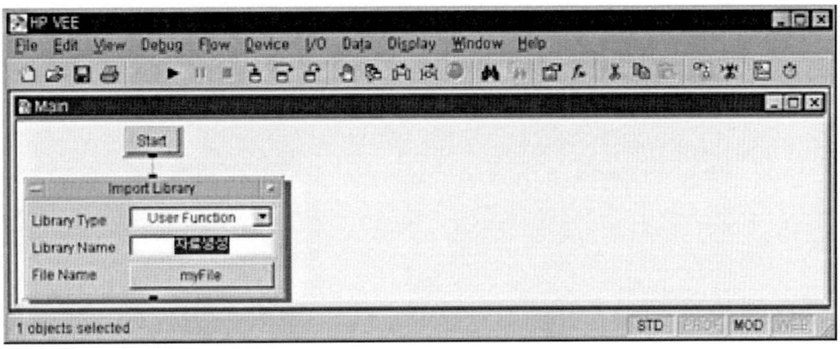

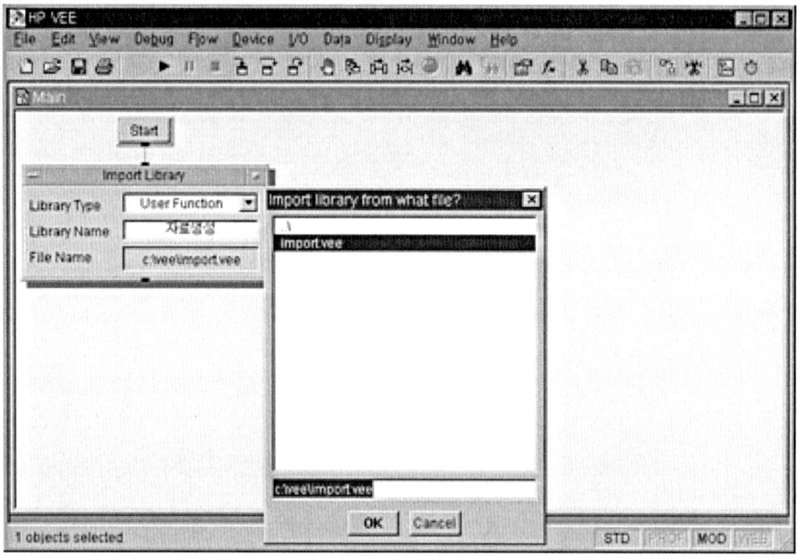
HP VEE
File Edit View Debug Flow Device I/O Data Display Window Help
Main
Start
Import Library
Library Type
User Function
Library Name
자료생성
File Name
c:\vee\import.vee
Import library from what file?
import.vee
c:\vee\import.vee
OK
Cancel
1 objects selected
STD
MOD

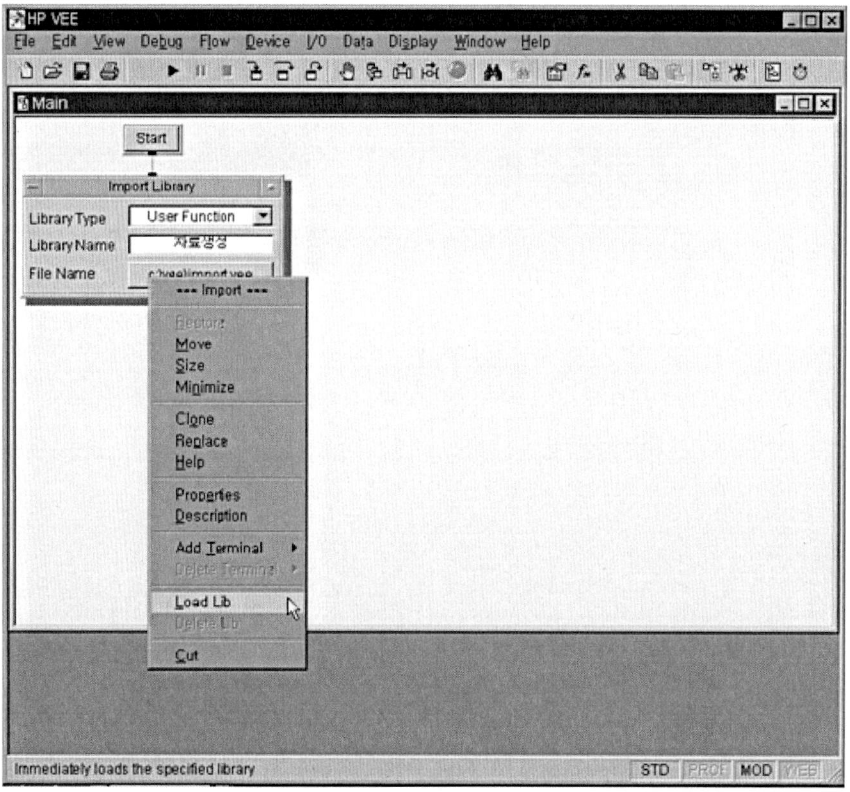
HP VEE
File Edit View Debug Flow Device I/O Data Display Window Help
Main
Start
Import Library
Library Type
User Function
Library Name
자료생성
File Name
--- Import ---
Move
Size
Minimize
Clone
Replace
Help
Properties
Description
Add Terminal
Load Lib
Cut
Immediately loads the specified library
STD
MOD

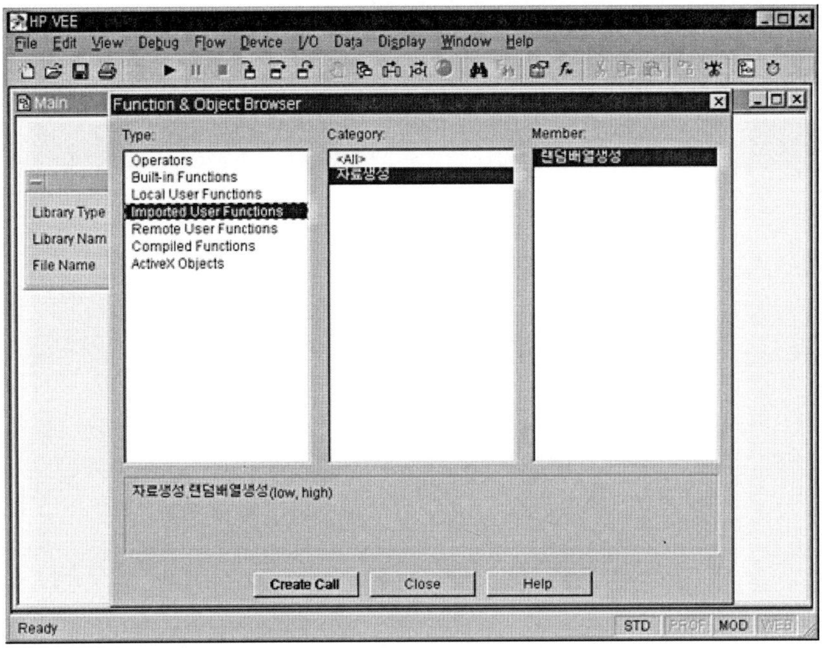
HP VEE
File Edit View Debug Flow Device I/O Data Display Window Help
Main
Function & Object Browser
Type:
Category:
Member:
Operators
Built-in Functions
Local User Functions
Imported User Functions
Remote User Functions
Compiled Functions
ActiveX Objects
<All>
자료생성
랜덤배열생성
Library Type
Library Nam
File Name
자료생성.랜덤배열생성(low, high)
Create Call
Close
Help
Ready
STD
MOD

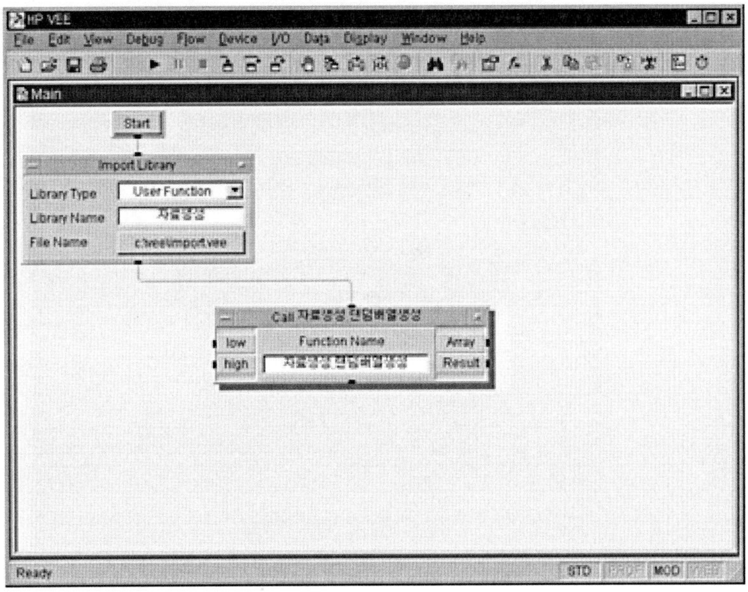
HP VEE
File Edit View Debug Flow Device I/O Data Display Window Help
Main
Start
Import Library
Library Type
User Function
Library Name
자료생성
File Name
c:\vee\import.vee
Call 자료생성.랜덤배열생성
low
high
Function Name
자료생성.랜덤배열생성
Array
Result
Ready
STD
MOD

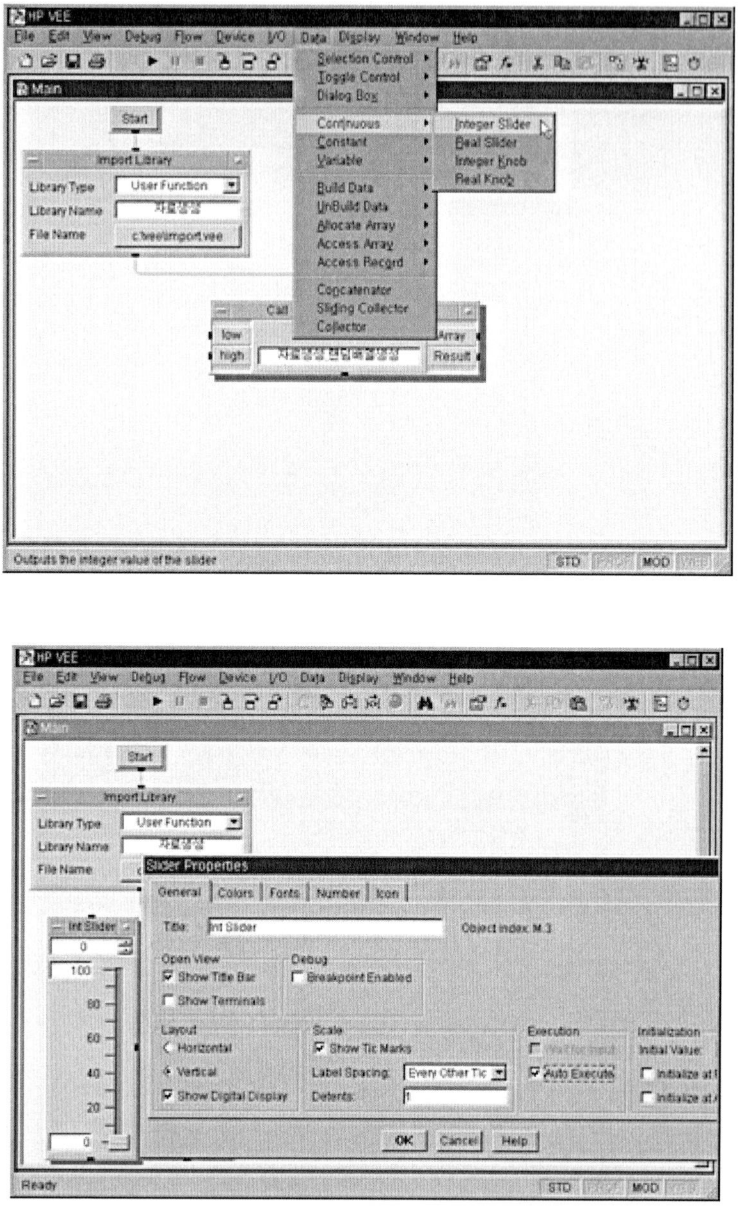

그림 3.40 프로그램 작성 순서

그림 3.40은 오브젝트 불러오기 ③번까지 진행한 것이다.

3.3.3 변수의 사용

변수란 임시로 값을 저장할 수 있는 그릇으로 이해하면 된다. Agilent VEE에서 변수를 사용할 일이 거의 없지만 꼭 사용해야 할 경우가 있다. 예를 들면, 두 개의 반복문을 실행하고 있을 때 한쪽 값이 변하였을 때 그 값의 적용을 다른 반복문에서 바로 적용시켜야 할 때에 사용한다.

(1) 변수의 선언

변수는 사용하기 전에 어떤 내용을 담을 것인가와 그 종류에 따라 미리 선언해주어야 한다. 그렇게 함으로써 자원의 낭비를 막고 효율적인 프로그램을 작성할 수 있다.

(2) 변수의 초기화

변수 생성 시에는 쓰레기 값이 들어있다. 따라서 사용하기 전에 미리 임의의 값을 할당하여 준다.

※ garbage value - 메모리의 어느 부분을 변수의 위치로 할당할지 모르기 때문에 어떤 값이 들어 있는지 모른다.

(3) 변수의 사용

Agilent VEE에서 변수의 사용은 여러 가지 방법으로 사용할 수 있다. 이후에 상세히 설명하도록 하겠다.

(4) 변수의 소거

사용기간이 만료된(더 이상 사용할 필요가 없어진) 변수는 소거해준다. 메모리를 다시 운영체제에게 돌려줌으로써 효과적인 관리를 할 수 있다. 물론 메모리가 충분하다고 생각이 될 땐 돌려주지 않아도 Agilent VEE 프로그램이 종료되면서 자동으로 해제된다.

Agilent VEE에서 변수는 여러 가지 종류가 있고 배열을 기본적으로 지원할 수 있도록 설계되어 있기 때문에 배열을 별도로 생성할 필요가 없다. 그리고 간단한 예를 통하여 변수의 사용법 및 활용을 알아보도록 한다.

예제에서는 변수를 사용하여 값 두 개를 받아 들여서 변수에 저장한 후 사칙연산을 실행하여 그 값을 출력하는 프로그램을 작성해 보도록 하겠다.

(5) 예제 변수 사용에 관련된 프로그램

- 프로그램의 개요

  변수 사용법 익히기

- 프로그램 작성 목적

  ① 변수 선언, 값 대입, 호출, 소거 방법 익히기

  ② Real Input 대화 상자를 이용한 값 입력의 활용 방법 익히기

- 메뉴의 위치

  ① 변수 선언: Data ⇒ Variable ⇒ Declare Variable

  ② 값 대입부

  대화상자: Data ⇒ Dialog Box ⇒ Real Input

  Set 변수: Data ⇒ Variable ⇒ Set Variable

  ③ 변수 호출부: Data ⇒ Variable ⇒ Get Variable

  ④ 변수 삭제: Data ⇒ Variable ⇒ Delete Variable

  ⑤ 사칙연산부

  Device ⇒ Function & Object Browser

  type: operators

  category: Arithmetic

  Member: *, +, −, /

  ⑥ 표시부: Display ⇒ Alphanumeric

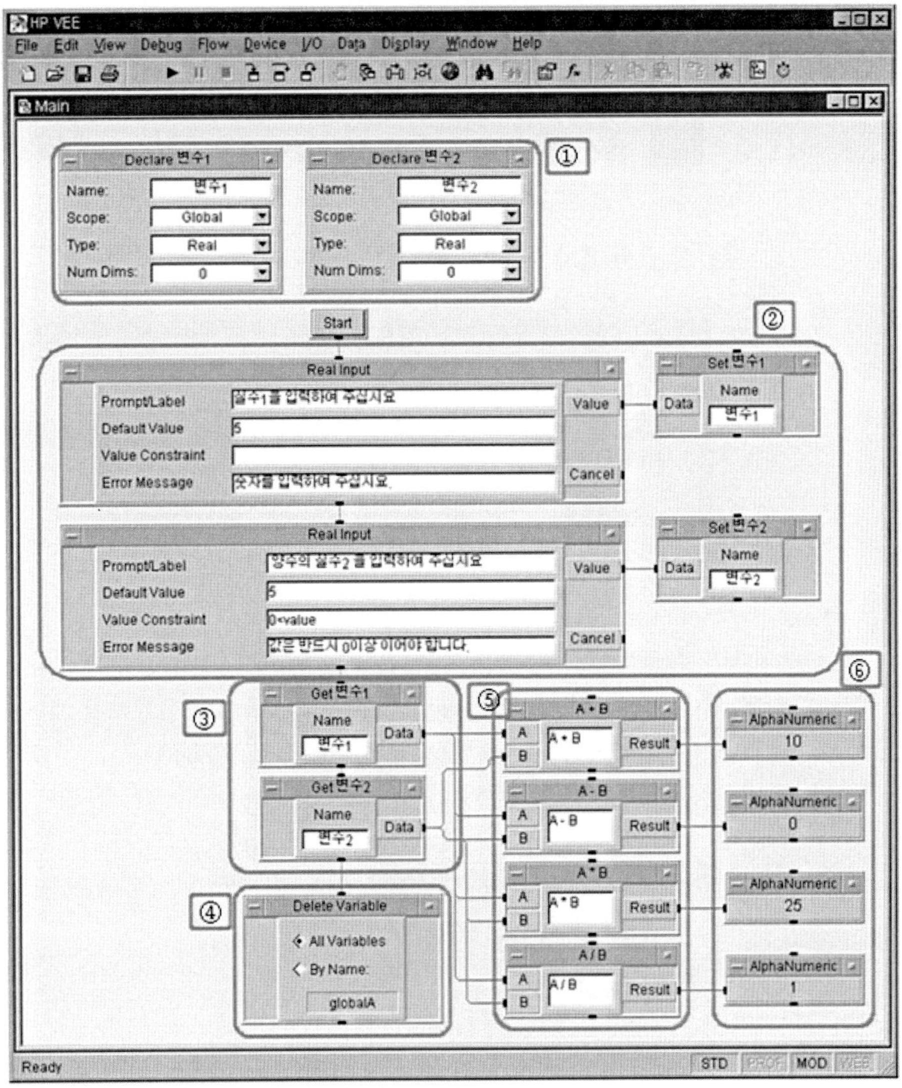

그림 3.41 변수사용 예제의 메뉴 위치

3.4 DataAcq Library 사용법

①  아이콘을 클릭하여 Agilent VEE를 실행한다.

② 그림 3.42에 표시되어 있는 'SJ DataAcq Lib'을 클릭한다.

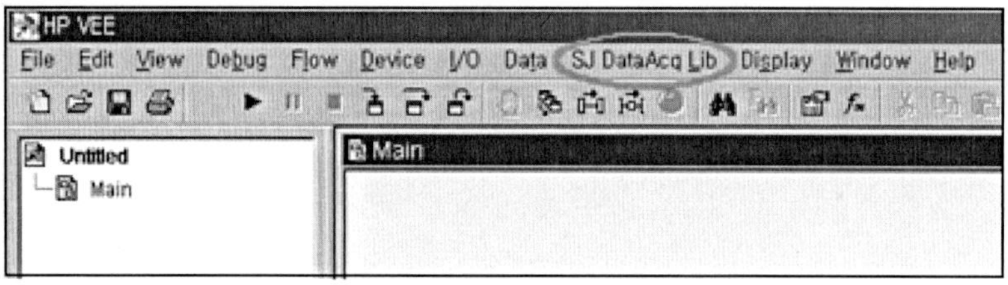

그림 3.42

③ 클릭 결과 그림 3.43과 같은 풀다운 메뉴를 볼 수 있다. Agilent VEE의 왼쪽 하단을 보면 각 메뉴에 대한 설명을 볼 수 있다. 그림처럼 메뉴의 '시작 종료'에 마우스를 가져가면 '시작과 종료의 개체를 생성합니다'라는 설명을 볼 수 있다.

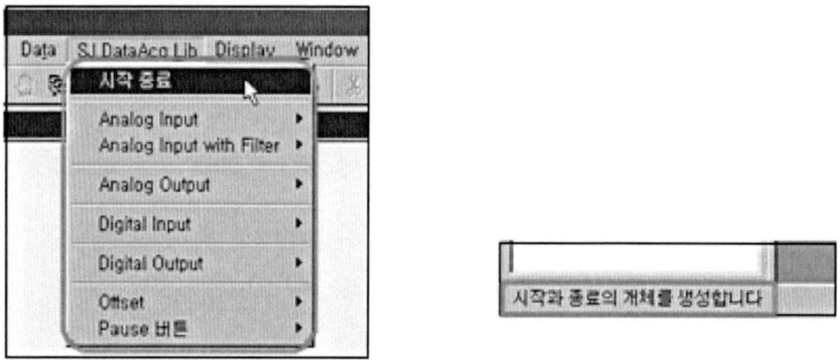

그림 3.43

그림 3.44에서 ▶ 이 있는 메뉴에 마우스를 가져가면 하위 메뉴를 볼 수 있다.

그림 3.44

④ 우선 '시작 종료'를 선택하고, 상세 화면에 마우스를 클릭하면 그림 3.45와 같이 개체가 화면에 나타난다.

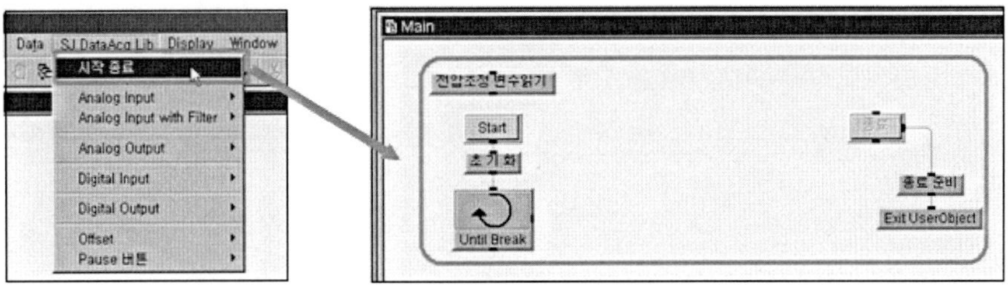

그림 3.45

개체가 만들어지면 탐색창에 새로운 부분이 추가된 것을 확인할 수 있다. 그리고 '시작 종료' 개체 중에서 'Until Break'를 이후 추가될 개체와 선으로 연결한다. 주의할 점은 그림 3.46에 표시된 부분에 선을 연결할 때 가장 아래쪽에 연결하면 그 프로그램은 제대로 동작하지 않는다.

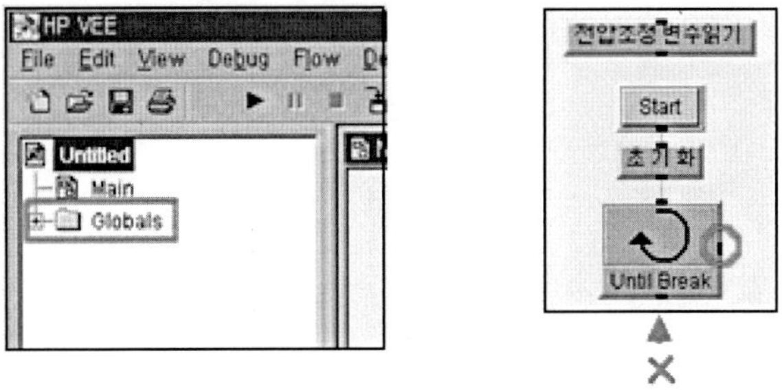

그림 3.46 연결에 주의

⑤ 이제 생성할 개체는 크게 네 가지가 있다. 아날로그 입력, 아날로그 출력, 디지털 입력, 디지털 출력이고, 그 외 오프셋 변경을 위한 개체와 멈춤 버튼에 대한 개체가 있다.

아날로그 입력 개체를 먼저 생성해보자. 메뉴를 보면 두 종류가 있는데, 필터의 유무에 따른 차이일 뿐 동일하다. 필터는 감쇄를 초래하므로 노이즈가 심하지 않다면 사용하지 않아도 된다. 하위 메뉴를 보면 몇 개의 채널을 사용할지에 따라 나누어져 있는데 여기에선 한 채널인 개체를 사용하겠다.

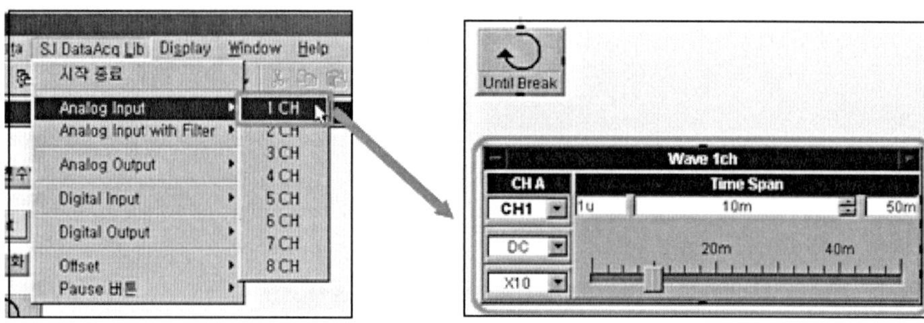

그림 3.47

생성된 개체는 'Until Break'에 연결한다.

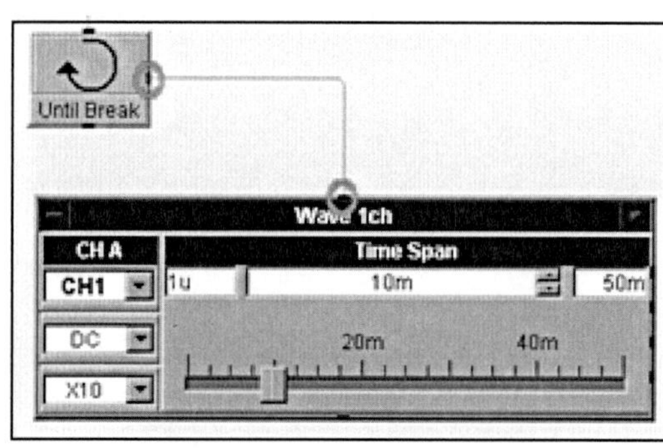

그림 3.48

이로써 아날로그 입력에 관한 프로그램은 완성되었다.

이것으로 파형을 보거나 위상을 측정하고, 조작하기 위해 이 개체의 각 출력 단자를 알아보도록 한다.

⑥ 'Wave 1ch'라는 개체의 출력 단자에 마우스를 가져가면 커서 모양이 바뀌면서 출력 단자의 명칭을 보여준다.

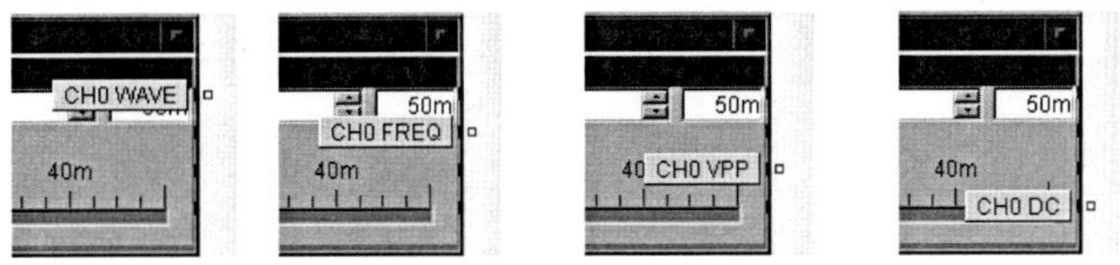

그림 3.49 커서 모양 변화

'CH0 WAVE'는 배열 형식의 값이 출력되며, 파형을 보거나 푸리에 변환을 할 때 사용된다. 'CH0 FREQ'는 주파수를 표시할 때 사용한다. 'CH0 VPP'는 Voltage Peak-to-Peak를 표시할 때 사용한다. 'CH0 DC'는 DC Voltage를 표시할 때 사용한다.

앞에서 완성했던 아날로그 입력 프로그램에 'PAUSE' 개체 및 몇 개의 Display 개체를 추가한 예를 그림 3.50에 나타냈다.

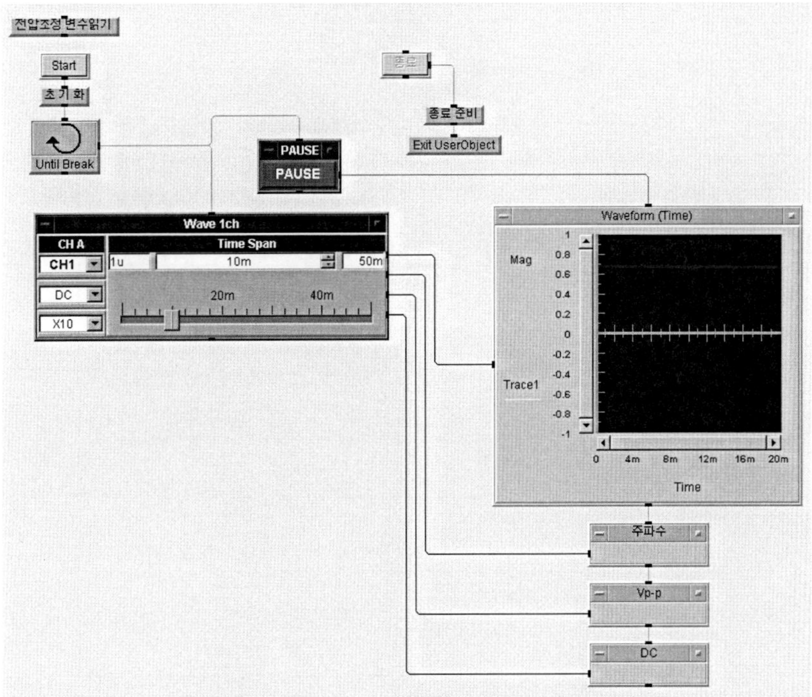

그림 3.50 Display 개체를 추가한 예

여기서 유의할 점 두 가지는 'Until Break'와 'PAUSE' 개체의 연결 방식과 'PAUSE' 개체와 각 Display 개체의 연결 방식을 잘 보고 기억해야 한다.

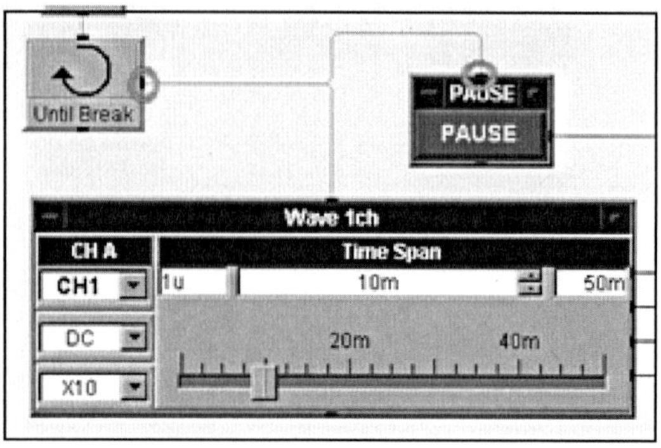

그림 3.51

특히 동작을 멈추게 할 개체를 병렬이 아닌 직렬로 연결하여 선처리를 간결하게 할 수 있다.

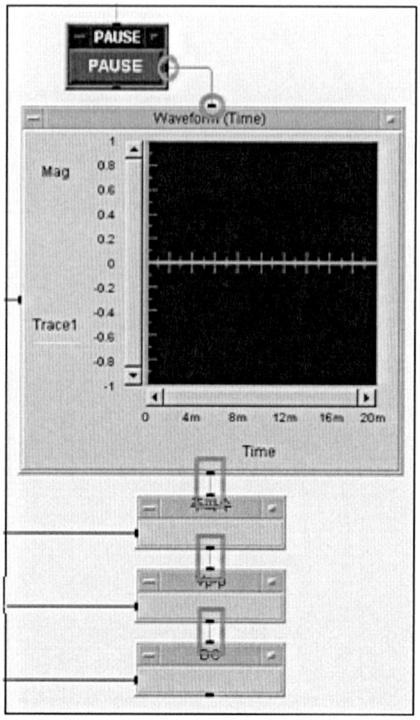

그림 3.52 직렬로 선을 처리한 예

⑦ 아날로그 출력에 대해 알아본다. 그림 3.53과 같이 구성하면 아날로그 출력 프로그램은 완성된다.

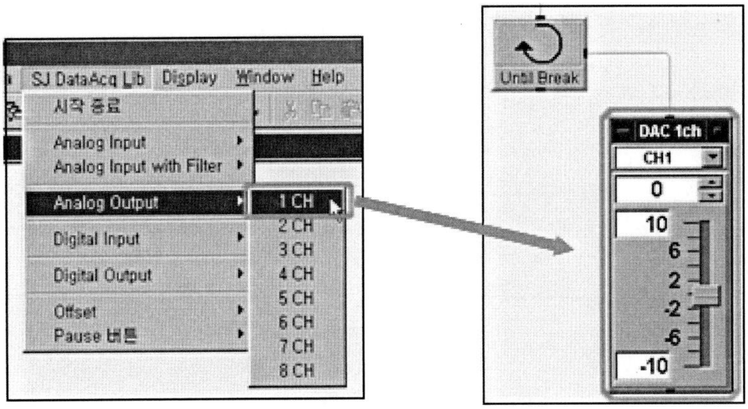

그림 3.53 아날로그 출력

이 개체는 슬라이드 바를 사용하여 −10~+10 [V]를 출력한다. TTL 레벨의 전원이나 PID 제어 등 각종 제어의 조작에 사용할 수 있다.

디지털 입력도 그림 3.54와 같이 구현할 수 있다.

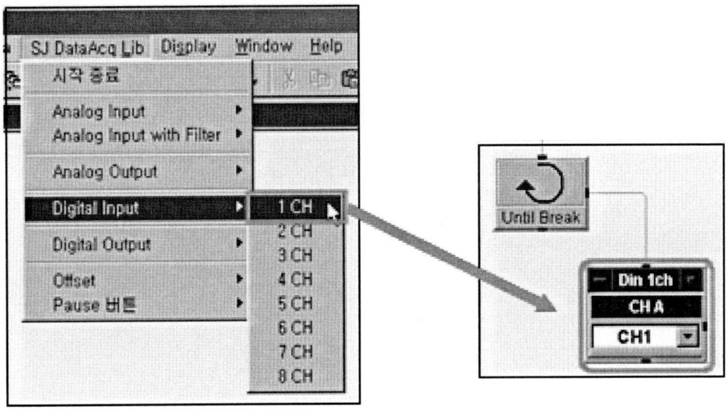

그림 3.54 디지털 입력의 구현

입력되는 디지털 신호의 High(+5V), Low(0V) 상태를 보여주며, 제어에 대한 정보를 제공함으로써 제어 알고리즘을 보조한다. 그림 3.55는 디지털 입력의 간단한 예를 보인다.

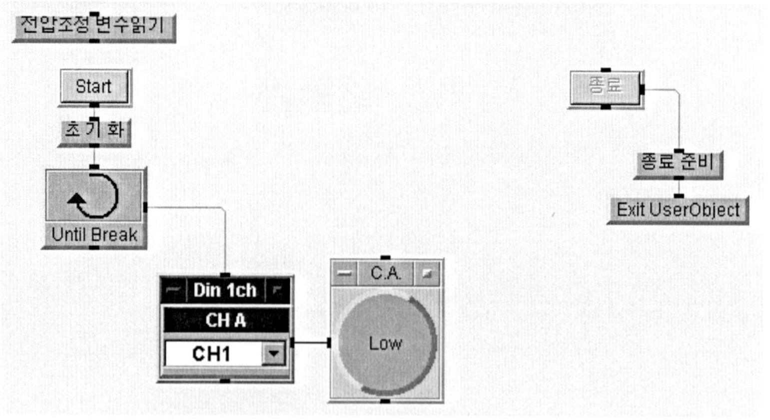

그림 3.55 디지털 입력의 예

디지털 출력에 대해 구현한 것은 그림 3.56과 같다.

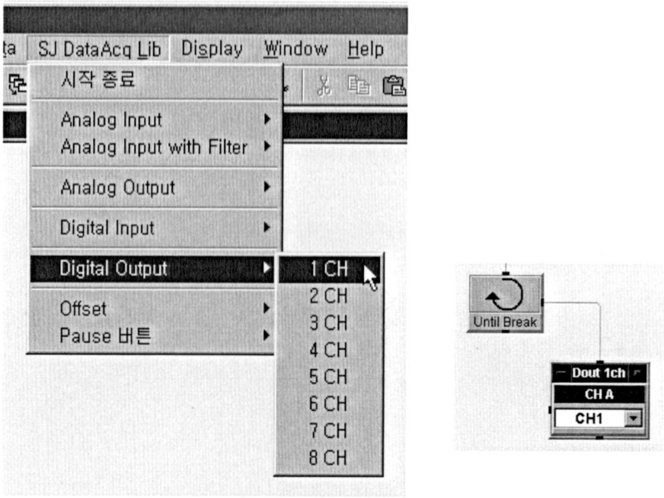

그림 3.56 디지털 출력 구현

이 개체는 신호를 출력하며, 제어에 필요한 On/Off 상태를 제공하고 5V 전원으로도 사용이 가능하다. 그림 3.57은 디지털 출력의 간단한 예이다.

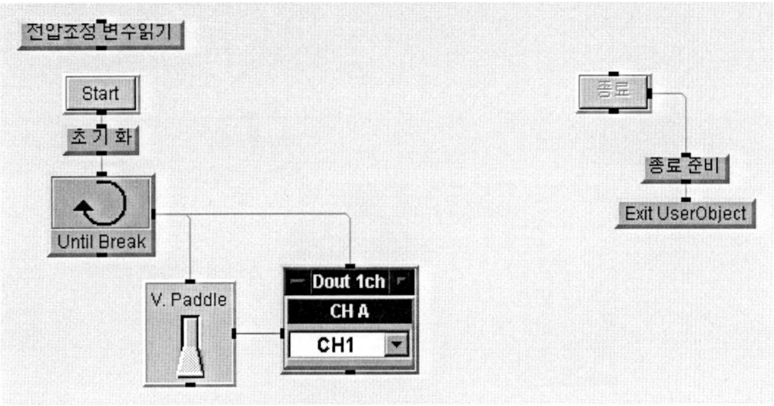

그림 3.57 디지털 출력의 예

마지막으로 Offset도 마찬가지 방법으로 생성할 수 있는데, 그림 3.58처럼 두 개 이상의 파형이 겹쳐 보이는 것을 나누는 역할을 한다.

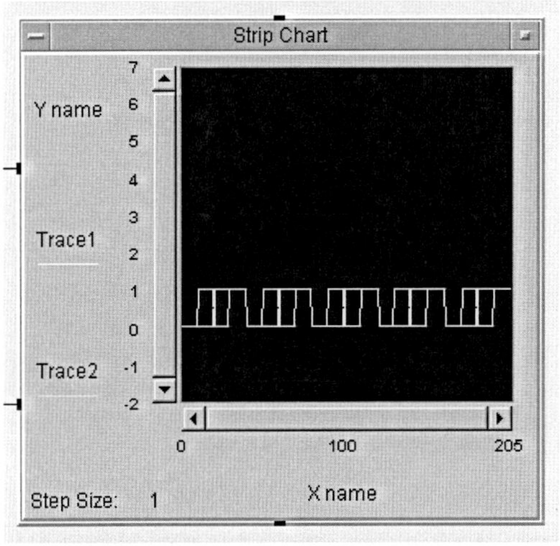

그림 3.58 겹쳐 보이는 두 개 파형

다음은 Offset 사용 예로, 2진 카운터에 전원으로 아날로그 출력 5V를 사용하여 동작하고 디지털 입력으로 값을 읽어 화면에 그래프로 나타내는 동작을 수행한다.

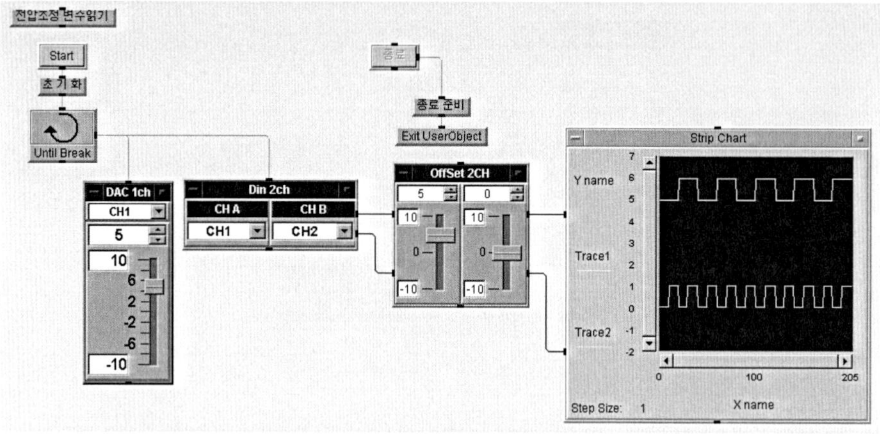

그림 3.59 Offset 사용 예

3.5 Agilent VEE 응용 I

3.5.1 전압/전류 측정법

- 프로그램 개요

① PC를 이용한 측정 방법 익히기

② AD/DA 카드를 Agilent VEE Programing에 적용하는 방법 익히기

- 프로그램 작성 목적

만능 기판으로 제작된 회로의 전압 전류 측정하기

- 메뉴의 위치

① 시작 종료 오브젝트: SJ DataAcq Lib ⇒ 시작 종료

② Wave 1ch Filter 오브젝트: SJ DataAcq Lib ⇒ Analog Input with Filter ⇒ 1CH

③ Pause 오브젝트: SJ DataAcq Lib ⇒ Pause 버튼 ⇒ Blue

④ 전류 변환 오브젝트: SJ DataAcq Lib ⇒ 전류 측정

⑤ AlphaNumeric 오브젝트: Display ⇒ AlphaNumeric

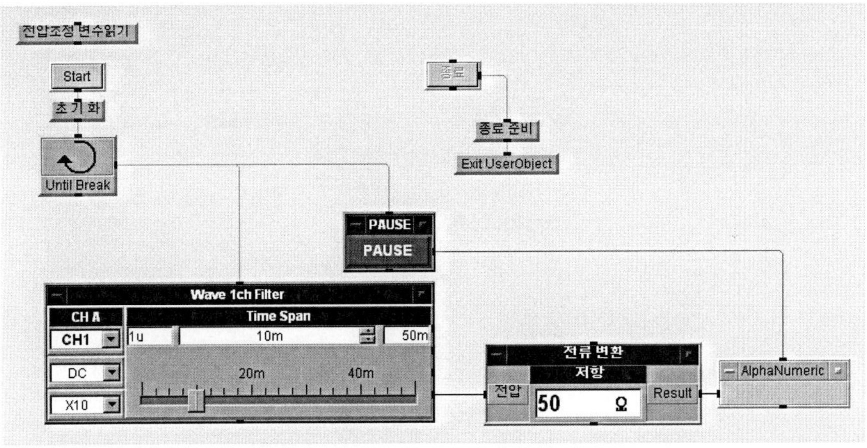

그림 3.60 전압/전류 측정의 예

3.5.2 TR 특성 곡선 측정법

- 프로그램의 개요
  ① PC를 이용한 측정 방법 익히기
  ② AD/DA 카드를 Agilent VEE Programing에 적용하는 방법 익히기

- 프로그램 작성 목적
  만능 기판으로 제작된 회로의 특성 곡선 측정하기

- 메뉴의 위치
  ① 시작 종료 오브젝트: SJ DataAcq Lib ⇒ 시작 종료
  ② TR 베이스 전압(V) 오브젝트: SJ DataAcq Lib ⇒ TR 측정
  ③ Pause 오브젝트: SJ DataAcq Lib ⇒ Pause 버튼 ⇒ Blue
  ④ X vs Y Plot 오브젝트: Display ⇒ X vs Y Plot
  ⑤ AlphaNumeric 오브젝트: Display ⇒ AlphaNumeric

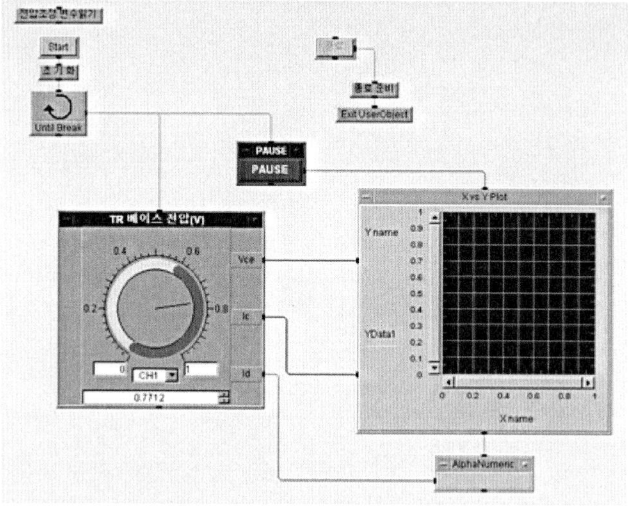

그림 3.61 TR 특성 곡선 측정 예

3.5.3 2진 카운터 측정법

- 프로그램의 개요

  ① PC를 이용한 측정 방법 익히기

  ② AD/DA 카드를 Agilent VEE Programing에 적용하는 방법 익히기

- 프로그램 작성 목적

  만능 기판으로 제작된 회로의 시그널 측정하기

- 메뉴의 위치

  ① 시작 종료 오브젝트: SJ DataAcq Lib ⇒ 시작 종료

  ② Din 4ch 오브젝트: SJ DataAcq Lib ⇒ Digital Input ⇒ 4CH

  ③ Pause 오브젝트: SJ DataAcq Lib ⇒ Pause 버튼 ⇒ Blue

  ④ OffSet 4ch 오브젝트: SJ DataAcq Lib ⇒ Sffset ⇒ 4CH

  ⑤ Strip Chart 오브젝트: Display ⇒ Strip Chart

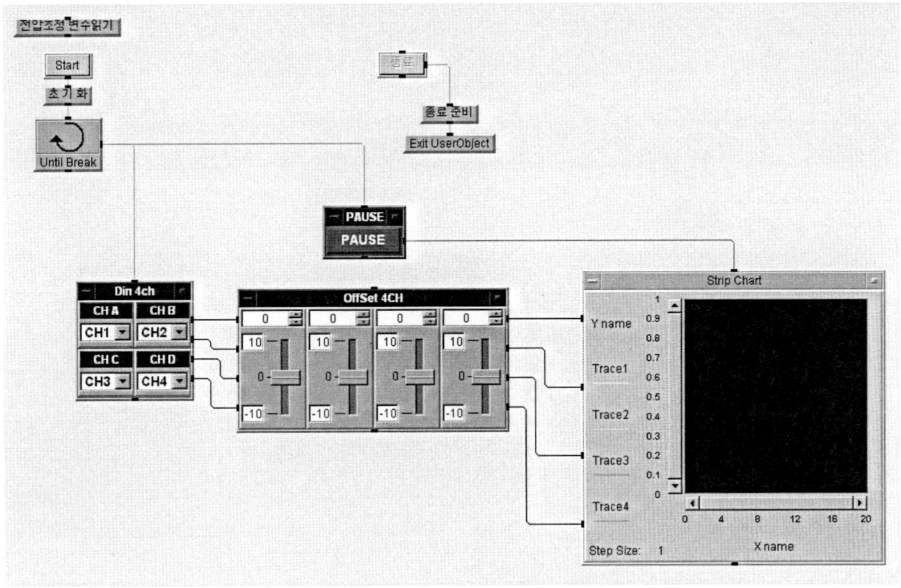

그림 3.62 2진 카운터 측정법 예

3.6 Agilent VEE 응용 II

3.6.1 온도 센서 측정법

- 프로그램의 개요

① PC를 이용한 측정 방법 익히기

② AD/DA 카드를 Agilent VEE Programing에 적용하는 방법 익히기

- 프로그램 작성 목적

만능 기판으로 제작된 회로의 센서 출력값을 측정하기

- 메뉴의 위치

① 시작 종료 오브젝트: SJ DataAcq Lib ⇒ 시작 종료

② Wave 1ch Filter 오브젝트: SJ DataAcq Lib ⇒ Analog Input with Filter ⇒ 1CH

③ Pause 오브젝트: SJ DataAcq Lib ⇒ Pause 버튼 ⇒ Blue

④ 저항 온도 변환기 오브젝트: SJ DataAcq Lib ⇒ 온도 센서

⑤ X vs Y Plot 오브젝트: Display ⇒ X vs Y Plot

⑥ AlphaNumeric 오브젝트: Display ⇒ AlphaNumeric

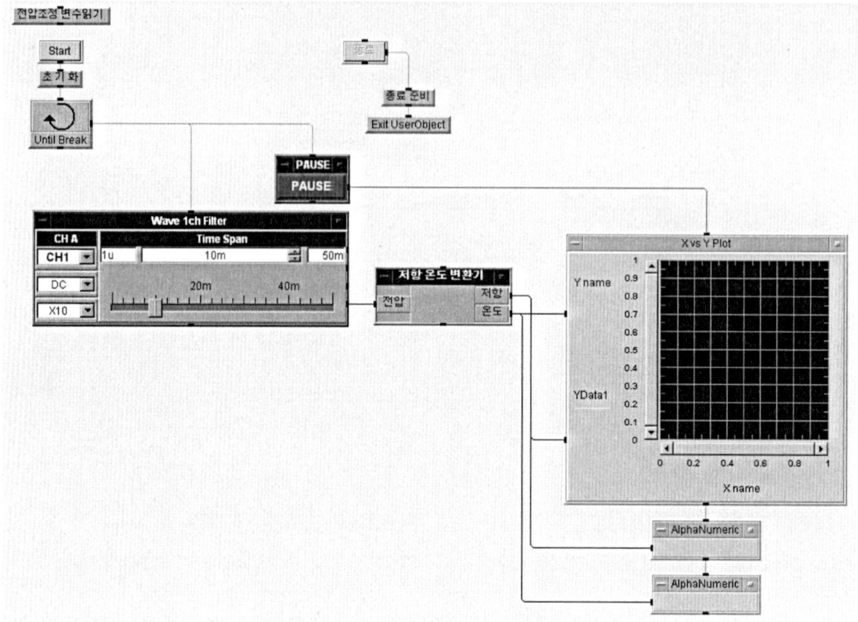

그림 3.63 온도 센서 측정법 예

3.6.2 NE555의 주파수 측정법

- 프로그램의 개요

  ① PC를 이용한 측정 방법 익히기

  ② AD/DA 카드를 Agilent VEE Programing에 적용하는 방법 익히기

- 프로그램 작성 목적

  만능 기판으로 제작된 회로의 주파수 측정하기

- 메뉴의 위치

  ① 시작 종료 오브젝트: SJ DataAcq Lib ⇒ 시작 종료

  ② Wave 1ch Filter 오브젝트: SJ DataAcq Lib ⇒ Analog Input with Filter ⇒ 1CH

  ③ Pause 오브젝트: SJ DataAcq Lib ⇒ Pause 버튼 ⇒ Blue

  ④ Waveform(Time) 오브젝트: Display ⇒ Waveform(Time)

⑤ AlphaNumeric 오브젝트: Display ⇒ AlphaNumeric

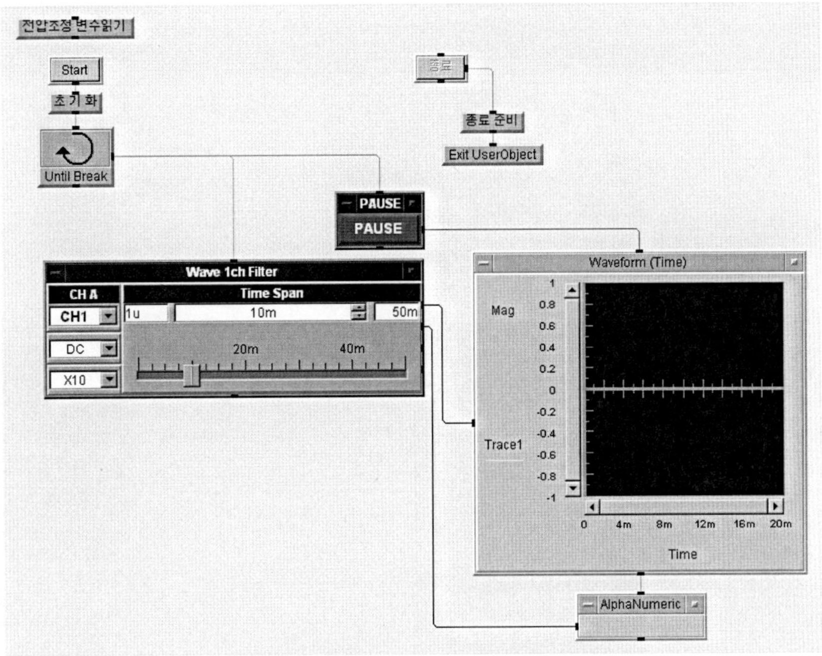

그림 3.64 NEE555의 주파수 측정 예

3.6.3 AM 주파수 변조 측정법

- 프로그램의 개요

① PC를 이용한 측정 방법 익히기

② AD/DA 카드를 Agilent VEE Programing에 적용하는 방법 익히기

- 프로그램 작성 목적

만능 기판으로 제작된 회로의 AM 변조를 그래프로 나타내기

- 메뉴의 위치

① 시작 종료 오브젝트: SJ DataAcq Lib ⇒ 시작 종료

② Wave 1ch Filter 오브젝트: SJ DataAcq Lib ⇒ Analog Input with Filter ⇒ 3CH

③ Pause 오브젝트: SJ DataAcq Lib ⇒ Pause 버튼 ⇒ Blue

④ Waveform(Time) 오브젝트: Display ⇒ Waveform(Time)

⑤ AlphaNumeric 오브젝트: Display ⇒ AlphaNumeric

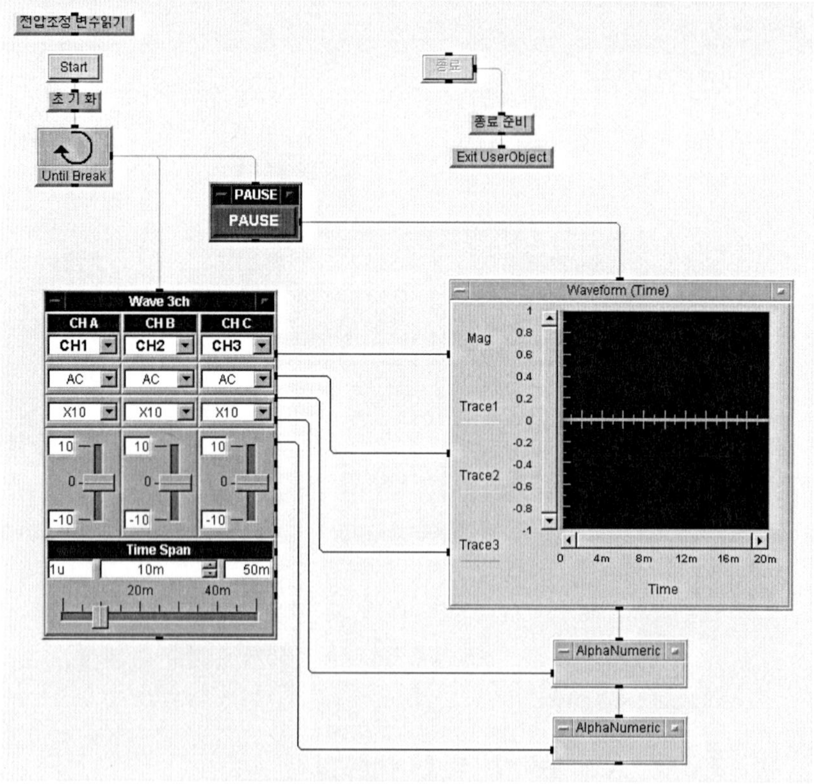

그림 3.65 AM 주파수 변조 측정법 예

3.6.4 옴의 법칙 구현

- 프로그램의 개요

  Agilent VEE를 이용한 일반공식 구현 방법 익히기

- 프로그램 작성 목적

  ① Formula 오브젝트의 다른 사용 방법 익히기

  ② 판넬화면에 그림을 넣는 방법 익히기

- 메뉴의 위치

  ① Start 오브젝트: Flow ⇒ Start

② Until Break 오브젝트: Flow ⇒ Repeat ⇒ Until Break

③ Real 오브젝트: Data ⇒ Constant ⇒ Real

④ Formula 오브젝트: Device ⇒ Formula

※ 입력 단자를 A, B로 만든 후 A는 V에 B는 R에 연결하고 "(B==0 ? "무한대" : A/(B+0.00000001u))"라고 기입한다. (A ? B : C) 구문은 A가 참이면 B를 출력하고, 거짓이면 C를 출력한다. 0.00000001u를 더한 이유는 0으로 나누는 오류를 없애기 위해서이다.

⑤ Shift Register 오브젝트: Device ⇒ Shift Register

⑥ If A != B 오브젝트: Flow ⇒ Conditional ⇒ If A != B

⑦ AlphaNumeric 오브젝트: Display ⇒ AlphaNumeric

⑧ Confirm(OK) 오브젝트: Flow ⇒ Confirm(OK)

⑨ Exit UserObject 오브젝트: Flow ⇒ Exit UserObject

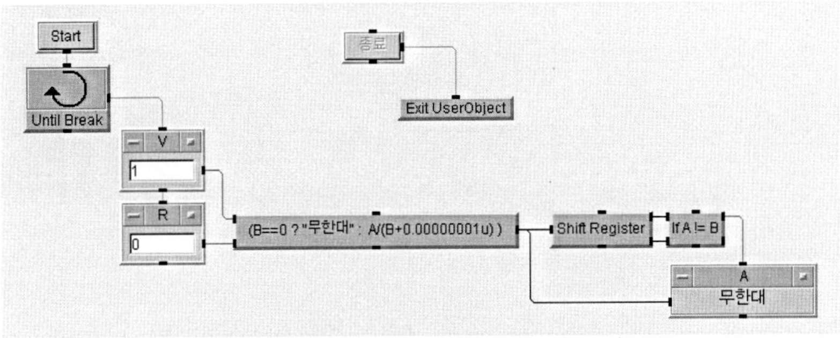

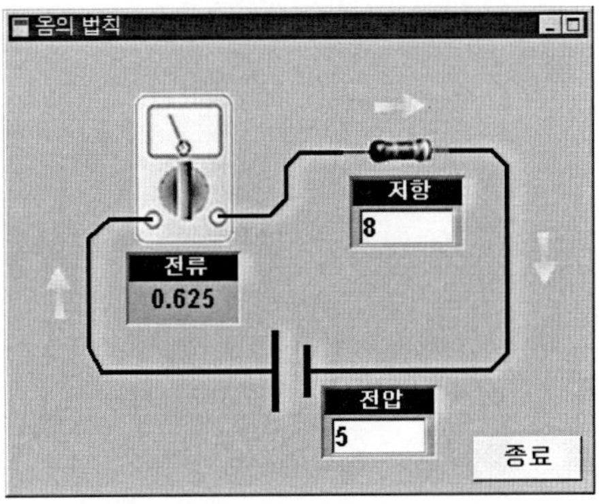

그림 3.66 옴의 법칙 구현의 예

3.7 VIS 장비 카드 및 소프트웨어 설치

본 교재에서는 전력망 계측용 하드웨어 시스템으로 VIS(Virtual Instrument System)를 이용한다. VIS는 삼진기술에서 제작 및 공급하며 자세한 내용은 3.8절에서 설명하겠다.

3.7.1 AD 카드 설치

현재 출시된 PCI AD 카드는 그림 3.67과 같다.

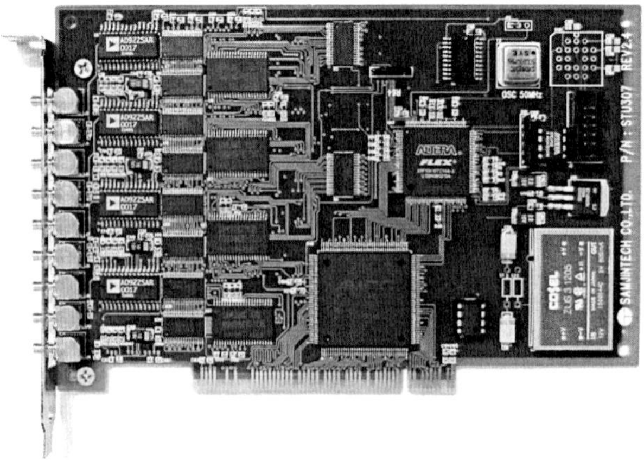

그림 3.67 PCI AD 카드(Ver. 2.5)

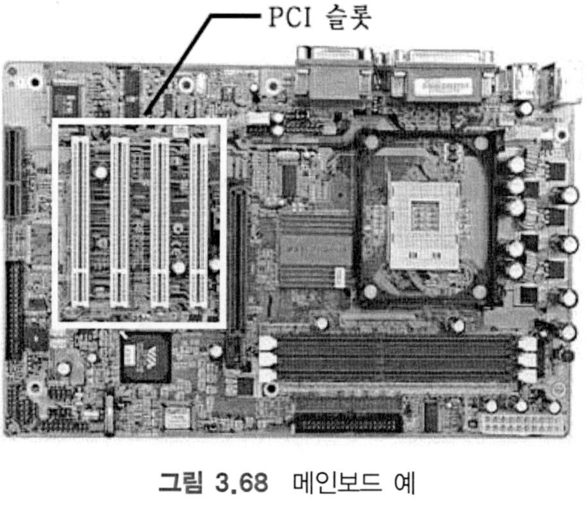

그림 3.68 메인보드 예

PCI AD 카드를 설치할 때는 전원을 끈 상태에서 그림 3.68과 같이 메인보드의 PCI 슬롯에 장착하여야 한다. 메인보드에 PCI AD 카드를 장착하였으면 나사를 이용하여 흔들리지 않도록 고정한다. PCI AD 카드를 고정하였다면 PC를 부팅한다.

PC의 부팅이 끝나면 장착한 보드를 PC에서 인식하여 그림 3.69처럼 새 하드웨어 추가마법사가 실행된다.

그림 3.69 새 하드웨어 추가 마법사(1단계)

여기에서 '다음'을 클릭하여 그림 3.70과 같은 창이 나타나면 다시 '다음'을 클릭한다.

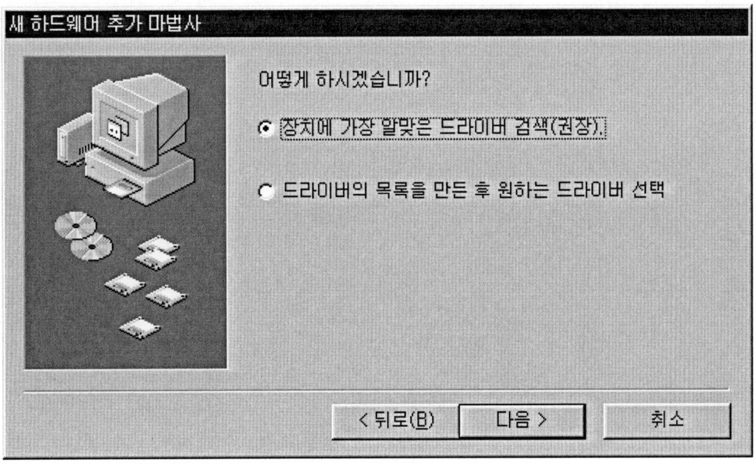

그림 3.70 새 하드웨어 추가 마법사(2단계)

그림 3.71과 같은 창이 나타나면 설치 CD를 CD-ROM에 넣고 오른쪽 하단에 보이는 찾아보기(R)를 클릭한다.

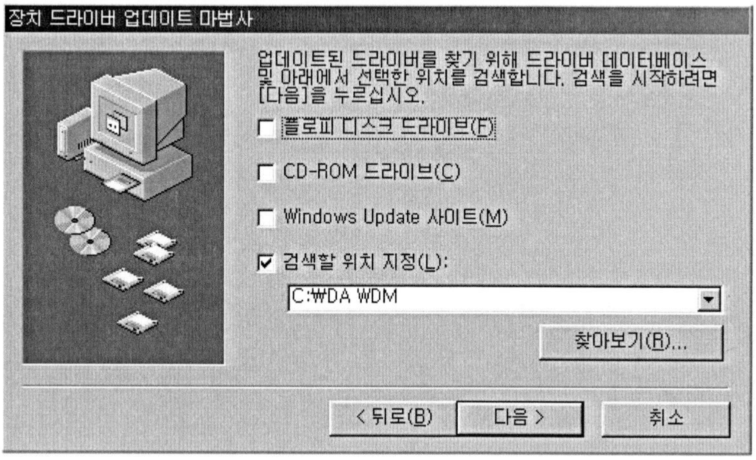

그림 3.71 새 하드웨어 추가 마법사(3단계)

그림 3.72와 같이 설치 CD에서 'AD WDM 2.5'라는 폴더를 선택하고 '확인'을 클릭한다.

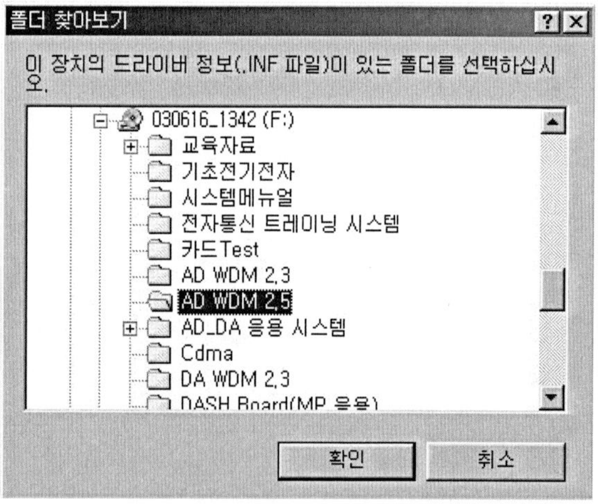

그림 3.72 새 하드웨어 추가 마법사(4단계)

그림 3.73과 같은 창이 나타나면 '다음'을 클릭한다.

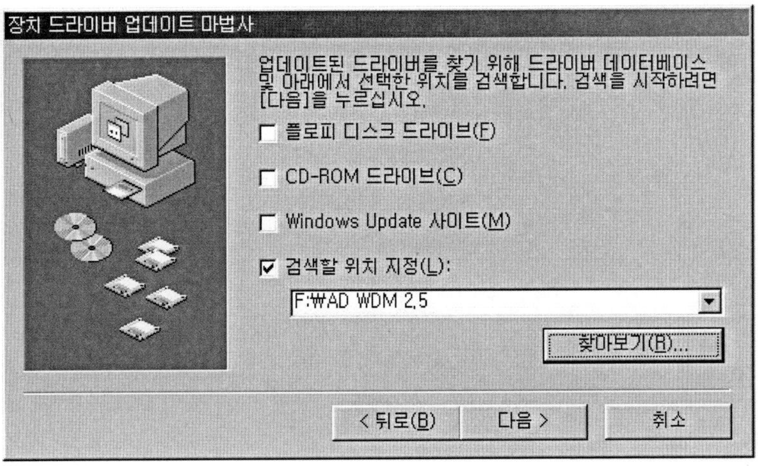

그림 3.73 새 하드웨어 추가 마법사(5단계)

그러면 그림 3.74처럼 드라이버를 찾아 설치할 준비가 되었다는 메시지가 나타나고 다시 '다음'을 클릭한다.

그림 3.74 새 하드웨어 추가 마법사(6단계)

설치가 마쳤다는 메시지가 나타나면 오른쪽 하단에 '마침'을 클릭하여 설치를 완료한다.

그림 3.75 새 하드웨어 추가 마법사(7단계)

그리고 PCI AD 카드가 PC에 올바르게 설치되었는지 확인하기 위하여 '제어판-장치 관리자'에 들어가서 '사운드, 비디오 및 게임 컨트롤러' 메뉴를 열어본다.

그림 3.76 PCI AD 카드가 설치될 장치관리자

사운드, 비디오 및 컨트롤러 장치 내에 samjinad WDM Driver가 그림 3.77과 같이 생성되었다면 PCI AD 카드 설치는 정상적으로 완료되어진 것이다.

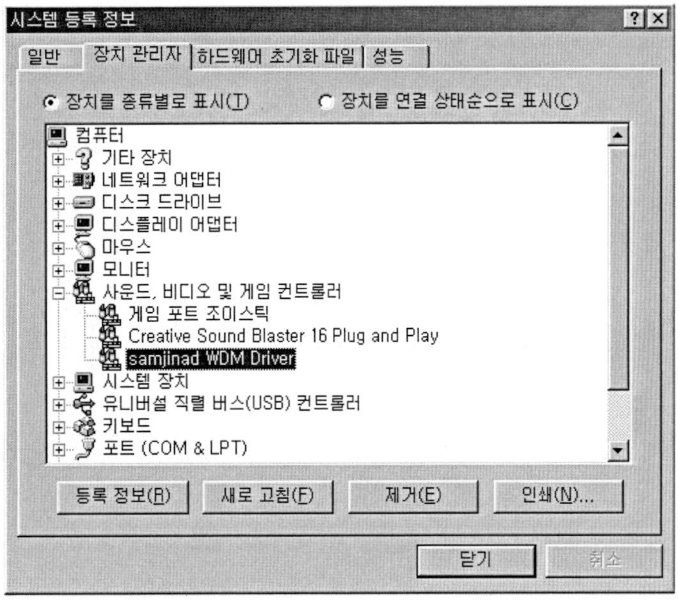

그림 3.77 PCI AD 카드의 정상 설치 모습

3.7.2 Multi Function 카드 설치

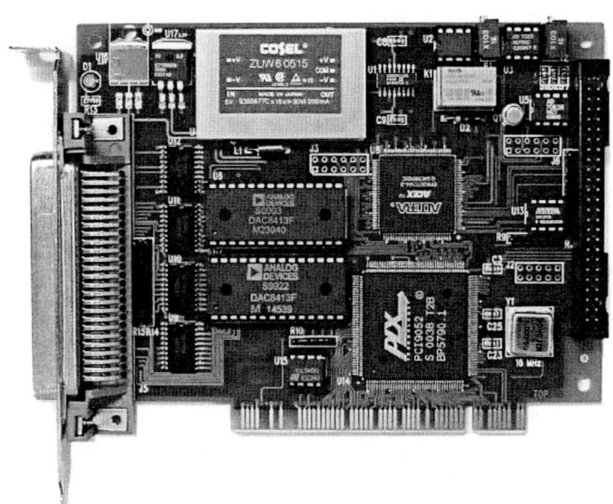

그림 3.78 PCI 타입 Multi Function 카드(Ver. 2.3)

현재 출시된 PCI Multi Function 카드는 그림 3.78과 같다. 설치과정은 앞의 과정과 거의 동일하며 새 하드웨어 추가 마법사(4단계)에서 그림 3.79와 같이 'DA WDM 2.3' 폴더만 선택해주면 된다.

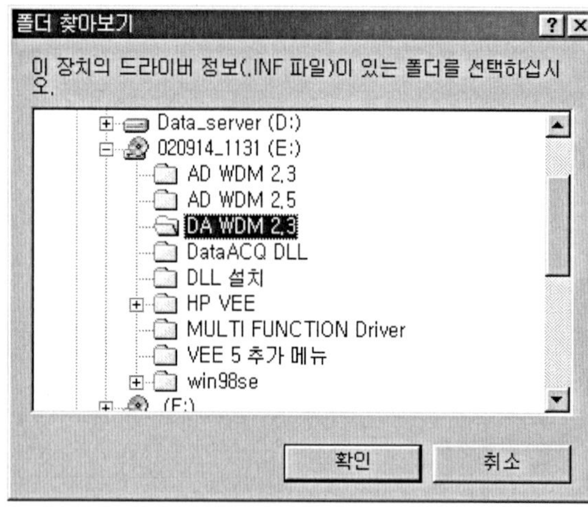

그림 3.79 새 하드웨어 추가 마법사

그리고 PCI Multi Function 카드가 PC에 올바르게 설치되었는지 확인하기 위하여 '제어판-장치관리자' 창에서 시스템 장치를 열어본다. 그러면 만약 시스템 장치 내에 'samjinDA WDM Driver'가 그림 3.80과 같이 생성되었다면 PCI Multi Function 카드 설치는 정상적으로 설치된 것이다.

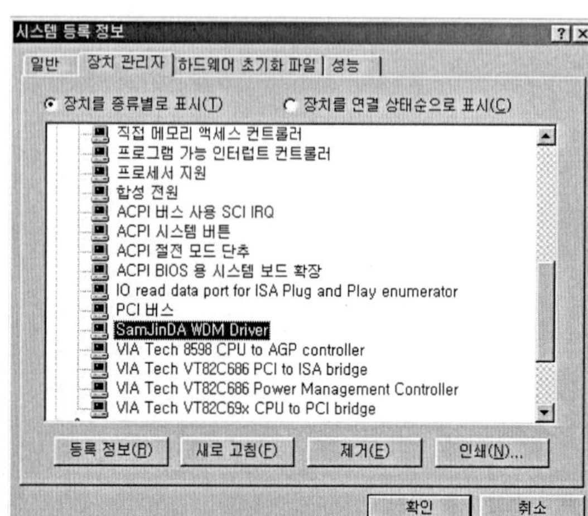

그림 3.80 PCI Multi Function 카드의 정상 설치 모습

3.7.3 DLL 설치

실제 PCI 카드에는 DLL(Dynamic Linking Library)을 설치하지 않아도 되지만 제어용 DLL을 ISA-PCI 통합으로 구성하였기 때문에 반드시 설치해야만 ERROR가 발생하지 않는다.

※ 만약 전자통신 트레이닝 시스템.exe 또는 기초전기전자.exe를 설치한다면 이 작업은 하지 않아도 된다. 설치과정은 이후에 설명한다.

설치 CD를 CD-ROM에 넣고 윈도우 탐색기 창에서 'DLL 설치'라는 폴더를 찾는다. 이 폴더안의 DLL 설치.EXE 라는 파일을 더블클릭하면 그림 3.81과 같이 DLL 설치 화면이 나타난다.

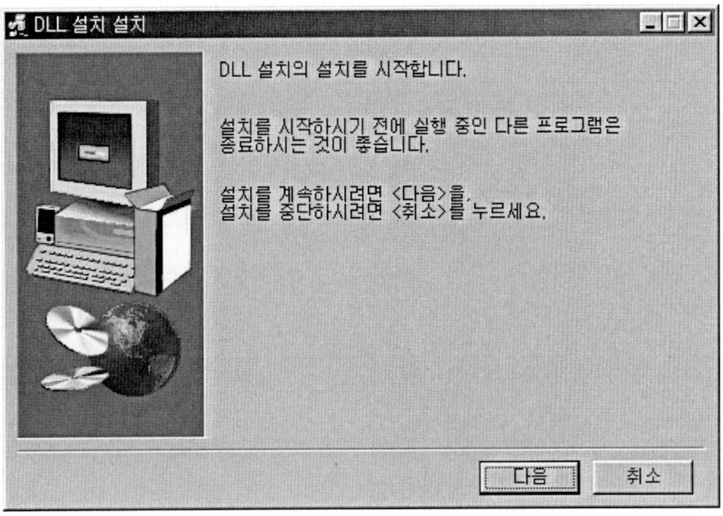

그림 3.81 DLL 설치 화면(1단계)

그림 3.82에서 오른쪽 하단에 있는 '설치시작'을 클릭하여 설치를 완료한다.

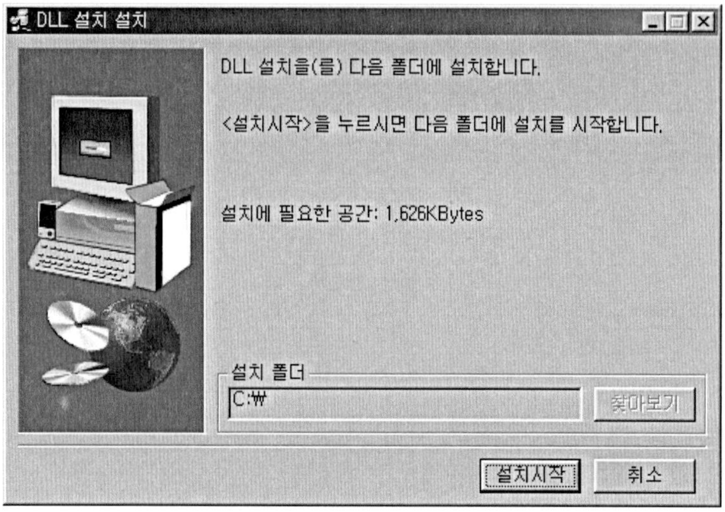

그림 3.81 DLL 설치 화면(2단계)

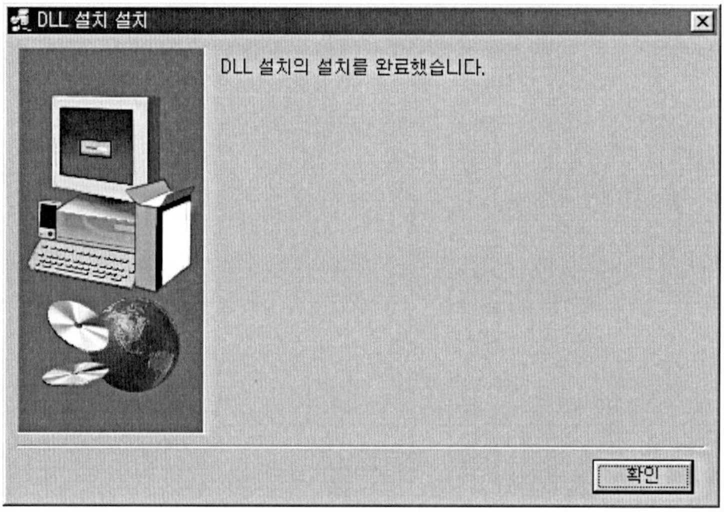

그림 3.82 DLL 설치 화면(3단계)

3.7.4 전자통신 트레이닝 시스템 설치

설치 CD를 CD-ROM에 넣고 윈도우 탐색기 창에서 '전자통신 트레이닝 시스템'이라는 폴더를 찾는다. 폴더 안에 전자통신 트레이닝 시스템.exe 파일을 실행시켜 설치한다.

※ 전자통신 트레이닝 모듈을 구입하지 않았다면 이 파일이 설치 CD에 포함되어 있지 않다.

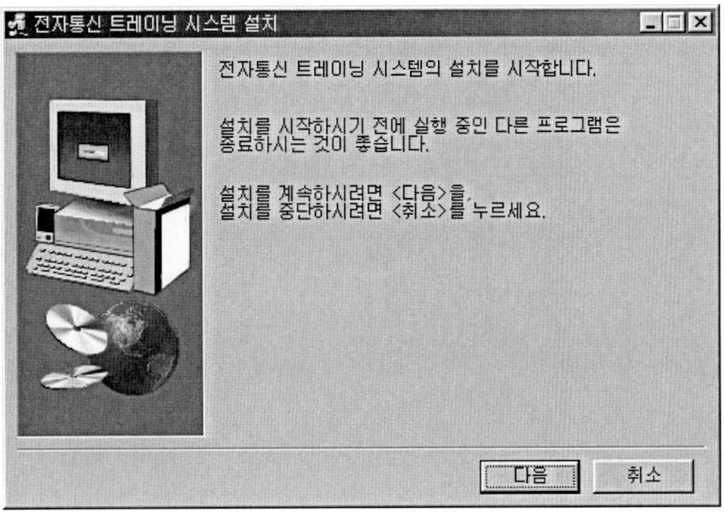

그림 3.83 전자통신 트레이닝 시스템 설치화면(1단계)

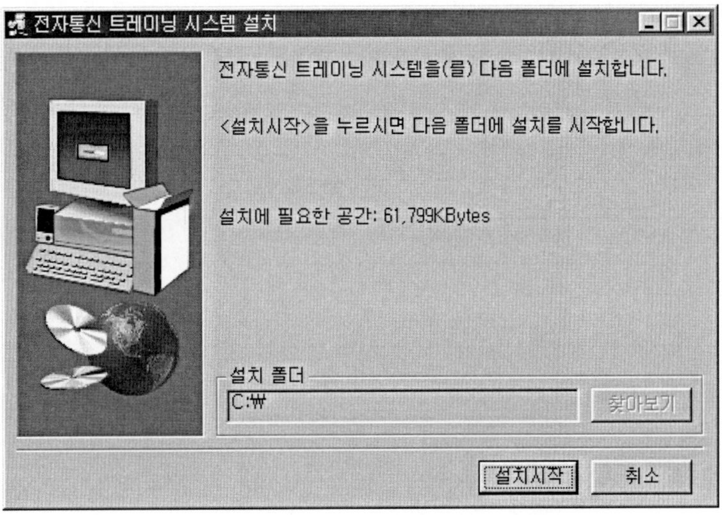

그림 3.84 전자통신 트레이닝 시스템 설치화면(2단계)

그림 3.84에서 오른쪽 하단의 '설치시작'을 클릭하여 설치하면 완료된다.

그림 3.85 전자통신 트레이닝 시스템 설치화면(3단계)

3.7.5 기초전기전자 트레이닝 시스템 설치

설치 CD를 CD-ROM에 넣고 윈도우 탐색기 창에서 '기초전기전자'라는 폴더를 찾는다. 폴더 안의 기초전기전자.exe을 실행시켜 설치한다.

※ 기초전기전자 트레이닝 모듈을 구입하지 않았다면 이 파일이 설치 CD에 포함되어 있지 않다.

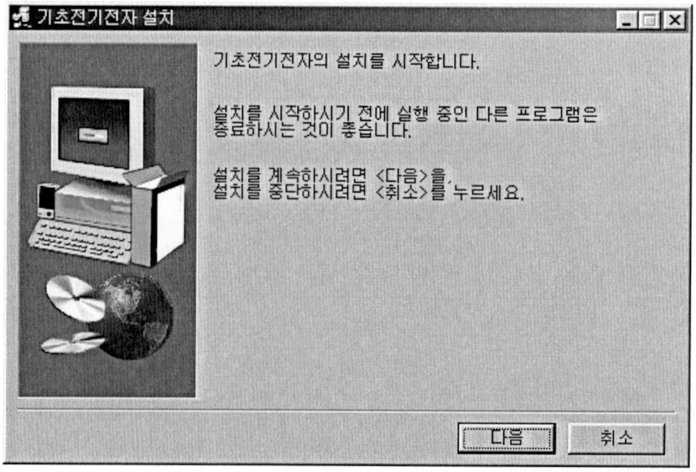

그림 3.86 기초전기전자 설치화면(1단계)

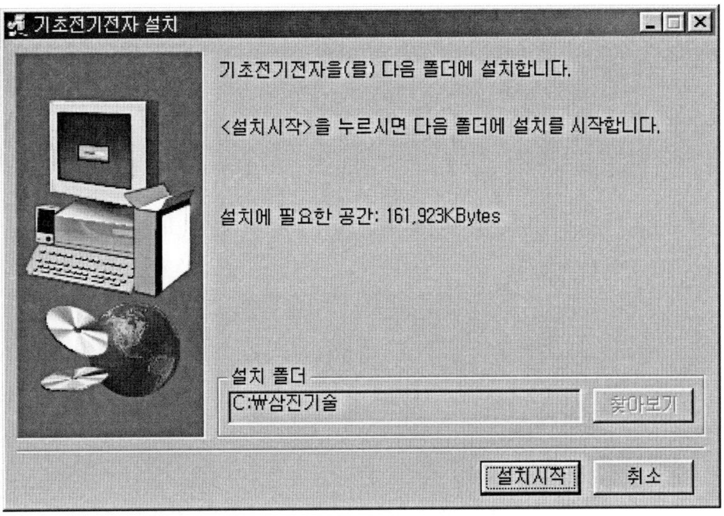

그림 3.87 기초전기전자 설치화면(2단계)

그림 3.87에서 오른쪽 하단의 '설치시작'을 클릭하여 설치하면 완료된다.

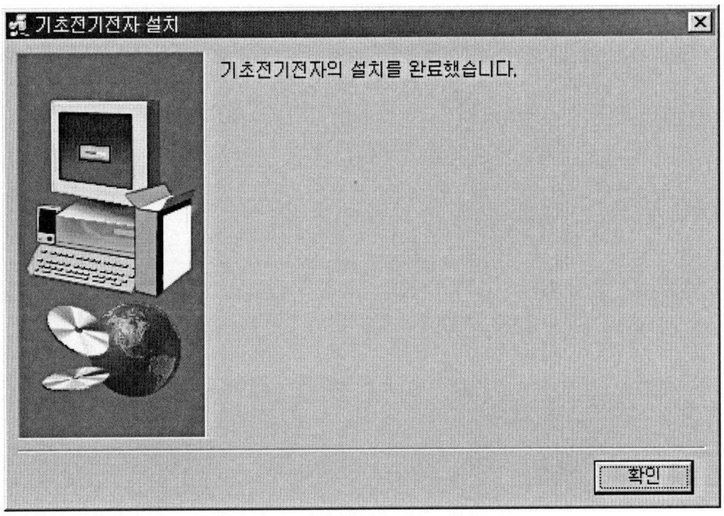

그림 3.88 기초전기전자 설치화면(3단계)

3.7.6 CDMA 설치

설치 CD를 CD-ROM에 넣고 윈도우 탐색기 창에서 'CDMA'라는 폴더를 찾는다. 폴더 안의 Cdma.exe라는 파일을 더블클릭하면 그림 3.89와 같은 창이 나타나고 '압축풀기'를 클릭한다.

※ CDMA 모듈을 구입하지 않았다면 이 파일이 설치 CD에 포함되어 있지 않다.

그림 3.89 CDMA 설치화면(1단계)

그러면 그림 3.90처럼 설치가 진행 및 완료된다.

그림 3.90 CDMA 설치화면(2단계)

3.7.7 Agilent VEE Pro 6.0 설치

구입한 Agilent VEE Pro 6.0 Setup CD를 CD-ROM에 넣고 윈도우 탐색기를 이용하여 cdsetup.exe를 실행시킨다.

※ Agilent VEE Pro 6.0 또는 6.1의 License는 Agilent사에 있으며 License를 구입하여야만 사용할 수 있다. 설치 CD에는 이 소프트웨어는 포함되어 있지 않다.

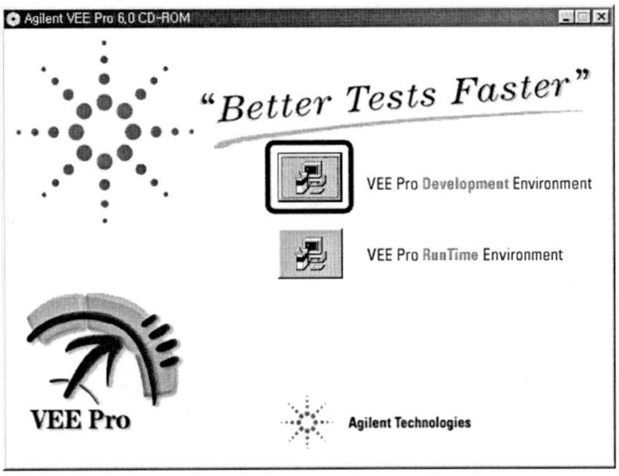

그림 3.91 Agilent VEE 설치화면(1단계)

그림 3.91에서 상위 아이콘(VEE Pro Development Environment)을 클릭한다. 그림 3.92와 같은 화면이 나오면 오른쪽 하단의 'Next〉' 버튼을 클릭한다.

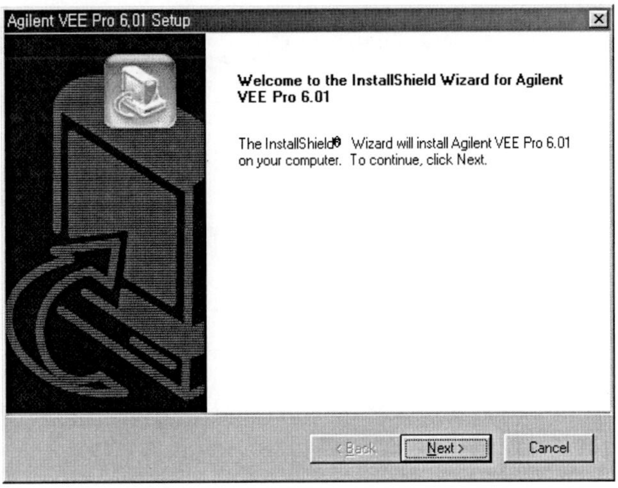

그림 3.92 Agilent VEE 설치화면(2단계)

다음으로 그림 3.93과 같은 사용동의서가 나타나고 'Yes' 버튼을 클릭한다.

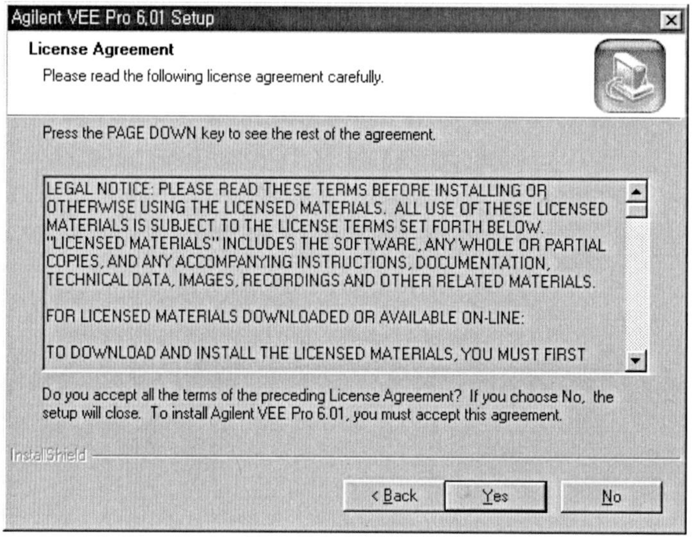

그림 3.93 Agilent VEE 설치화면(3단계)

다음은 사용자 정보를 입력한다. 그림 3.94 화면에서 User Name과 Company Name, Serial Number를 입력하고 계속 진행한다.

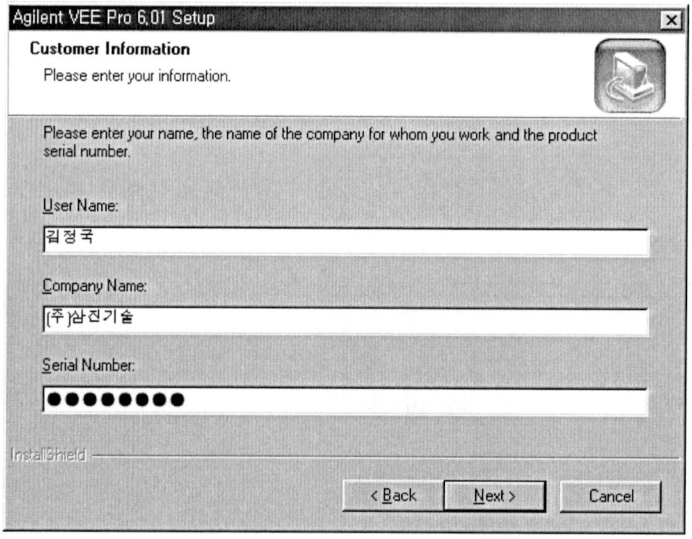

그림 3.94 Agilent VEE 설치화면(4단계)

다음 작업으로 VEE 설치 경로를 지정한다. 'Next>' 버튼을 클릭하면 다음과 같이 설치가 완료된다.

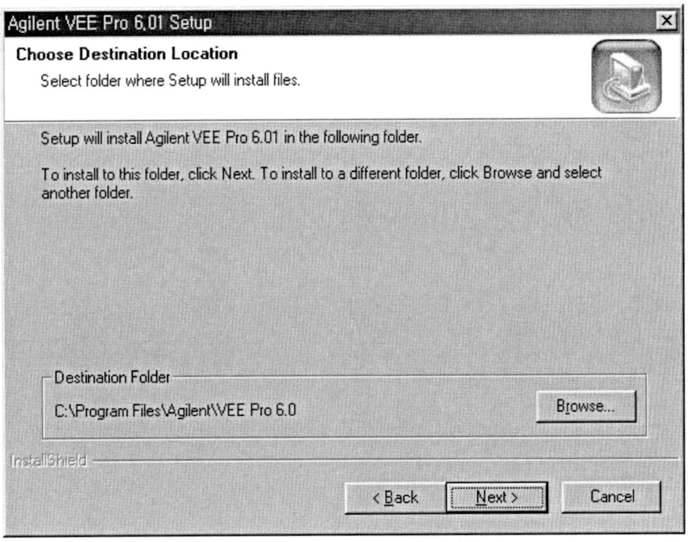

그림 3.95 Agilent VEE 설치화면(5단계)

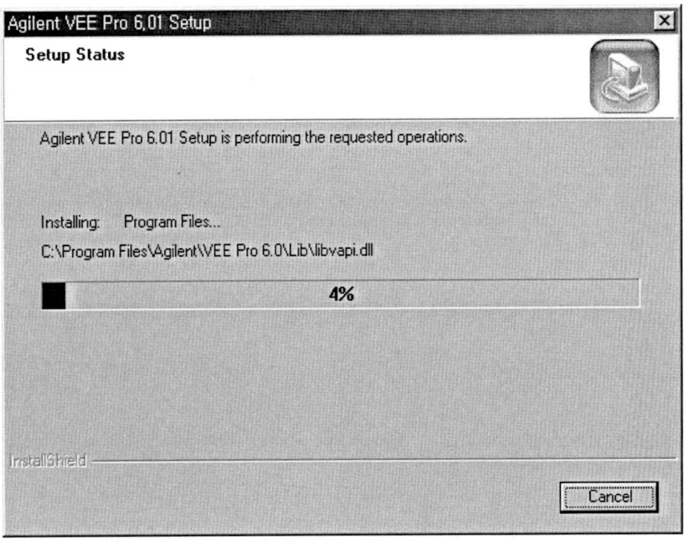

그림 3.96 Agilent VEE 설치화면(6단계)

3.7.8 VEE 추가 라이브러리 설치

설치 CD를 CD-ROM에 넣고 윈도우 탐색기 창에서 'VEE 추가라이브러리'라는 폴더를 찾는다. 이 폴더안의 VEE 6 라이브러리.EXE를 실행한다.

※ Agilent VEE 5.0 또는 Pro 6.0 이상 버전을 설치하지 않았다면 VEE 추가 라이브러리를 설치해도 사용할 수 없다.

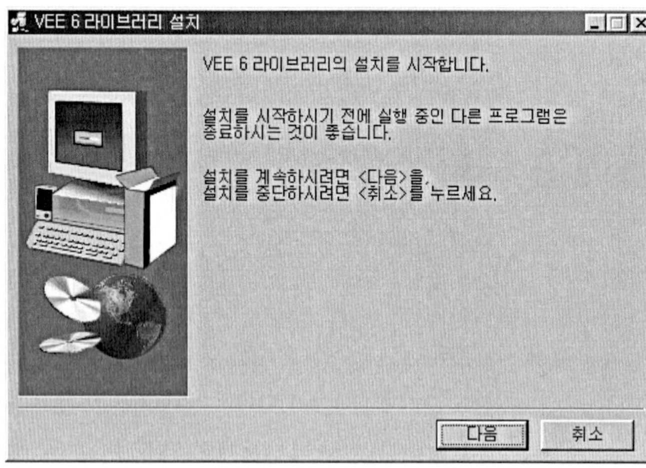

그림 3.97 VEE 추가 라이브러리 설치 화면(1단계)

그림 3.97과 같은 화면이 나오면 오른쪽 하단의 '다음' 버튼을 눌러서 설치를 진행 및 완료한다.

그림 3.98 VEE 추가 라이브러리 설치 화면

3.7.9 에러 발생 시 대처 방법

(1) 그림 3.99와 같은 ERROR 메시지가 나타나면 Multi Function 카드가 제대로 설치되지 않았거나 'DLL설치.exe'가 제대로 실행되지 않았음을 의미한다.

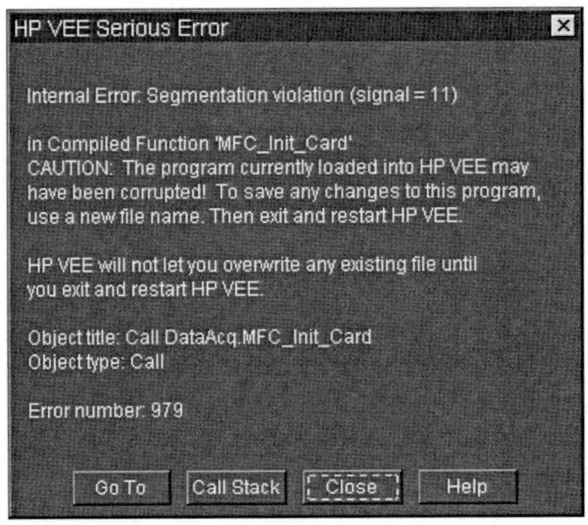

그림 3.99 ERROR 메시지 예제 1

해결방법

① Multi Function 카드를 다시 설치하거나 Multi Function 카드를 장착한 슬롯을 바꾸어 본다.

② DLL 설치.exe를 다시 실행하여 설치를 완료한다.

(2) 그림 3.100과 같은 ERROR 메시지가 나타나면 DataAcq.h라는 파일에 MFC_GetBIOSVersion이라는 함수가 중복되어 발생했음을 의미한다.

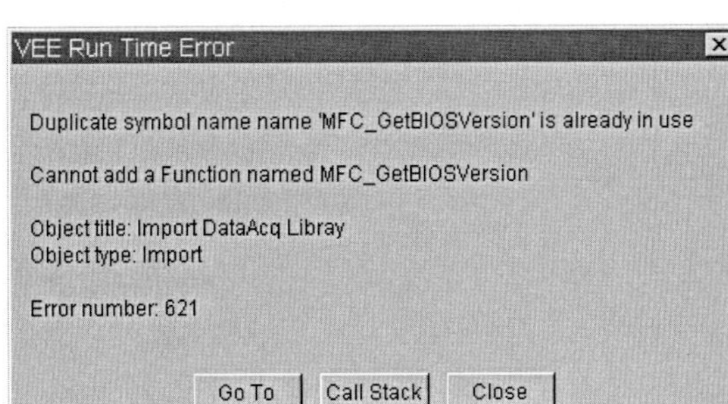

그림 3.100 ERROR 메시지 예제 2

해결방법

- DataAcq.h라는 파일을 모두 찾아 MFC_GetBIOSVersion이라는 함수를 에디터 창에서 편집하여 지워준다.

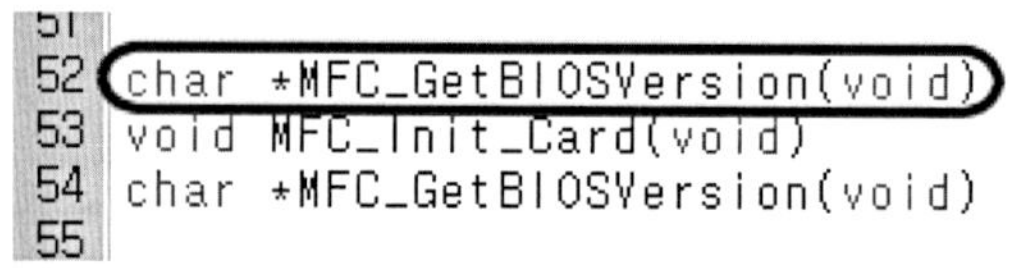

그림 3.101 ERROR 메시지 예제 2 해결방법

(3) 그림 3.102와 같은 ERROR 메시지가 나타난다면 'C:₩삼진기술'이라는 디렉토리가 생성되지 않아 발생한다.

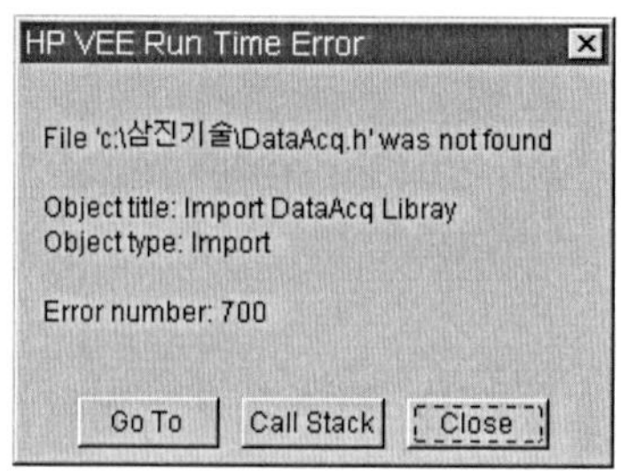

그림 3.102 ERROR 메시지 예제 3

해결방법

① 전자통신 트레이닝 시스템.exe 또는 기초전기전자.exe를 실행 및 설치한다.

② VEE 6 라이브러리.EXE를 실행 및 설치한다.

3.8 Virual Instrument System(VIS)

3.8.1 VIS 장비 전면

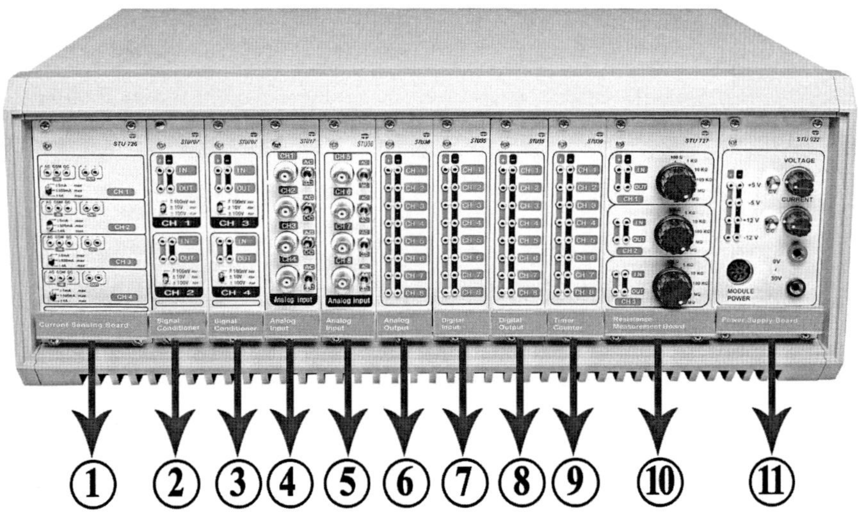

그림 3.103 VIS 장비 전면부

① Current Sensing Board

- 채널수 : 4CH
- 측정범위 : 5mA, 500mA, 4A AC/DC

②~③ Signal Conditioner

- 입력 : 100mV, 10V, 100V
- 출력 : 10V
- 절연 : DC 1500Vpk
- 소신호 증폭용(100mV 범위 내에서 100배 증폭)
- 입력신호 분리(전류/저항 측정 등에 사용)

④~⑤ Analog Input

- 8CH Analog 입력
- 분해능 : 12bit
- 입력범위 : 2V, 25V, 250V, AC/DC

- Memory: 2CH 당 16bit 1M
- 독립적으로 동작하는 8CH Digital Scope 입력에 사용
- Multiplex Card 이용 시 64CH 확장 가능

⑥ Analog Output

- D/A출력 – 분해능 : 12bit
- 출력범위 : –5~5V, 0~5V, –10~10V, 0~10V
- 8CH 독립적 사용
- 사용 예 : 가변 전압 출력(TR Curve Tracer, 제어용 전압 출력시 유용)
- 변환시간: 10s/CH Max

⑦ Digital Input

- 8CH, 16CH 독립적인 사용가능
- 입력범위 : 5, 12, 24V 신호 입력 시 사용
- Digital 실험 시 사용(Logic Analyzer)

⑧ Digital Output

- 8CH, 16CH 독립적 사용가능
- 입력범위 : 5, 12, 24V 신호 출력 시 사용
- Digital 실험 시 사용

⑨ Timer Counter

- 채널수 : 각 4CH, 16bit 채널
- 최대 주파수 : 6MHz
- TTL 신호 카운터 시 사용

⑩ Resistance Measurement Board

- 채널수 : 3CH
- 측정범위 : 100, 1k, 10k, 100k, 1M, 10MΩ

⑪ Power Supply Board

- DC 가변 : 0~30V
- DC 고정 : ±5V, ±12V

3.8.2 VIS 장비 후면

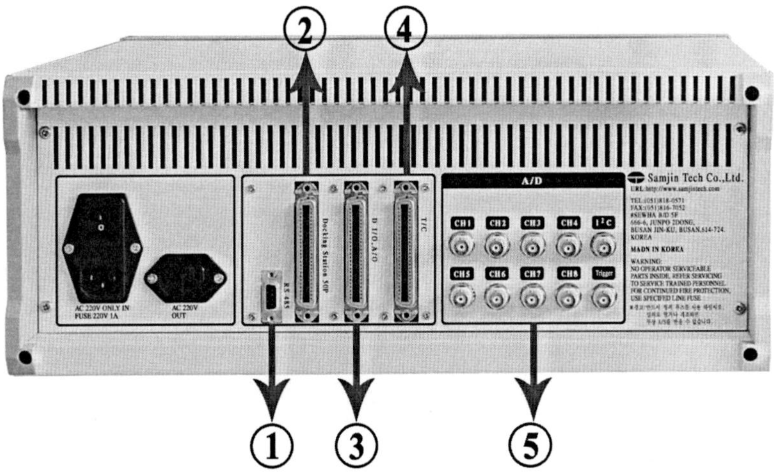

그림 3.104 VIS 장비 후면부

① Serial Communication Connector

- RS485 통신
- V25와 통신(모듈의 ID 확인 작업, 릴레이 동작, Mux 선택 등)

② Docking Station 50P

- ST 2004AF와 신호 연결선
- Docking Station과 A/O, D/I, D/O 신호 연결선
- 기초전기전자 모듈과 A/O, D/I, D/O 신호 연결선

③ A/O(Digital to Analog) & D/I(Digital Input) & D/O(Digital Output) 신호를 위한 50P Connector

- Digital Input/Output, Analog Output 신호를 PCI MultiFunction Card로 전송

④ TCR(Timer Counter) 입력을 위한 50P Connector

- Timer Counter 입력신호를 MultiFunction Card로 전송

⑤ A/D(Analog to Digital) 단자 및 Trigger 단자

- 아날로그 신호를 PCI A/D 보드로 전송
- I2C 통신 단자

3.9 스마트그리드 선로 전원공급 및 부하 장치

3.9.1 전원공급 장치

다음 그림은 스마트그리드 선로 정원공급 장치이다. 이 장치는 3상 및 단상 전원의 공급과 부하 가변 및 변동을 확인할 수 있다.

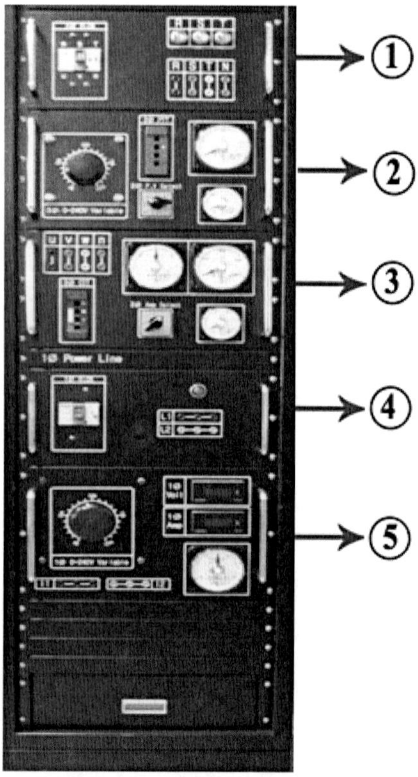

그림 3.105 스마트그리드 선로 전원공급 장치

① 3상 입력부

- 4mm Safety Jack(RSTN)으로 3상 전원을 시스템에 공급
- ELCB를 기동하면 RST상의 램프에서 전원 공급 여부 확인

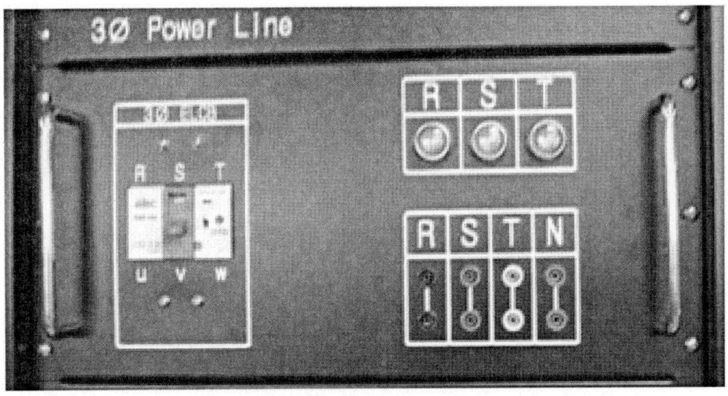

그림 3.106 3상 입력부

② 3상 전원 가변

- 입력변동 시험 조건 위해 필요
- 좌측 3상 Slidacs로 0~240V까지 조절
- 선로의 Line Regulation 변동과 설비 및 기기의 3상 전원
- 입력 변동 시험조건을 위해서 필요
- 붉은색의 PTT 단자대는 계기에 가해지는 3상 전원의 확인 여부와 3상 입력단과 그 이후를 분리
- 3상 F.V Select는 상간(RS , ST , TR)전원을 선택하며 우측 주파수계와 전압계를 통하여 나타냄

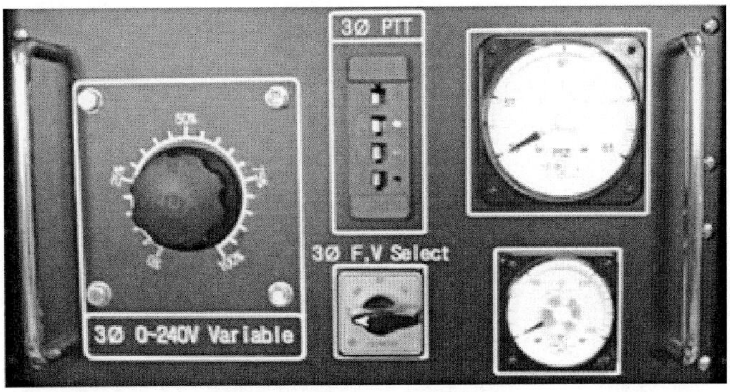

그림 3.107 3상 전원 가변

③ 3상 전원 공급부의 출력부

- 좌측 u-v-w-n 단자는 3상 전원공급부의 출력단자
- 3상 전원을 사용하는 각종 부하시험 장치 및 각종 플랜트의 전류, 전력, 역률을 나타냄
- 3상 CTT 단자는 부하에 가해지는 상간 전류를 확인하고 공급 전원부와 부하를 분리 가능

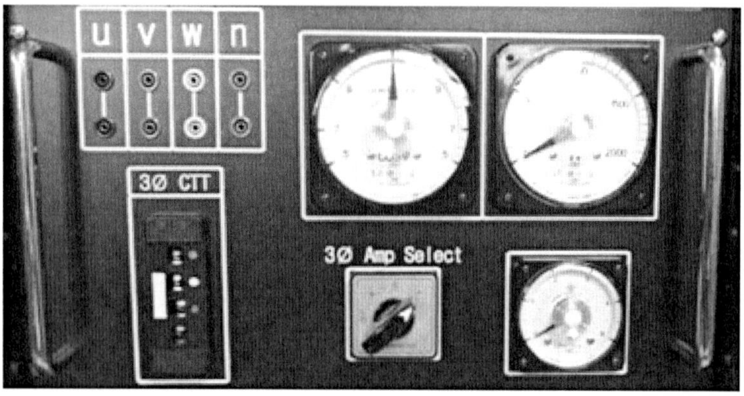

그림 3.108 3상 전원 공급부의 출력부

④ 단상 입력 전원 공급부

- 우측 L1과 L2에 220VAC 공급
- 좌측 ELCB를 기동하면 적색 Lamp를 통해 전원 공급여부 확인

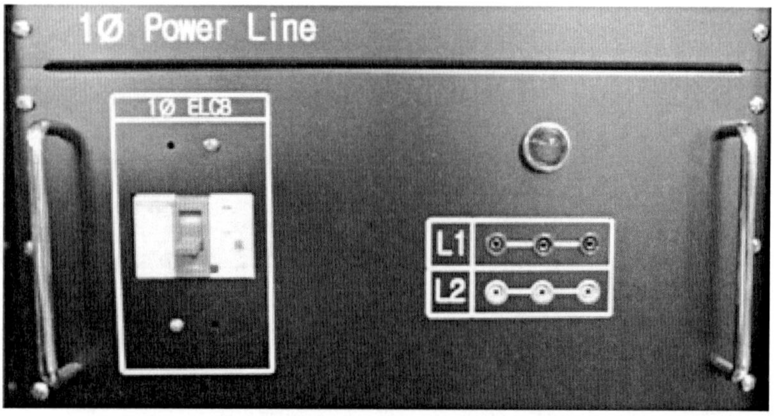

그림 3.109 단상 입력 전원 공급부

⑤ 단상 전원 공급부

- 선로의 Line Regulation 변동과 설비 및 기기의 단상 전원 입력 변동 시험 조건 위해 필요
- 입력 전원 가변은 좌측 단상 Slidacs로 0~240V까지 조절
- 우측 디지털 Panel Meter는 단상 전압과 부하 전류를 나타냄
- Panel Meter 하단의 Analog Meter는 주파수계
- 좌측 하단의 4mm Safety Jack은 단상 전원공급부의 출력 단자

그림 3.110 단상 전원 공급부

3.9.2 부하장치

그림 3.111은 스마트그리드 부하장치의 사진이다.

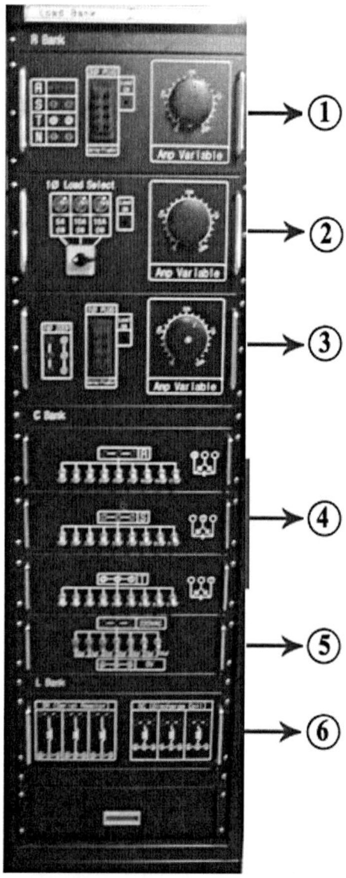

그림 3.111 스마트그리드 부하장치

① 3상 가변 부하 전류 조절 입력부

- 사용 시 3상 Plug를 뽑고 사용
- 선로 전원 공급장치의 3상 출력을 좌측 4mm Safety Jack 입력에 가하고 우측 전류
  가변단자(amp variable)의 손잡이를 돌려 RST상 중 하나의 상전류를 조절
- 가변 전류의 크기는 선로 전원 공급장치의 캠 스위치를 조절하며 전류계 확인

- RST 3상의 전류를 하단의 각각의 전류 가변단자(Amp Variable)를 통하여 가변
- 선로 전원 공급 장치의 캠 스위치 절환에 따라 전류계를 통해 전류의 크기 변화 확인

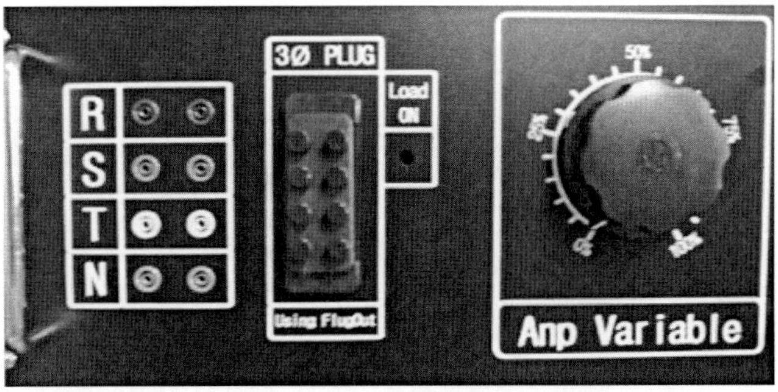

그림 3.112 3상 가변 부하 전류 조절 입력부

② 단상 가변 부하 전류 조절 입력부(1)

- 좌측은 부하 전류 가변 범위의 Range를 선택하는 캠 스위치
- 선택을 하면 해당 램프가 발광
- 10A 범위가 선택되면 5A, 10A 램프 둘 다 점등되며 15A가 선택되면 3군데 모두 점등
- 우측은 3상 가변 전류 단자 조절 스위치

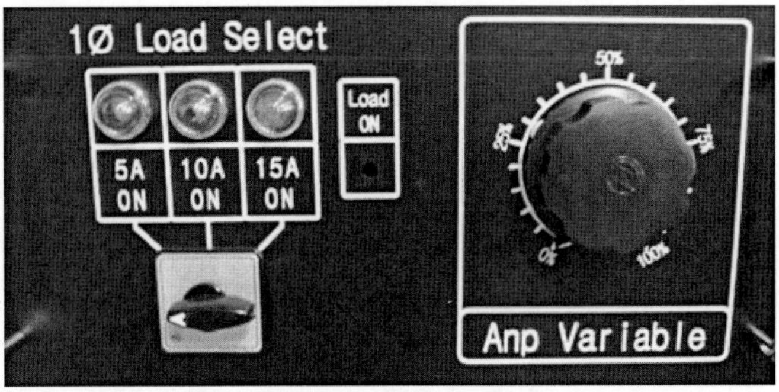

그림 3.113 단상 가변 부하 전류 조절 입력부(1)

③ 단상 가변 부하 전류 조절 입력부(2)

- 선로 전원 공급 장치의 단상 출력을 좌측 4mm Safety Jack 입력에 가하고 우측 전류 가변단자(Amp Variable)의 손잡이를 돌려 전류 조절
- 가변 전류의 크기는 선로 전원공급 장치의 단상 디지털 Panel 전류계로 확인
- 사용은 단상 플러그를 뽑고 사용

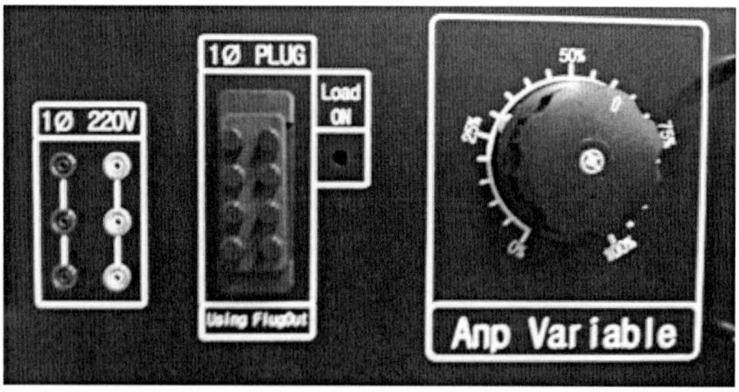

그림 3.114 단상 가변 부하 전류 조절 입력부(2)

④ 3상 역률 개선 및 변동 단자

- 정지형 전력기기의 부하 역률 개선 작업과 임의로 역률을 스위치로서 가감하여 부하 변동을 관측할 수 있도록 설계
- 각각의 스위치 조합으로 수백 가지 변동 가능

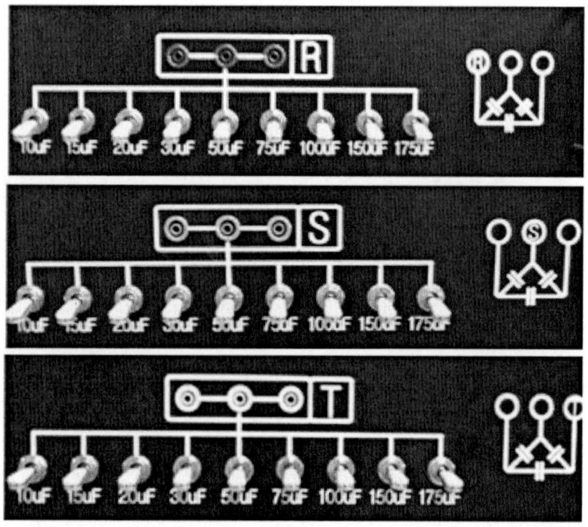

그림 3.115 3상 역률 개선 및 변동 단자

⑤ 단상 역률 가변 단자

- 역할은 3상과 동일

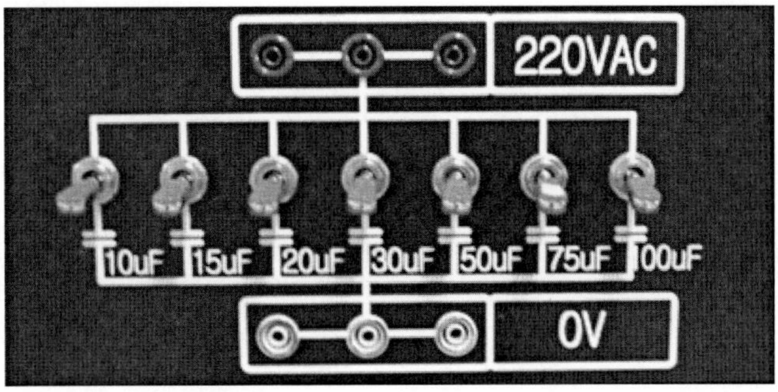

그림 3.116 단상 역률 가변 단자

⑥ L부하 뱅크

- 선로 집중정수회로와 분포정수회로를 구현
- 상위 Panel에 있는 Condenser 뱅크와 조합하여 사용
- 다른 용도로는 전력선로의 3, 5고조파를 저감하는 리액터로도 사용

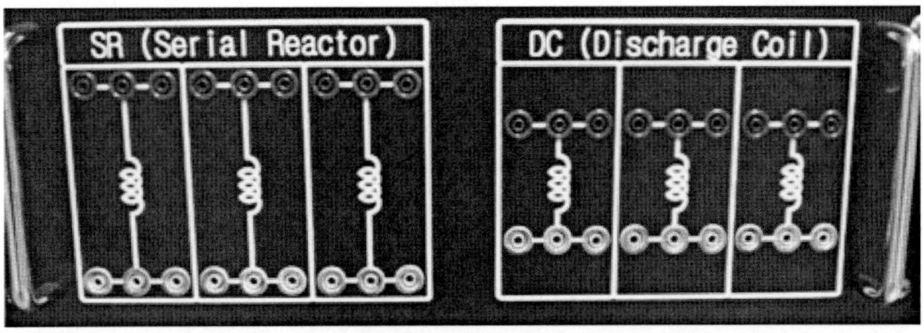

그림 3.117 L부하 뱅크

스마트그리드 선로 전원공급 및 부하 장치는 개별적으로는 위에서 언급한 사항의 목적과 같지만 전력선로의 다양한 조건을 부가하기 위한 조합으로서의 기능이 필요할 때는 용도에 맞게 조합하여 사용한다.

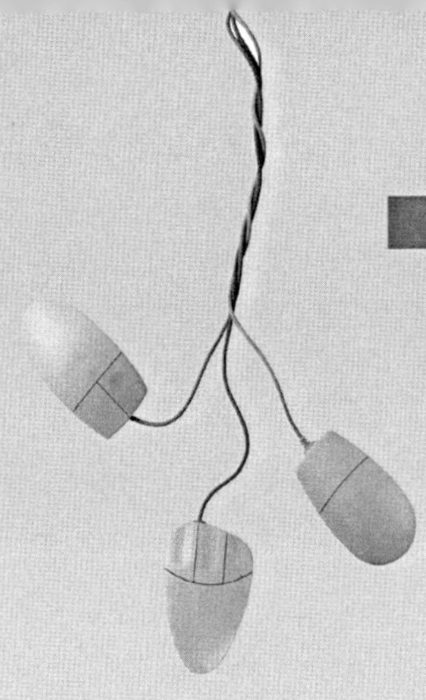

CHAPTER 04

실습

VIS와 Agilent VEE를 사용하여 1차적으로 전기계통 및 수요자 측 사용기기의 효율적 제어 설계하고, 그 다음 2차적으로 1차 구성에 제어 기능을 부여한다. 3차적으로는 2차 회로에 원격 기능 및 네트워크 기능을 부여하여 전기의 효율적 공급, 분산, 선택 등 다양한 부가 서비스를 공급자와 사용자간 효율적으로 제공 및 사용을 주목적으로 한다.

이 장에서는 VIS를 구현하고 Agilent VEE을 설계하는 능력을 키우기 위해 3개의 예제와 5개의 연습문제를 실습한다. 실험실에서 흔히 구할 수 있는 각종 트랜지스터나 센서 등을 이용한 특성 측정 실습을 행한다.

실습을 시작하기 전에 Agilent VEE의 속성창에 대해 좀 더 알아보도록 한다. 그림 4.1에서 표시된 부분의 체크를 바꾸면 오브젝트가 변한다. 'Show Title Bar'는

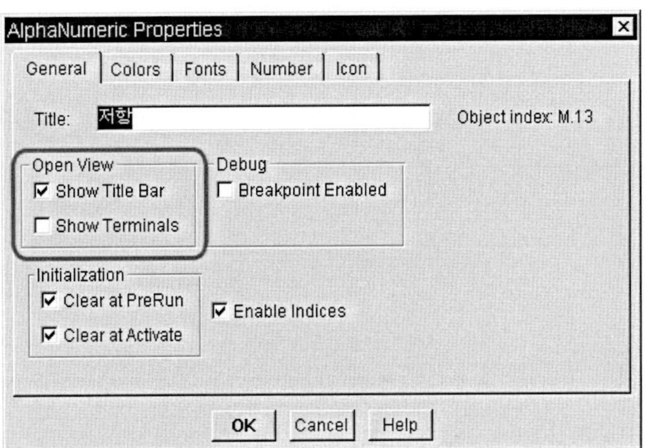

그림 4.1 오브젝트 타이틀 바와 입출력 단자 변경

타이틀 바를 표시하게 한다. 그리고 'Show Terminals'는 입출력 단자를 표시하게 한다.

그림 4.2는 그림 4.1과 같이 오브젝트 타이틀 바와 입출력 단자를 변경했을 때의 'Formula' 오브젝트의 예(1)이다.

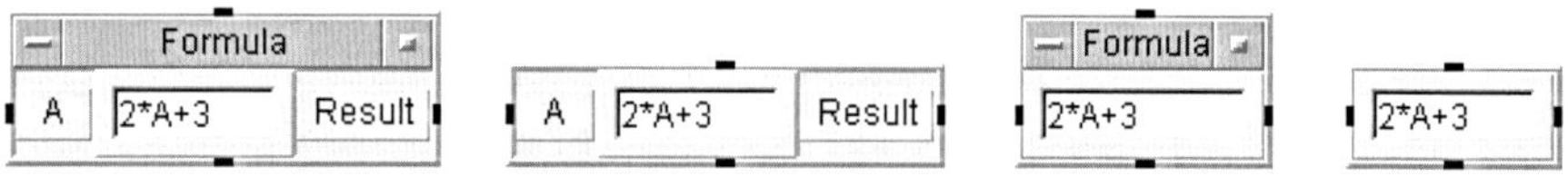

그림 4.2 'Formula' 오브젝트의 예(1)

다음으로 오브젝트의 폰트를 바꾸도록 한다. 오브젝트의 속성 창을 연다. 'General' 탭에서 'Fonts' 탭을 선택한다. 그럼 다음 그림 4.3처럼 창이 나타난다. 그리고 표시되어 있는 곳을 클릭하면 오른쪽에 있는 창도 나타난다. 그 창에서 폰트를 바꿀 수 있다.

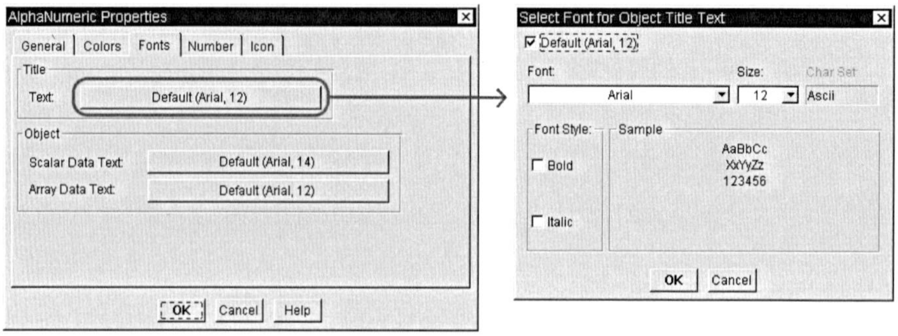

그림 4.3 오브젝트 폰트 변경

그림 4.4는 그림 4.3과 같이 오브젝트 폰트를 변경했을 때의 'Formula' 오브젝트의 예(2)이다.

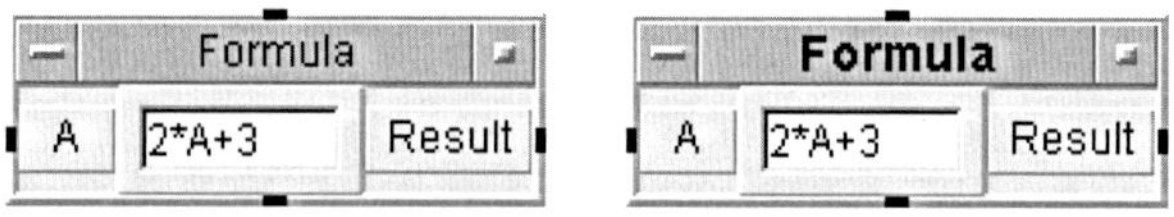

그림 4.4 'Formula' 오브젝트의 예(2)

마지막으로 데이터 입출력 단자를 추가하는 방법을 배운다. 설명은 'Formula' 오브젝트의 데이터 입력 단자를 추가하는 예로 대신한다. 먼저 그림 4.5와 같이 'Formula' 오브젝트를 생성한다.

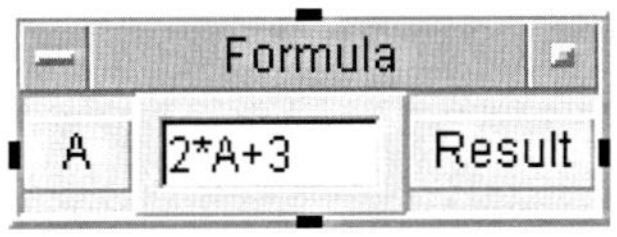

그림 4.5 'Formula' 오브젝트의 예(3)

오브젝트 메뉴에서 "Add Terminal => Data Input"을 클릭한다. 만약 데이터 출력 단자를 추가하려면 그림 4.6과 같이 'Data Output' 을 클릭한다.

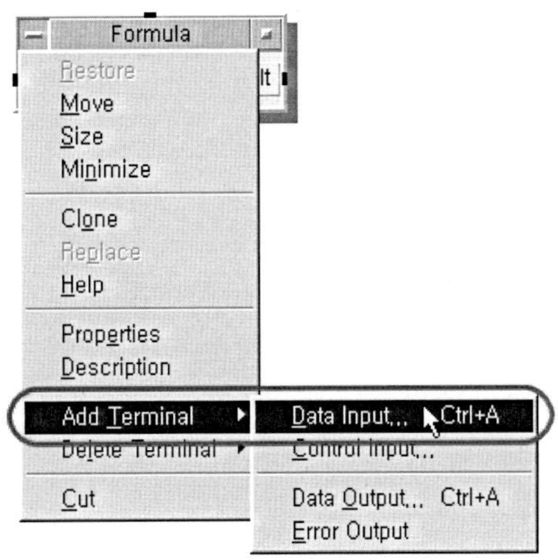

그림 4.6 데이터의 출력단자 추가 방법

위와 같은 방법으로 그림 4.7과 같이 데이터 입력 단자에 'B'가 추가되었다.

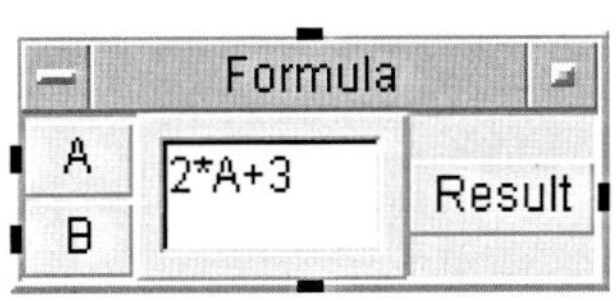

그림 4.7 'Formula' 오브젝트의 예(4)

만일 데이터 입출력 단자를 지우려면 그림 4.8과 같은 방법으로 "Delete Terminal => Input" 또는 "Delete Terminal => Output"를 클릭한다.

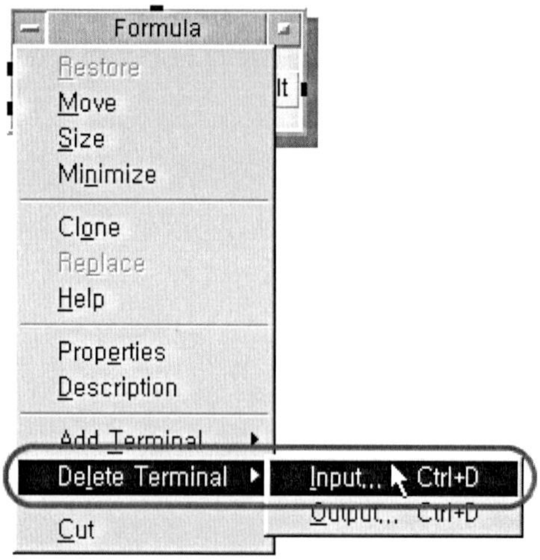

그림 4.8 데이터의 출력단자 삭제 방법

4.1 Photo TR 특성 측정

이번 예제에서는 VIS를 이용한 Analog Input/Output 사용 방법을 익히기 위해 빛의 밝기에 따른 Photo TR의 특성 변화를 측정한다. 측정 시에는 주변 환경에 대한 Photo TR의 오작동과 감도 등을 고려한다. 다음은 Photo TR의 특성 실험을 하기 위한 회로도이다.

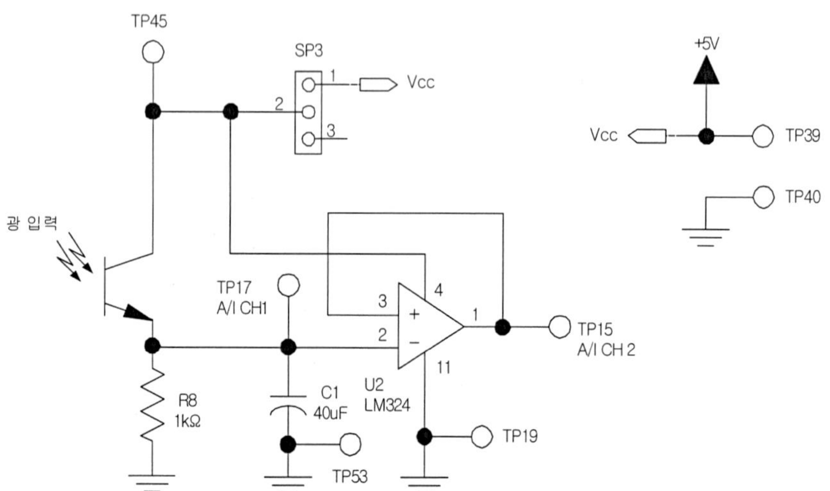

그림 4.9 Photo TR의 특성 실험 회로도

회로도 구성을 한 후에는 VEE 프로그램을 통해 메뉴의 구성과 위치를 선정해야 한다. 메뉴의 위치 선정은 다음과 같은 순서를 따른다.

① 시작 종료 오브젝트: SJ DataAcq Lib => 시작 종료

② Wave 2ch 오브젝트: SJ DataAcq Lib => Analog Input => 2CH

③ Pause 오브젝트: SJ DataAcq Lib => Pause 버튼 => Blue

④ OffSet 2ch 오브젝트: SJ DataAcq Lib => Offset => 2CH

⑤ Strip Chart 오브젝트: Display => Strip Chart

⑥ AlphaNumeric 오브젝트: Display => AlphaNumeric

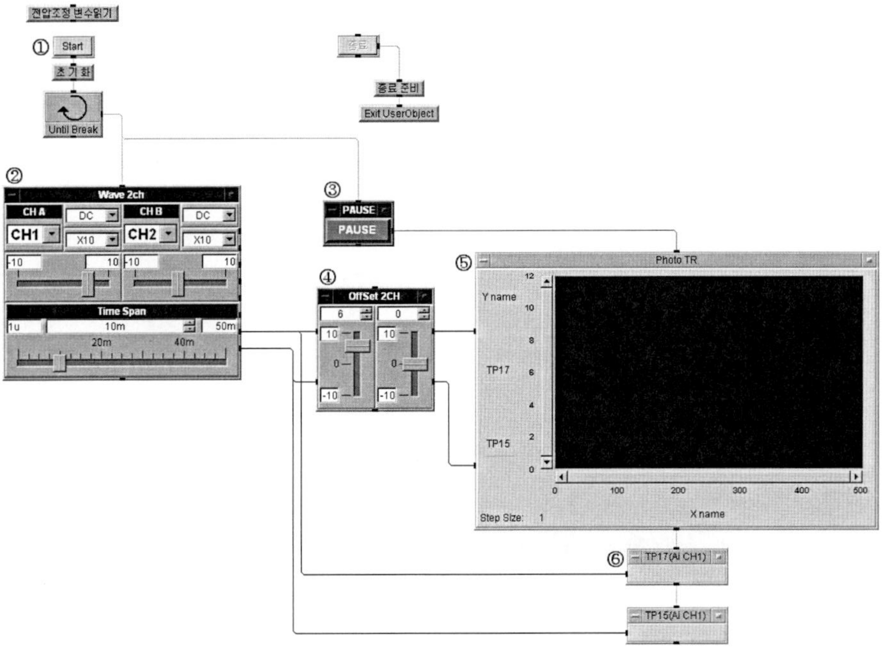

그림 4.10 Photo TR의 특성 실험 VEE메뉴

다음은 그림 4.9와 같이 설계한 회로와 VIS를 연결하는 방법이다.

①VIS(ST-2004)의 Power Supply Board의 +5V와 GND는 2mm-악어클립 케이블을 이용하여 TP39(+:적색), TP40(-:흑색)에 각각 연결한다.

②VIS(ST-2004)의 Analog Input CH1은 BNC-악어클립 케이블을 이용하여 TP17(+:적색), TP53(-:흑색)에 연결한다.

③VIS(ST-2004)의 Analog Input CH2는 BNC-악어클립 케이블을 이용하여 TP15(+:적색), TP19(-:흑색)에 연결한다.

④VIS(ST-2004)의 전원 스위치를 ON하고, VIS Training Module(STU 728)의 SP3 스위치는 ON(→)한다.

⑤광의 밝기 및 거리의 변화에 따른 TP17과 TP15의 특성변화를 관찰한다.

4.2 광전도 셀(CdS) 특성 측정

이번 예제에서는 VIS를 이용한 Analog Input 사용 방법을 익히기 위해 빛의 밝기에 따른 광전도 셀(CdS)의 특성 변화를 측정한다. 광전도 셀(CdS)은 빛의 세기가 약할 때는 저항이 커지고 강할 때는 저항이 작아짐을 고려한다. 다음은 광전도 셀(CdS)의 특성 실험을 하기 위한 회로도이다.

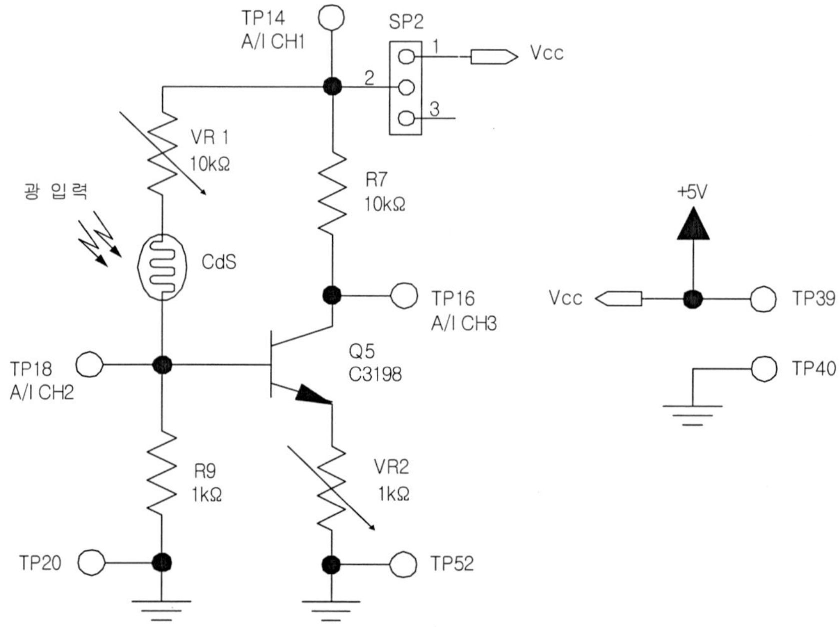

그림 4.11 광전도 셀(CdS)의 특성 실험 회로도

회로도 구성을 한 후에는 VEE 프로그램을 통해 메뉴의 구성과 위치를 선정해야 한다. 메뉴의 위치 선정은 다음과 같은 순서를 따른다.

①시작 종료 오브젝트: SJ DataAcq Lib => 시작 종료
②Wave 3ch 오브젝트: SJ DataAcq Lib => Analog Input => 3CH
③Pause 오브젝트: SJ DataAcq Lib => Pause 버튼 => Blue
④Formula 오브젝트: Device => Formula
⑤OffSet 3ch 오브젝트: SJ DataAcq Lib => Offset => 3CH
⑥Strip Chart 오브젝트: Display => Strip Chart
⑦AlphaNumeric 오브젝트: Display => AlphaNumeric

다음은 그림 4.11과 같이 설계한 회로와 VIS를 연결하는 방법이다.

①VIS(ST-2004)의 Power Supply Board의 +5V와 GND는 2mm-악어클립 케이블을 이용하여 TP39(+:적색), TP40(-:흑색)에 각각 연결한다.
②VIS(ST-2004)의 Analog Input CH1은 BNC-악어클립 케이블을 이용하여 TP14(+:적색), TP20(-:흑색)에 연결한다.
③VIS(ST-2004)의 Analog Input CH2은 BNC-악어클립 케이블을 이용하여 TP18(+:적색), TP20(-:흑색)에 연결한다.
④VIS(ST-2004)의 Analog Input CH3은 BNC-악어클립 케이블을 이용하여 TP16(+:적색), TP52(-:흑색)에 연결한다.
⑤VIS(ST-2004)의 전원 스위치를 ON하고, VIS Training Module(STU 728)의 SP2 스위치는 ON(→)한다.
⑥VR2 가변저항은 저항값이 최소가 되도록 조정하고, VR1 가변저항은 저항값이 5kΩ이 되도록 조정한다(민감하게 동작할 때에는 VR2의 저항값을 크게 조정한다).
⑦CdS 특성 측정 프로그램을 동작시킨다.
광의 밝기에 따라 TP14-TP18, TP18, TP16의 특성 변화를 관찰한다.

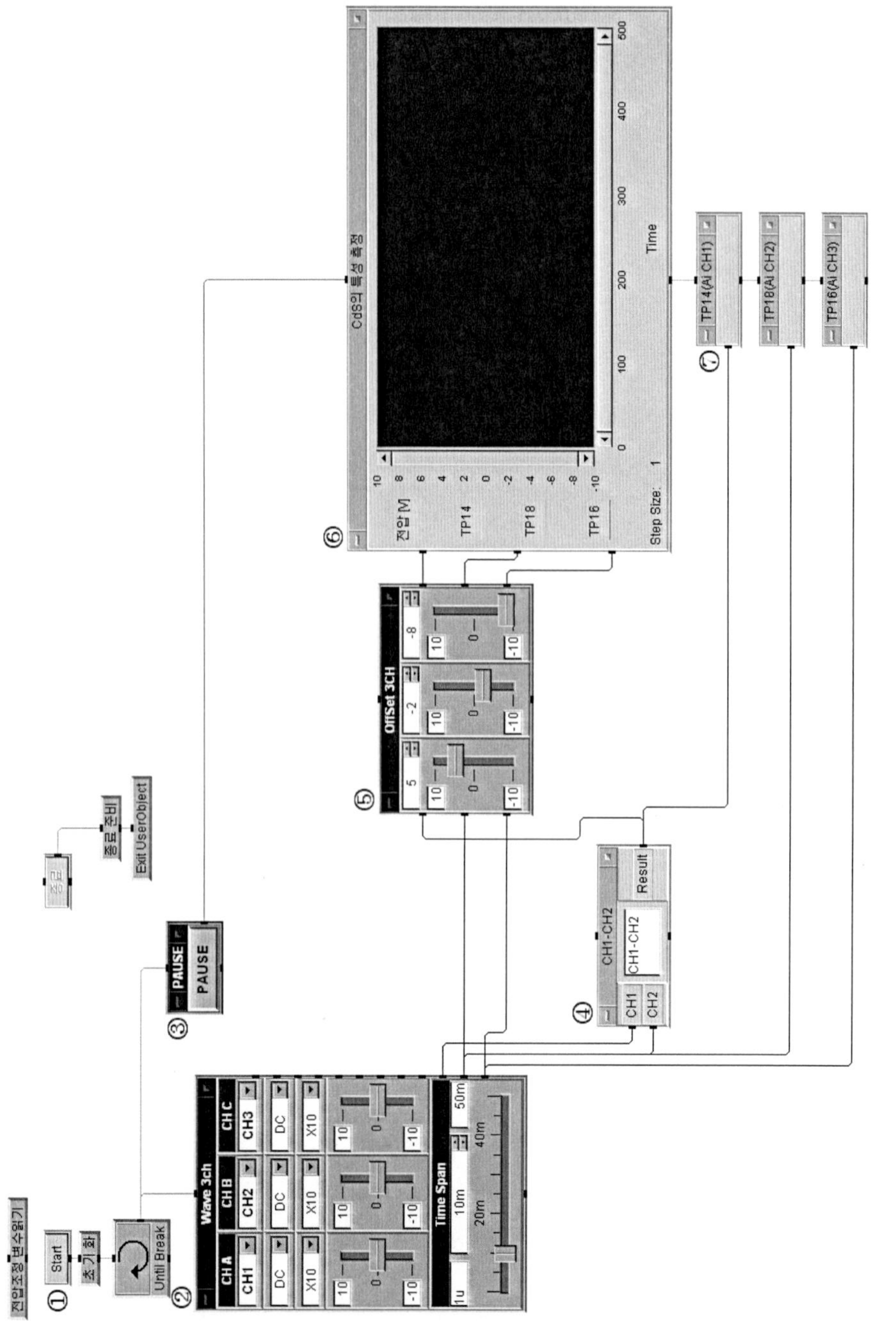

그림 4.12 광정도 셀(CdS)의 특성 실험 VEE 메뉴

4.3 반도체 온도센서 특성 측정

이번 예제에서는 앞의 예제와 마찬가지로 VIS를 이용한 Analog Input 사용 방법을 익히기 위해 반도체 온도센서의 온도 변화를 측정한다. 측정을 위한 회로도 제작 시 세미스터를 가변 저항으로 생각하고 온도의 변화에 따라 그 가변 저항값이 달라짐을 고려한다. 다음은 반도체 온도센서의 특성 실험을 하기 위한 회로도이다.

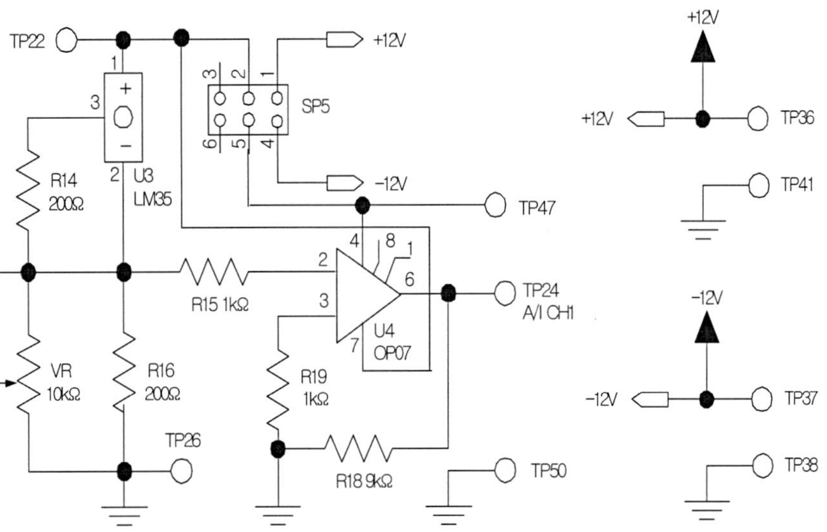

그림 4.13 반도체 온도센서의 특성 실험 회로도

회로도 구성을 한 후에는 VEE 프로그램을 통해 메뉴의 구성과 위치를 선정해야 한다. 메뉴의 위치 선정은 다음과 같은 순서를 따른다.

①시작 종료 오브젝트: SJ DataAcq Lib => 시작 종료

②Wave 1ch 오브젝트: SJ DataAcq Lib => Analog Input => 3CH

③Formula 오브젝트: Device => Formula

④Pause 오브젝트: SJ DataAcq Lib => Pause 버튼 => Blue

⑤Strip Chart 오브젝트: Display => Strip Chart

⑥Thermometer 오브젝트: Display => Indicator => Thermometer

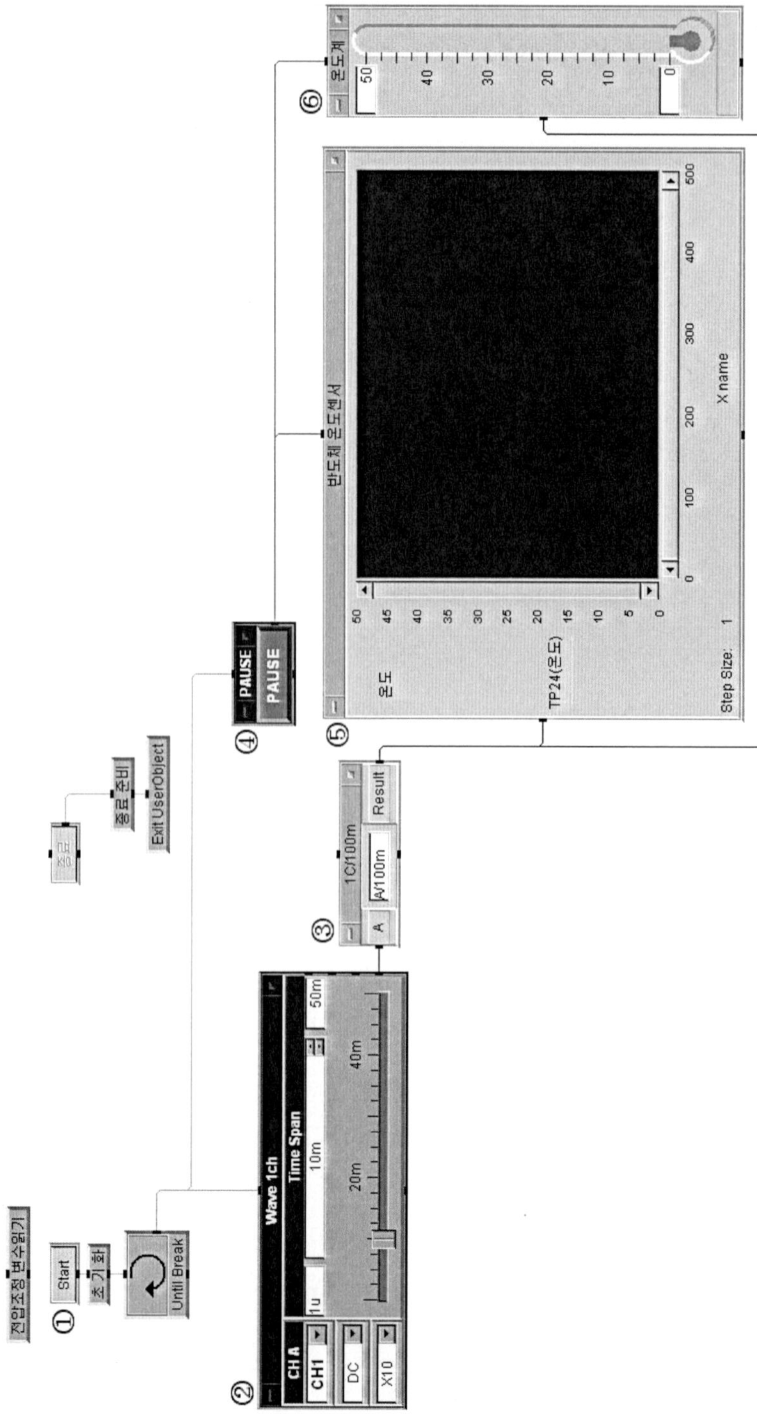

그림 4.14 반도체 온도센서의 특성 실험 VEE 메뉴

다음은 그림 4.13과 같이 설계한 회로와 VIS를 연결하는 방법이다.

①VIS(ST-2004)의 Power Supply Board의 +12V와 GND는 2mm-악어클립 케이블을 이용하여 TP36(+:적색), TP41(-:흑색)에 각각 연결하시오.
②VIS(ST-2004)의 Power Supply Board의 -12V와 GND는 2mm-악어클립 케이블을 이용하여 TP37(+:적색), TP38(-:흑색)에 각각 연결하시오.
③VIS(ST-2004)의 Analog Input CH1은 BNC-악어클립 케이블을 이용하여 TP24(+:적색), TP50(-:흑색)에 연결하시오.
④VIS(ST-2004)의 전원 스위치를 ON하고, VIS Training Module(STU 728)의 SP5 스위치는 ON(→)하시오.
⑤열기구(드라이기 등)를 이용하여 반도체 온도센서(U3 LM35)에 열을 가했을 때 TP24의 온도변화를 관찰하시오.

4.4 NPN TR 특성 측정

이번 연습문제는 NPN TR의 IB 전류에 따른 Ic-Vce 특성 곡선을 측정한다. 측정을 위한 회로도 제작 시 TR의 베이스 전류에 따른 Ic-Vce간의 관계를 고려한다. 다음은 NPN TR의 특성 실험을 하기 위한 회로도이다.

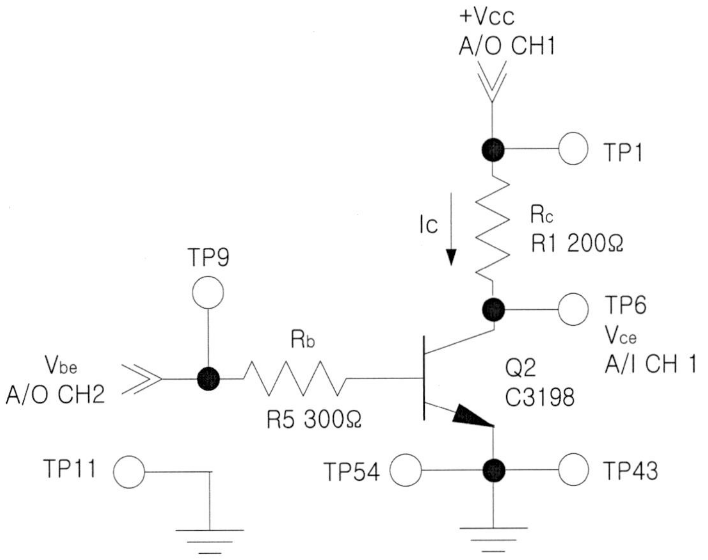

그림 4.15 NPN TR의 특성 실험 회로도

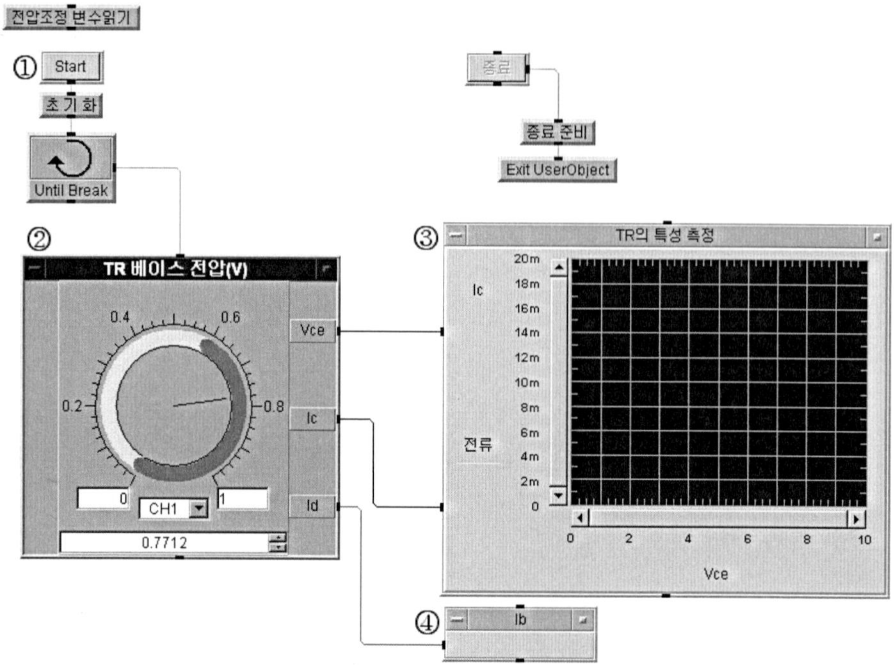

그림 4.16 NPN TR의 특성 실험 VEE메뉴

다음은 그림 4.15과 같이 설계한 회로와 VIS를 연결하는 방법이다.

①VIS(ST-2004)의 Analog Output CH 1을 2mm-악어클립 케이블을 이용하여 TP1(+:적색), TP54(-:흑색)와 연결한다.

②VIS(ST-2004)의 Analog Output CH 2를 2mm-악어클립 케이블을 이용하여 TP9(+:적색), TP11(-:흑색)와 연결한다.

③VIS(ST-2004)의 Analog Input CH 1을 BNC-악어클립 케이블을 이용하여 TP6(+:적색), TP43(-:흑색)을 연결한다.

④VIS(ST-2004)의 전원 스위치를 ON한다.

⑤TR의 특성 곡선 프로그램의 Vb 가변단자를 0.5~0.8V까지 0.1V씩 증가시키면서 Ic 전류의 변화를 측정한다(특히 0.7~0.8V 사이에서는 0.01V씩 증가시킬 것. 예:0.71 … 0.79V).

4.5 전자기 센서의 특성 측정

이번 연습문제는 VIS를 이용한 Analog Input 사용 방법을 익히기 위해 전자기 센서에 대한 특성 변화를 측정한다. 측정을 위한 회로도 제작 시 전자기 센서에 의한 자기량 관찰과 N/S극 판별을 고려한다. 다음은 전자기 센서의 특성 실험을 하기 위한 회로도이다.

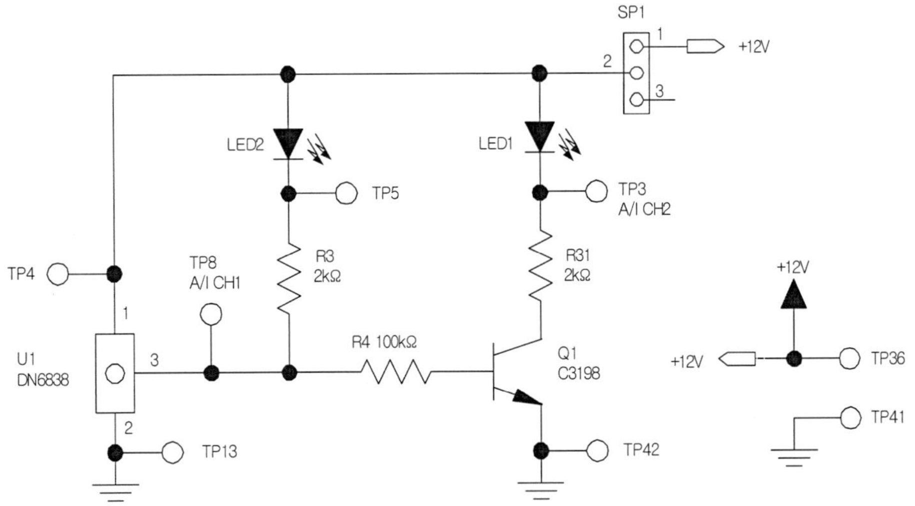

그림 4.17 전자기 센서의 특성 실험 회로도

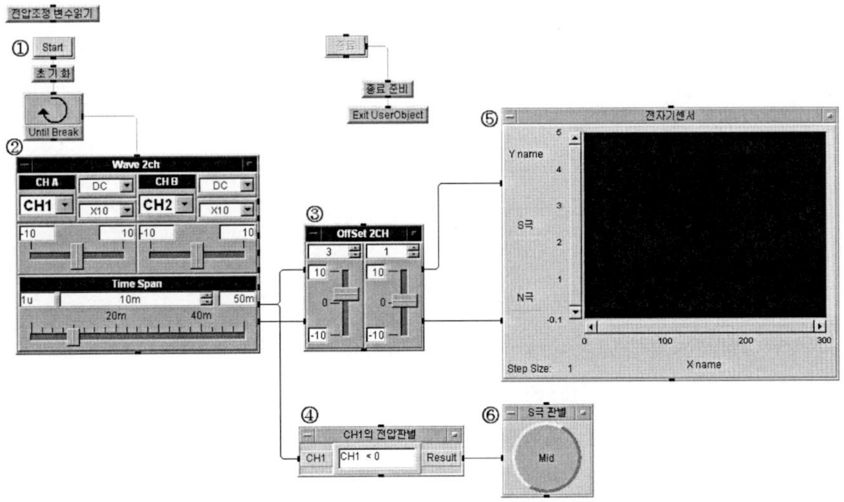

그림 4.18 전자기 센서의 특성 실험 VEE 메뉴

다음은 그림 4.17과 같이 설계한 회로와 VIS를 연결하는 방법이다.

①VIS(ST-2004)의 Power Supply Board의 +12V와 GND는 2mm-악어클립 케이블을 이용하여 TP36(+:적색), TP41(-:흑색)에 각각 연결한다.
②VIS(ST-2004)의 Analog Input CH 1은 BNC-악어클립 케이블을 이용하여 TP8(+:적색), TP13(-:흑색)에 연결한다.
③VIS(ST-2004)의 Analog Input CH 2는 BNC-악어클립 케이블을 이용하여 TP3(+:적색), TP42(-:흑색)에 연결한다.
④VIS(ST-2004)의 전원 스위치를 ON하고, VIS Training Module(STU 728)의 SP3 스위치는 ON(→)한다.
⑤막대자석의 N극과 S극을 홀 소자(전자기 센서)에 근접하였을 때 TP8과 TP3의 특성변화를 관찰한다. 그리고 LED1과 LED2의 ON/OFF 여부를 관찰한다.

TP8	TP3	LED1	LED2	N/S극 판별

4.6 SCR의 특성 측정

이번 연습문제는 VIS를 이용한 Analog Input과 전류 측정 사용방법을 익히기 위해 SCR의 Turn ON/OFF에 대한 특성 변화를 측정한다. 측정과 더불어 전류 측정 라이브러리 사용방법을 익힌다. 다음은 SCR의 특성 실험을 하기 위한 회로도이다.

다음은 그림 4.19와 같이 설계한 회로와 VIS를 연결하는 방법이다.

①VIS(ST-2004)의 Power Supply Board의 +12V와 GND는 2mm-악어클립 케이블을 이용하여 TP36(+:적색), TP41(-:흑색)에 각각 연결한다.
②VIS(ST-2004)의 Power Supply Board의 0-30V 단자에 4mm-악어클립 케이블을 이용하여 TP29(+:적색), TP34(-:흑색)에 각각 연결한다.
③VIS(ST-2004)의 Current Sensing Board CH1 IN의 DC는 VIS Training Module(STU 728)의 TP★(+:적색), GND는 TP27(-:흑색)에 2mm-악어클립 케이블을 이용하여 각각 연결한다.

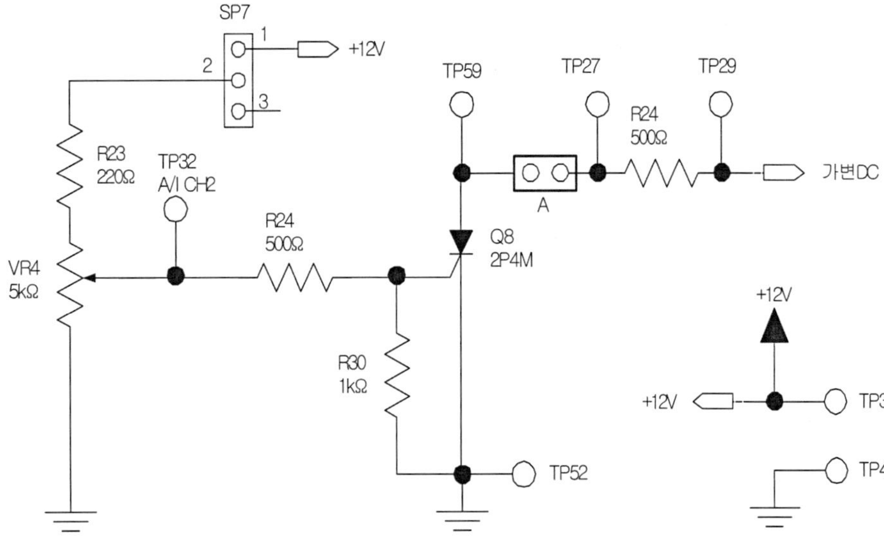

그림 4.19 SCR의 특성 실험 회로도

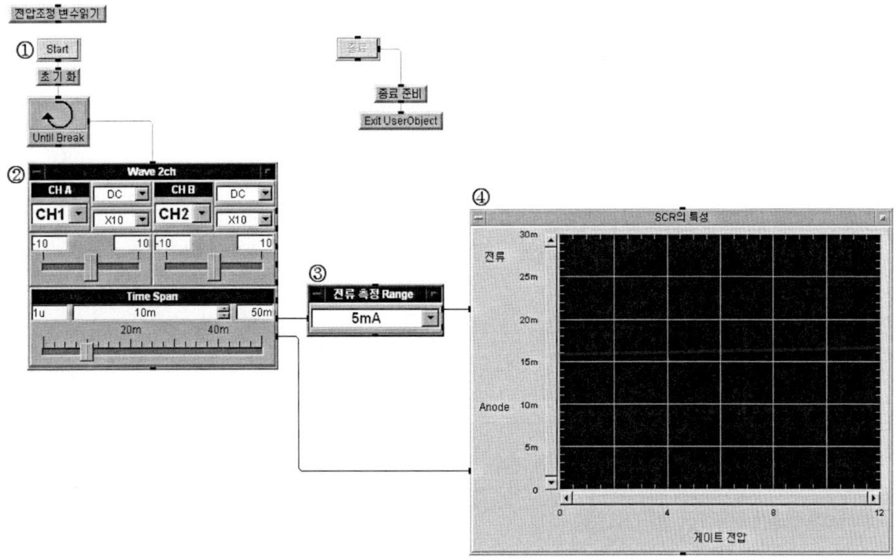

그림 4.20 SCR의 특성 실험 VEE메뉴

④VIS(ST-2004)의 Current Sensing Board의 CH1 OUT은 2mm-BNC 케이블을 이용하여 "+"는 적색, "-"는 흑색을 연결하고, BNC는 VIS(ST-2004)의 Analog Input CH1과 연결한다.

⑤VIS(ST-2004)의 Analog Input CH2는 BNC-악어클립 케이블을 이용하여 TP32(+:적색), TP34(-:흑색)에 연결한다.

⑥VIS(ST-2004)의 전원 스위치를 ON하고, VIS Training Module(STU 728)의 SP7 스위치는 ON(→)한다.

⑦VIS(ST-2004)의 Power Supply Board의 Voltage 가변볼륨을 조정하여 TP29의 전압을 5~12V로 설정한다.

⑧VIS Training Module(STU 728)의 VR4 가변저항을 조정하였을 때 A(TP27-TP59)의 전류 변화를 관찰한다.

4.7 로직 AND 회로의 특성 측정

이번 연습문제는 VIS를 이용한 Digital Output/Analog Input 사용 방법 익히기 위해 로직 AND 회로의 특성 변화를 측정한다. 측정을 위한 회로도 제작 시 Hardware적 AND 동작과 VIS를 이용한 스위치 입력과 출력결과 표시를 고려한다. 다음은 로직 AND 회로의 특성 실험을 하기 위한 회로도이다.

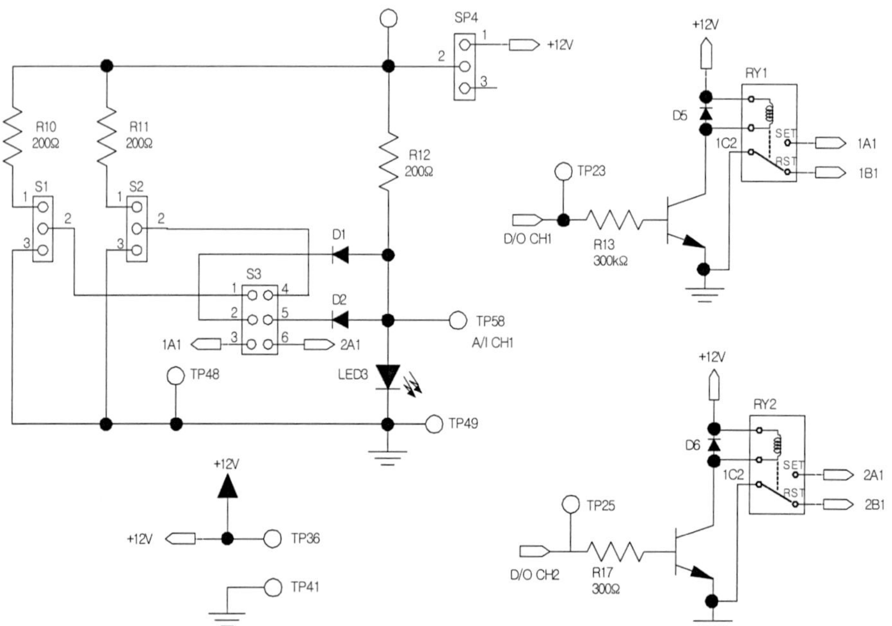

그림 4.21 로직 AND 회로의 특성 실험 회로도

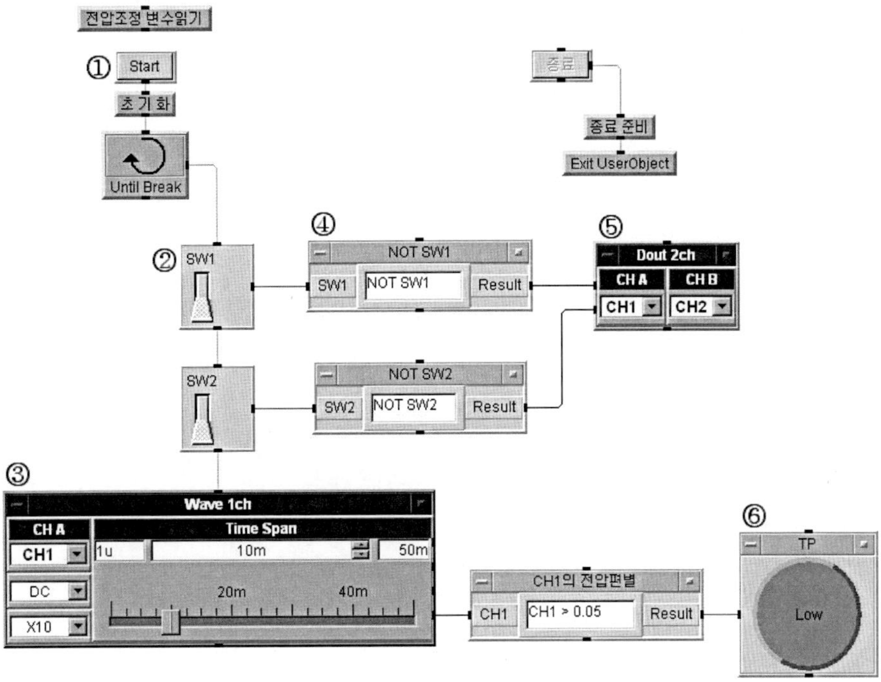

그림 4.22 로직 AND 회로의 특성 실험 VEE 메뉴

다음은 그림 4.21과 같이 설계한 회로와 VIS를 연결하는 방법이다.

※ H/W를 이용한 입출력 실험

①VIS(ST-2004)의 Power Supply Board의 +12V와 GND는 2mm-악어클립 케이블을 이용하여 TP36(:적색), TP41(:흑색)에 각각 연결한다.

②VIS(ST-2004)의 전원 스위치를 ON하고, VIS Training Module(STU 728)의 스위치 SP4는 ON(→) 그리고 S3는 OFF(↓)한다.

③VIS Training Module(STU 728)의 S1, S2 스위치를 다음과 같이 조작하였을 때 출력(LED의 ON/OFF 여부)을 관찰하여 기록한다.

S3	S1	S2	TP☆
OFF	OFF	OFF	
OFF	OFF	ON	
OFF	ON	OFF	
OFF	OFF	ON	

※ VIS를 이용한 입출력 실험

①VIS Training Module(STU 728)의 스위치 S3을 ON(↑)한다.

②VIS(ST-2004)의 Digital Output CH1은 2mm-악어클립 케이블을 이용하여 TP23(+:적색), TP48(-:흑색)에 연결한다.

③VIS(ST-2004)의 Digital Output CH2은 2mm-악어클립 케이블을 이용하여 TP25(+: 적색), TP49(-:흑색)에 연결한다.

④VIS(ST-2004)의 Analog Input CH1은 BNC-악어클립 케이블을 이용하여 TP ☆(+:적색), TP48(-:흑색)에 연결한다.

⑤Logic AND 회로 프로그램의 SW1과 SW2 스위치를 다음과 같이 조작하였을 때 TP58의 결과를 기록한다.

S3	SW1	SW2	TP58
ON	OFF	OFF	
ON	OFF	ON	
ON	ON	OFF	
ON	OFF	ON	

4.8 인터록(Interlock) 실험 회로의 특성 측정

이번 연습문제에서는 VIS를 이용한 Digital Output/Analog Input 사용방법을 익히기 위해 인터록 실험 회로에 대한 특성 변화를 측정한다. 측정을 위한 회로도 제작 시 Hardware적 AND 동작과 VIS를 이용한 스위치 입력과 출력결과 표시를 고려한다. 또한 두 입력 가운데 먼저 작동한 쪽이 우선 작동하고 다른 쪽이 작동함을 표시한다. 다음은 인터록 실험 회로의 특성 실험을 하기 위한 회로도이다.

다음은 그림 4.23과 같이 설계한 회로와 VIS를 연결하는 방법이다.

※ H/W를 이용한 인터록 실험

①VIS(ST-2004)의 Power Supply Board의 +12V와 GND는 2mm-악어클립 케이블을 이용하여 TP36(+:적색), TP41(-:흑색)에 각각 연결한다.

②VIS(ST-2004)의 전원 스위치를 ON하고, VIS Training Module(STU 728)의 스위치 SP6은 ON(→) 그리고 S3는 ON(↑)한다.

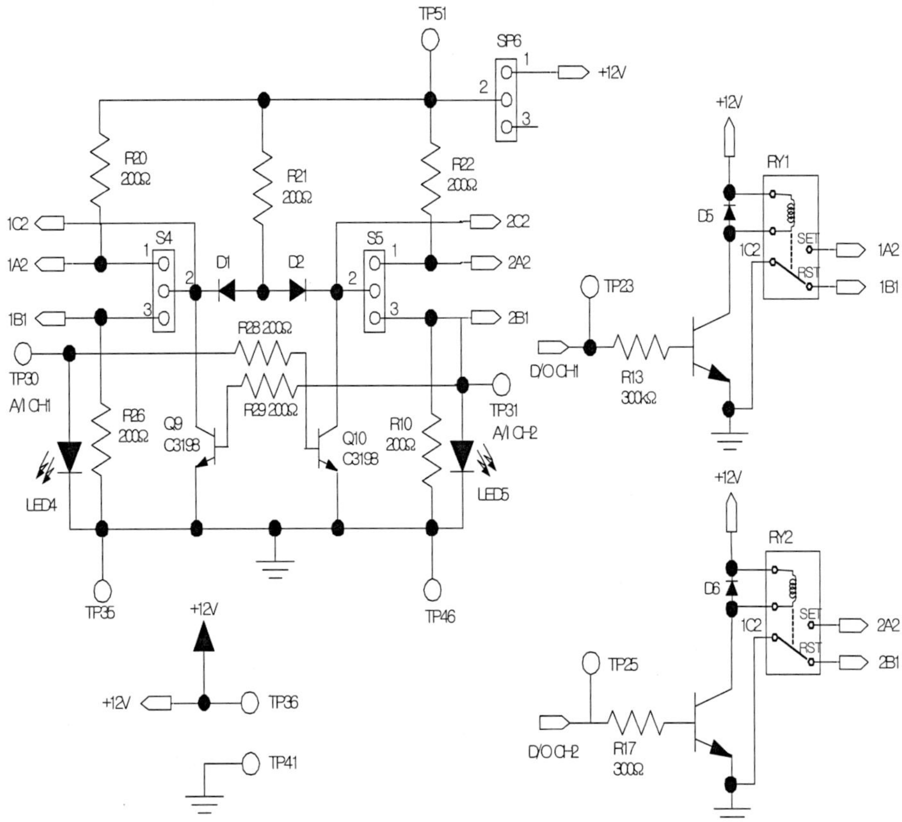

그림 4.23 인터록(Interlock) 제어 실험 회로도

③VIS Training Module(STU 728)의 S1, S2 스위치를 다음과 같이 조작하였을 때 출력(LED의 ON/OFF 여부)을 관찰하여 기록한다.

S3	S4	S5	LED4	LED5	비고
ON	ON	OFF			
	ON	ON			
	OFF	ON			
	ON	ON			

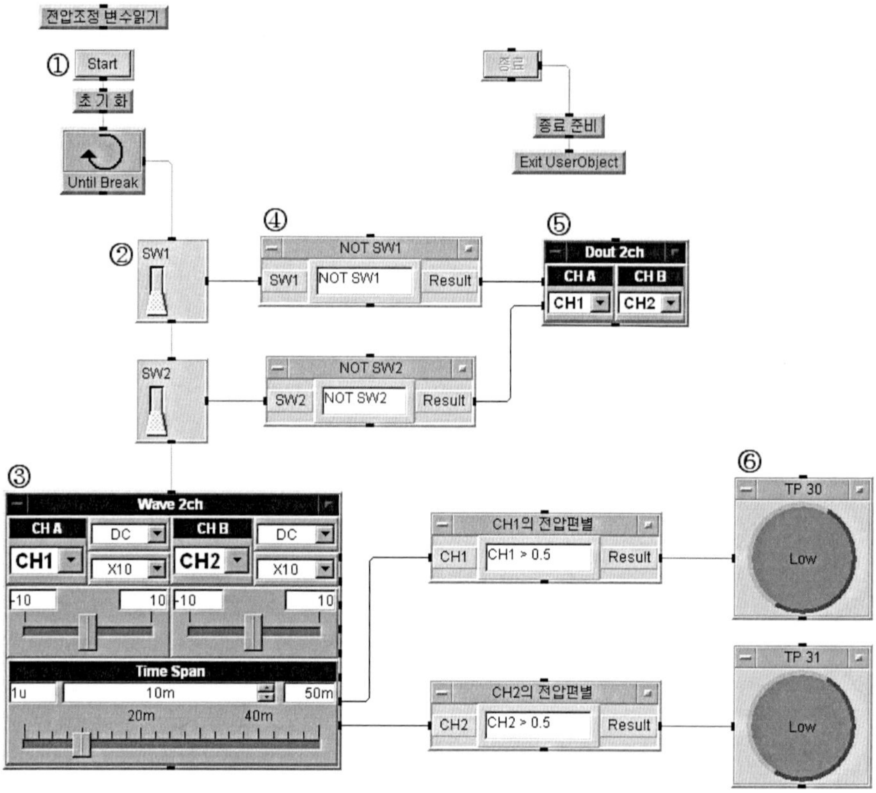

그림 4.24 인터록(Interlock) 제어 실험 VEE 메뉴

※ VIS를 이용한 인터록 회로 실험결과

①VIS(ST-2004)의 전원 스위치를 ON하고, VIS Training Module(STU 728)의 스위치 SP6(→) 그리고 S3는 OFF(↓)한다.

②VIS(ST-2004)의 Digital Output CH1은 2mm-악어클립 케이블을 이용하여 TP23(+:적색), TP48(-:흑색)에 연결한다.

③VIS(ST-2004)의 Digital Output CH2은 2mm-악어클립 케이블을 이용하여 TP25(+:적색), TP48(-:흑색)에 연결한다.

④VIS(ST-2004)의 Analog Input CH1은 BNC-악어클립 케이블을 이용하여 TP30(+:적색), TP35(-:흑색)에 연결한다.

⑤VIS(ST-2004)의 Analog Input CH2는 BNC-악어클립 케이블을 이용하여 TP31(+:적색), TP46(-:흑색)에 연결한다.

⑥인터록 실험회로 프로그램에서 SW1, SW2 스위치를 다음과 같이 조작하였을 때 TP30, TP31의 출력결과를 관측하고 기록(ON/OFF 여부)한다.

S3	SW1	SW2	TP30	TP31	비고
OFF	ON	OFF			
	ON	ON			
	ON	ON			

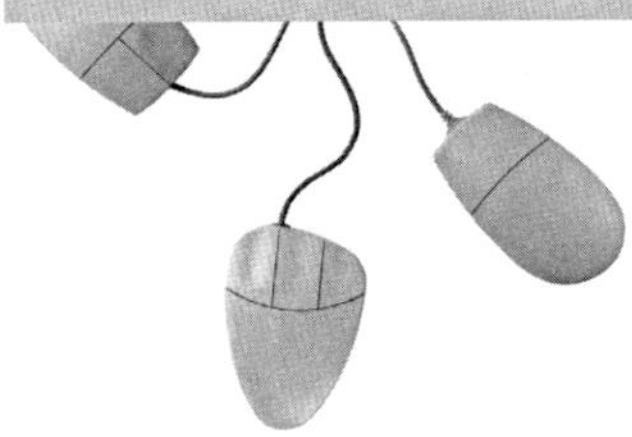

찾아보기

Related Title

신재생에너지시스템 설계

I S B N	9788972838678
저 자	이재근 외
정 가	29,000원
출간년도	2010년

Energy Systems Engineering

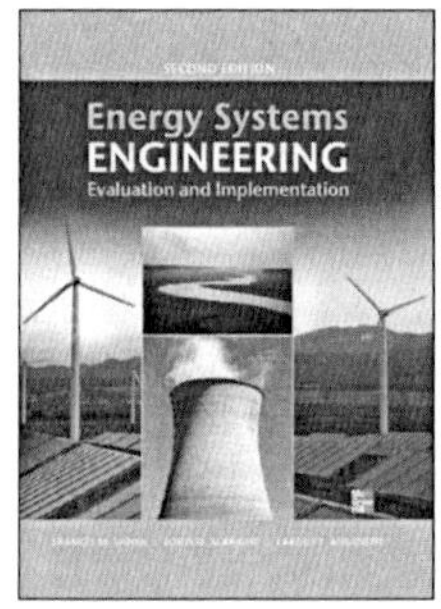

I S B N	9780071787789
저 자	Vanek
정 가	79,000원
출간년도	2012년

응용태양전지공학

I S B N	9788972839668
저 자	정재학 외 5인
정 가	27,000원
출간년도	2012년

Renewable and Efficient Electric Power Systems

I S B N	9780471280606
저 자	Masters
정 가	49,000원
출간년도	2004년

에너지 변환기기

I S B N	9788972838739
저 자	박창순
정 가	19,000원
출간년도	2010년

The Smart Grid

I S B N	9781439815748
저 자	Gellings
정 가	89,000원
출간년도	2009년

저자약력

김종욱

동아대학교 전자공학과 교수

포항공과대학교 전자전기공학과(공학박사)

관심분야 : 임베디드시스템, 지능로봇, 최적화 알고리듬

김문겸

동아대학교 전기공학과 교수

서울대학교 전기컴퓨터공학부(공학박사)

관심분야 : 스마트그리드, 최적화 알고리듬

본 교재는 지식경제부의 재원으로 한국에너지기술평가원(KETEP)의 지원을 받았습니다.
(No. 20114030200030)

정가 17,000원

스마트그리드 개론

2012년 7월 25일 초판 인쇄

2012년 7월 31일 초판 발행

저　자 : 김 종 욱 · 김 문 겸

발행자 : 우 명 찬 · 송 　 준

발행처 : 홍릉과학출판사

주　소 : ㊐ 142-885 서울시 강북구 인수동 455-60

등　록 : 1976년 10월 21일 제5-66호

전　화 : 999-2274~5, 996-8341, 903-7037

팩　스 : 905-6729

ISBN : 978-89-97570-22-5

hongpub@hongpub.co.kr

www.hongpub.co.kr

저자와의
협의하에
인지생략